スバラシクよく解けると評判の

合格！数学III・C
実力 UP! 問題集

新課程

馬場敬之

マセマ出版社

◆ はじめに ◆

　これまで，マセマの「**合格！数学**」シリーズで学習された読者の皆様から
「**さらに腕試しをして，実力を確実なものにする問題集が欲しい。**」との声が，
多数マセマに寄せられて参りました。この読者の皆様の強いご要望にお応え
するために，

　「**合格！数学 Ⅲ・C 実力 UP! 問題集 新課程**」を発刊することになりました。
　これはマセマの参考書「**合格！数学 Ⅲ・C**」に対応した問題集で，練習量を
大幅に増やせるのはもちろんのこと，参考書では扱えなかったテーマでも受験
で頻出のものは積極的に取り入れていますから，**解ける問題のレベルと範囲
がさらに広がります。**

　大学全入時代を向かえているにも関わらず，数学 Ⅲ・C の**大学受験問題はむ
しろ難化傾向**を示しています。この難しい受験問題を解きこなすには，相当の
問題練習が必要です。そのためにも，この問題集で十分に練習しておく必要が
あるのです。

　ただし，短期間に実践的な実力をつけるには，むやみに数多くの雑問を解け
ば良いというわけではありません。必要・十分な量の**選りすぐりの良問を反復
練習する**ことにより，様々な受験問題の解法パターンを身につけることが出来，
受験でも合格点を取れるようになるのです。この問題集では，星の数ほどある
受験問題の中から **161** 題の良問をこれ以上ない位スバラシク親切に，しかもス
トーリー性を持たせて解答・解説しています。ですから非常に学習しやすく，
また**短期間で大きく実力をアップさせ，合格レベルに持っていくことができ
る**のです。この問題集と「**合格！数学**」シリーズを併せてマスターすれば，難
関大を除くほとんどの国公立大学，有名私立大の合格圏に持ち込むことがで
きます！

> ちなみに，雑問とは玉石混交の一般の受験問題であり，良問とは問題の意図が明快で，
> 反復練習することにより確実に実力を身につけることができる問題のことです。

この問題集は，"8つの演習の章"から構成されていて，それぞれの章はさらに「公式＆解法パターン」と「問題＆解答・解説編」に分かれています。

　まず，各章の頭にある「公式＆解法パターン」で基本事項や公式，および問題を解く上での基本的な考え方を確認しましょう。それから「問題＆解答・解説編」で実際に問題を解いてみましょう。「問題＆解答・解説編」では各問題に難易度とチェック欄がついています。難易度は，★の数で次のように分類しています。

> ★：易，　★★：やや易，　★★★：標準

　慣れていない方は初めから解答・解説を見てもかまいません。そしてある程度自信が付いたら，今度は解答・解説の部分は隠して**自力で問題に挑戦して下さい**。チェック欄は3つ用意していますから，自力で解けたら"○"と所要時間を入れていくと，ご自身の成長過程が分かって良いと思います。3つのチェック欄にすべて"○"を入れられるように実際に解いてみて下さい。

　さらに，問題文だけを見て，解答・解説を見ずに頭の中だけで解答を組み立てる，いわゆる脳内シミュレーションを繰り返し行うことで実力を大幅にアップできます。これは，通学の乗り物の中や休み時間など，いつでも手軽に何度でも行うことができます。是非チャレンジしてみて下さい。面白いように実力がアップしていきます。

　本当に数学の実力を伸ばすためには，**「良問を繰り返し自力で解く」**ことに限ります。**マセマの総力を結集した問題集です**。

　この**「合格！数学 III・C 実力 UP! 問題集 新課程 」**で，是非皆様の夢を実現させて下さい！マセマはいつも頑張る皆様を応援しています！！

> マセマ代表　馬場 敬之

◆ 目　次 ◆

4

① 平面ベクトル

―――――テーマ―――――

▶ 平面ベクトル (分点公式 , 内積など)
($\overrightarrow{OP} = (1 - t)\overrightarrow{OA} + t\overrightarrow{OB}$)

▶ ベクトル方程式 (円 , 直線 , 線分など)
($|\overrightarrow{OP} - \overrightarrow{OA}| = r$)

1. 平面ベクトルの基本

(1) まわり道の原理

(i) たし算形式　　$\overrightarrow{AB} = \overrightarrow{A\otimes} + \overrightarrow{\otimes B}$

(ii) 引き算形式　　$\overrightarrow{AB} = \overrightarrow{\otimes B} - \overrightarrow{\otimes A}$

(2) 内分点の公式

(i) 点 P が線分 AB を

$m:n$ に内分するとき，

$$\overrightarrow{OP} = \frac{n\overrightarrow{OA} + m\overrightarrow{OB}}{m + n}$$

(ii) 点 P が線分 AB を

$t:1-t$ に内分する

とき，

$$\overrightarrow{OP} = (1 - t)\overrightarrow{OA} + t\overrightarrow{OB}$$

(3) 外分点の公式

点 Q が線分 AB を $m:n$

に外分するとき，

$$\overrightarrow{OQ} = \frac{-n\overrightarrow{OA} + m\overrightarrow{OB}}{m - n}$$

(i) $m > n$ のとき

(ii) $m < n$ のとき

> △ABC の重心 G については，公式 $\overrightarrow{OG} = \dfrac{1}{3}(\overrightarrow{OA} + \overrightarrow{OB} + \overrightarrow{OC})$ が成り立つが，
> (i) O が A に一致するとき $\overrightarrow{AG} = \dfrac{1}{3}(\overrightarrow{AB} + \overrightarrow{AC})$ となるし，(ii) O が G と一致する
> とき $\overrightarrow{GA} + \overrightarrow{GB} + \overrightarrow{GC} = \vec{0}$ となることにも注意しよう！

(4) ベクトルの成分表示

(i) $\vec{a} = (x_1, y_1)$ ← 始点を原点 0 においたとき
の終点の座標

(ii) $\vec{a}$ の大きさ $|\vec{a}| = \sqrt{x_1{}^2 + y_1{}^2}$

(5) ベクトルの内積

(i) $\vec{a}$ と $\vec{b}$ の内積：

$$\vec{a} \cdot \vec{b} = |\vec{a}||\vec{b}| \cdot \cos\theta \quad (\theta : \vec{a} \text{ と } \vec{b} \text{ のなす角})$$

(ii) $\vec{a} \perp \vec{b}$ のとき，$\vec{a} \cdot \vec{b} = 0$

(iii) $\vec{a} \cdot \vec{a} = |\vec{a}|^2$ ⟶ $(ex)\ |2\vec{a} + \vec{b}|^2 = 4|\vec{a}|^2 + 4\vec{a} \cdot \vec{b} + |\vec{b}|^2$

(6) 内積の成分表示

$\vec{a} = (x_1, y_1)$，$\vec{b} = (x_2, y_2)$ のとき，$\vec{a} \cdot \vec{b} = x_1 x_2 + y_1 y_2$

よって，$\cos\theta = \dfrac{\vec{a} \cdot \vec{b}}{|\vec{a}||\vec{b}|}$ より，$\cos\theta = \dfrac{x_1 x_2 + y_1 y_2}{\sqrt{x_1{}^2 + y_1{}^2}\sqrt{x_2{}^2 + y_2{}^2}}$ となる。

(7) ベクトルの平行条件と直交条件

（ⅰ）$\vec{a} \,/\!/\, \vec{b} \iff \vec{a} = k\vec{b}$　　　　（ⅱ）$\vec{a} \perp \vec{b} \iff \vec{a} \cdot \vec{b} = 0$

$\vec{a} = (x_1, y_1),\ \vec{b} = (x_2, y_2)$ のとき，

（ⅰ）$\vec{a} \,/\!/\, \vec{b} \iff x_1 : x_2 = y_1 : y_2$，（ⅱ）$\vec{a} \perp \vec{b} \iff x_1 x_2 + y_1 y_2 = 0$

(8) 3 点 **A**，**B**，**C** が同一直線上にある条件

$$\overrightarrow{AB} = k\overrightarrow{AC} \qquad (k：実数定数)$$

(9) △**ABC** の面積 S

$$S = \frac{1}{2}\sqrt{|\overrightarrow{AB}|^2 |\overrightarrow{AC}|^2 - (\overrightarrow{AB} \cdot \overrightarrow{AC})^2}$$

$\overrightarrow{AB} = (x_1, y_1),\ \overrightarrow{AC} = (x_2, y_2)$ のとき，

$$S = \frac{1}{2}|x_1 y_2 - x_2 y_1|$$

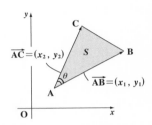

2. ベクトル方程式

(1) 円：$\left| \overrightarrow{OP} - \overrightarrow{OA} \right| = r$ （中心 **A**，半径 r）

(2) 直線：$\overrightarrow{OP} = \overrightarrow{OA} + t\vec{d}$ （通る点 **A**，方向ベクトル $\vec{d}$）

(3) 直線，線分，三角形

$$\overrightarrow{OP} = \alpha\overrightarrow{OA} + \beta\overrightarrow{OB}$$

（ⅰ）直線 **AB**

$$\alpha + \beta = 1$$

（ⅱ）線分 **AB**

$$\begin{cases} \alpha + \beta = 1 \\ \alpha \geqq 0,\ \beta \geqq 0 \end{cases}$$

（ⅲ）△**OAB** の内部と周

$$\begin{cases} \alpha + \beta \leqq 1 \\ \alpha \geqq 0,\ \beta \geqq 0 \end{cases}$$

次の問いに答えよ。

(1) ベクトル $\vec{a}$, $\vec{b}$ について，$|\vec{a}|=5$, $|\vec{b}|=2$, $|\vec{a}-4\vec{b}|=4$ とする。

（ⅰ）$\vec{a}$, $\vec{b}$ のなす角を θ とするとき，$\cos\theta$ の値を求めよ。

（ⅱ）t を実数として，$\vec{a}-2t\vec{b}$ と $\vec{a}+\vec{b}$ が垂直になるとき，t の値を求めよ。

(日本大)

(2) 平面上に 2 つのベクトル $\vec{a}$, $\vec{b}$ があって，そのなす角は $30°$ であり，かつ，ベクトル $5\vec{a}-\vec{b}$ と $\vec{a}-\vec{b}$ とは直交するという。このとき，比 $\dfrac{|\vec{a}|}{|\vec{b}|}$ の値を求めよ。

ヒント！ ベクトルの内積の基本問題。**(1)** 絶対値内にベクトルの式があるときは 2 乗して展開する。**(2)** 内積の演算は整式の展開と同様だ。

基本事項

ベクトルの内積

$$\vec{a}\cdot\vec{b}=|\vec{a}||\vec{b}|\cdot\cos\theta$$

（θ：$\vec{a}$ と $\vec{b}$ のなす角）

$\vec{a}\neq\vec{0}$, $\vec{b}\neq\vec{0}$ のとき，

$\vec{a}\perp\vec{b}\iff\vec{a}\cdot\vec{b}=0$

(1) $|\vec{a}|=5$, $|\vec{b}|=2$,

$|\vec{a}-4\vec{b}|=4$　……①

ベクトルの式の場合，2 乗して展開する

（ⅰ）①の両辺を 2 乗して，

$|\vec{a}-4\vec{b}|^2=16$ ← 整式の展開と同じ

$|\vec{a}|^2-8\underbrace{\vec{a}\cdot\vec{b}}_{|\vec{a}||\vec{b}|\cdot\cos\theta}+16|\vec{b}|^2=16$

ここで，$\vec{a}$ と $\vec{b}$ のなす角を θ とおくと，

$\underset{(5^2)}{|\vec{a}|^2}-8\underset{(5)}{|\vec{a}|}\underset{(2)}{|\vec{b}|}\cos\theta+16\underset{(2^2)}{|\vec{b}|^2}=16$

$25-80\cos\theta+64=16$

$80\cos\theta=73$　∴ $\cos\theta=\dfrac{73}{80}$ (答)

（ⅱ）$(\vec{a}-2t\vec{b})\perp(\vec{a}+\vec{b})$ より，

$(\vec{a}-2t\vec{b})\cdot(\vec{a}+\vec{b})=0$ ← 整式の展開と同じ

$\underset{(5^2)}{|\vec{a}|^2}+(1-2t)\underset{(5\cdot2\cdot\frac{73}{80})}{\vec{a}\cdot\vec{b}}-2t\underset{(2^2)}{|\vec{b}|^2}=0$

$25+\dfrac{73}{8}(1-2t)-8t=0$

$200+73(1-2t)-64t=0$

$210t=273$　∴ $t=\dfrac{273}{210}=\dfrac{13}{10}$ …(答)

(2) $\vec{a}$ と $\vec{b}$ のなす角は $30°$，かつ，

$(5\vec{a}-\vec{b})\perp(\vec{a}-\vec{b})$ より，

$(5\vec{a}-\vec{b})\cdot(\vec{a}-\vec{b})=0$ ← 整式の展開と同じ

$5|\vec{a}|^2-6\vec{a}\cdot\vec{b}+|\vec{b}|^2=0$

$|\vec{a}||\vec{b}|\cdot\cos30°=\dfrac{\sqrt{3}}{2}|\vec{a}||\vec{b}|$

$5|\vec{a}|^2-3\sqrt{3}|\vec{a}||\vec{b}|+|\vec{b}|^2=0$　……②

ここで，$|\vec{b}|\neq0$ より，②の両辺を $|\vec{b}|^2$ で割って

$|\vec{b}|=0$ と仮定すると，"$\vec{a}$ と $\vec{b}$ のなす角が $30°$" に矛盾する。

$\dfrac{|\vec{a}|}{|\vec{b}|}=X$ とおくと，

$5\dfrac{|\vec{a}|^2}{|\vec{b}|^2}-3\sqrt{3}\cdot\dfrac{|\vec{a}|}{|\vec{b}|}+1=0$

$5X^2-3\sqrt{3}X+1=0$

$X=\dfrac{3\sqrt{3}\pm\sqrt{(3\sqrt{3})^2-4\cdot5\cdot1}}{10}$

∴ $\dfrac{|\vec{a}|}{|\vec{b}|}=\dfrac{3\sqrt{3}\pm\sqrt{7}}{10}$ ……(答)

実力アップ問題2　　難易度 ★★　　CHECK 1　　CHECK 2　　CHECK 3

次の問いに答えよ。

(1) $\vec{a} = (4, 3)$, $\vec{b} = (x, -4)$ とする。このとき，$3\vec{a} + 2\vec{b}$ と $2\vec{a} + \vec{b}$ が平行に
　　なるときの x の値と，垂直になるときの x の値を求めよ。　　（独協医大）

(2) $\vec{a} = (2, 1)$, $\vec{b} = (1, 1)$, 点 O を原点とする。

　　(i) $\vec{p} = (x, y)$ を $\vec{p} = s\vec{a} + t\vec{b}$ の形に表すとき，s, t を x, y の式で表せ。

　　(ii) $\overrightarrow{OP} = s\vec{a} + t\vec{b}$ とおく。s, t が条件 $4s^2 + 4st + t^2 + s = 0$ を満たしなが
　　　　ら変化するとき，点 P の描く図形の方程式を求めよ。　　（小樽商大）

ヒント！ 成分表示されたベクトルの基本問題。(1) 2 つのベクトルの直交条件
は，「内積 $= 0$」だね。(2)(ii) $\overrightarrow{OP} = (x, y)$ とおいて，x と y の関係式を求める。

基本事項

ベクトルの平行・直交条件

$\vec{a} = (x_1, y_1)$, $\vec{b} = (x_2, y_2)$ のとき，

(i) $\vec{a} // \vec{b}$（平行）となる条件は，

$$\frac{x_1}{x_2} = \frac{y_1}{y_2} \quad (\text{ただし，} x_2 \neq 0, y_2 \neq 0)$$

(ii) $\vec{a} \perp \vec{b}$（垂直）となる条件は，

$$\vec{a} \cdot \vec{b} = x_1 x_2 + y_1 y_2 = 0$$

(1) $\vec{a} = (4, 3)$, $\vec{b} = (x, -4)$ より，

・$3\vec{a} + 2\vec{b} = 3(4, 3) + 2(x, -4)$
　　　　　　$= (2x + 12, 1)$

・$2\vec{a} + \vec{b} = 2(4, 3) + (x, -4)$
　　　　　　$= (x + 8, 2)$

(i) $(3\vec{a} + 2\vec{b}) // (2\vec{a} + \vec{b})$ のとき，

$$\frac{2x + 12}{x + 8} = \frac{1}{2}$$

$$2(2x + 12) = x + 8$$

$$3x = -16 \quad \therefore x = -\frac{16}{3} \cdots (\text{答})$$

(ii) $(3\vec{a} + 2\vec{b}) \perp (2\vec{a} + \vec{b})$ のとき，

$$(3\vec{a} + 2\vec{b}) \cdot (2\vec{a} + \vec{b})$$
$$= (2x + 12) \times (x + 8) + 1 \times 2$$
$$= \boxed{2x^2 + 28x + 98 = 0}$$

$$x^2 + 14x + 49 = 0 \quad (x + 7)^2 = 0$$

$$\therefore x = -7 \quad \cdots\cdots\cdots\cdots (\text{答})$$

(2) $\vec{a} = (2, 1)$, $\vec{b} = (1, 1)$

(i) $\vec{p} = (x, y) = s\vec{a} + t\vec{b}$
　　　　$= s(2, 1) + t(1, 1)$
　　　　$= (2s + t, s + t)$

$$\therefore \begin{cases} x = 2s + t & \cdots\cdots① \\ y = s + t & \cdots\cdots② \end{cases}$$

①$-$②より，$s = x - y$　$\cdots\cdots③$

①$-$②$\times 2$ より，

$$x - 2y = -t$$

$$\therefore t = -x + 2y \quad \cdots\cdots\cdots (\text{答})$$

(ii) $\overrightarrow{OP} = s\vec{a} + t\vec{b}$ について，s, t が

$$4s^2 + 4st + t^2 + s = 0$$

$$(2s + t)^2 + s = 0 \quad \cdots\cdots④$$

をみたすとき，$\overrightarrow{OP} = (x, y)$ と
おいて，x と y の関係式（点 P の
軌跡の方程式）を求める。

①，③を④に代入して，

$$x^2 + x - y = 0$$

$\therefore$ 求める点 P の軌跡の方程式は，

$$y = x^2 + x \quad \cdots\cdots\cdots\cdots (\text{答})$$

△ABC の内部に点 P を，$2\overrightarrow{PA}+\overrightarrow{PB}+2\overrightarrow{PC}=\vec{0}$ を満たすようにとる。直線 AP と辺 BC との交点を D とし，△PAB，△PBC，△PCA の重心をそれぞれ E，F，G とする。

(1) $\overrightarrow{PD}$ を $\overrightarrow{PB}$ および $\overrightarrow{PC}$ を用いて表せ。

(2) $\overrightarrow{EF}=k\overrightarrow{AC}$（$k$ は実数）であることを示せ。

(3) △EFG と △PDC の面積の比を求めよ。　　　　　　　（秋田大）

ヒント！　(1) 与式の各ベクトルを A を始点とするベクトルに書き変える。
(2) 三角形の重心の公式をうまく利用する。(3)△ABC ∽ △FGE を利用する。

---

(1) $2\overrightarrow{PA}+\overrightarrow{PB}+2\overrightarrow{PC}=\vec{0}$　……①

点 P の位置を知るために，①を A 始点の式に変形する。

①を変形して，

$-2\overrightarrow{AP}+\overrightarrow{AB}-\overrightarrow{AP}+2(\overrightarrow{AC}-\overrightarrow{AP})=\vec{0}$

$5\overrightarrow{AP}=\overrightarrow{AB}+2\overrightarrow{AC}$

$\overrightarrow{AP}=\dfrac{3}{5}\cdot\boxed{\dfrac{\overrightarrow{AB}+2\overrightarrow{AC}}{2+1}}$
　　　　　　　　　$\underset{\overrightarrow{AD}}{\parallel}$

図1

ここで，$\overrightarrow{AD}=\dfrac{1\cdot\overrightarrow{AB}+2\overrightarrow{AC}}{2+1}$ とおくと，

$\overrightarrow{AP}=\dfrac{3}{5}\overrightarrow{AD}$ より，

線分 BC を 2:1 に内分する点が D で，さらに線分 AD を 3:2 に内分する点が P である。

（図1 参照）

図2

図2 より，内分点の公式を使って，

$\overrightarrow{PD}=\dfrac{1\cdot\overrightarrow{PB}+2\overrightarrow{PC}}{2+1}=\dfrac{1}{3}\overrightarrow{PB}+\dfrac{2}{3}\overrightarrow{PC}$
　　　　　　　　　　……（答）

基本事項

重心の公式

△ABC の重心 G について，

(i) $\overrightarrow{OG}=\dfrac{1}{3}(\overrightarrow{OA}+\overrightarrow{OB}+\overrightarrow{OC})$

(ii) $\overrightarrow{AG}=\dfrac{1}{3}(\overrightarrow{AB}+\overrightarrow{AC})$

$\begin{pmatrix}(i)で，O を A に\\一致させた場合\end{pmatrix}$

(2) ・△PAB の重心が E より，　重心の公式　図3

$\overrightarrow{PE}=\dfrac{1}{3}(\overrightarrow{PA}+\overrightarrow{PB})$

・△PBC の重心が F より，

$\overrightarrow{PF}=\dfrac{1}{3}(\overrightarrow{PB}+\overrightarrow{PC})$ ←　重心の公式

∴ $\overrightarrow{EF}=\overrightarrow{PF}-\overrightarrow{PE}$

　　$=\dfrac{1}{3}(\overrightarrow{PB}+\overrightarrow{PC})-\dfrac{1}{3}(\overrightarrow{PA}+\overrightarrow{PB})$

　　$=\dfrac{1}{3}(\overrightarrow{PC}-\overrightarrow{PA})=\underset{k}{\left(\dfrac{1}{3}\right)}\overrightarrow{AC}$ …（終）

(3) $\overrightarrow{EF} = \dfrac{1}{3}\overrightarrow{AC}$

図4

同様に，

$\overrightarrow{FG} = \dfrac{1}{3}\overrightarrow{BA}$

$\overrightarrow{GE} = \dfrac{1}{3}\overrightarrow{CB}$

∴ △EFG ∽ △CAB で，相似比は **1：3**
より，△ABC の面積を△ABC など
と表わすと，

> 面積比 ＝ (相似比)²

$\triangle EFG = \left(\dfrac{1}{3}\right)^2 \cdot \triangle ABC = \dfrac{1}{9}\triangle ABC$

……②

次に，図5より，

$\triangle PBC = \dfrac{2}{5} \cdot \triangle ABC$ ……③

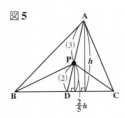

図5

また，図6より，

$\triangle PDC = \dfrac{1}{3} \cdot \triangle PBC$ ……④

③を④に代入して，

$\triangle PDC = \dfrac{1}{3} \times \dfrac{2}{5} \cdot \triangle ABC$

$\qquad = \dfrac{2}{15}\triangle ABC$ ……⑤

②，⑤より，

$\triangle EFG : \triangle PDC = \dfrac{1}{9}\triangle ABC : \dfrac{2}{15}\triangle ABC$

$\qquad\qquad = \dfrac{1}{9} : \dfrac{2}{15} = \mathbf{5:6}$ …(答)

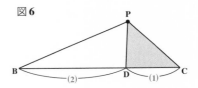

図6

△ABC の内部に点 P があって，$l\overrightarrow{AP} + m\overrightarrow{BP} + n\overrightarrow{CP} = \overrightarrow{0}$ ……①を満たす。

ただし，l, m, n は正の数とする。

(1) $\overrightarrow{AP}$ を $\overrightarrow{AB}$ と $\overrightarrow{AC}$ を用いて表せ。

(2) △ABC の面積を 1 とするとき，△BCP，△CAP，△ABP の面積を
それぞれ求めよ。

(群馬大)

ヒント！　(1) まわり道の原理を用いて，①を A を始点とするベクトルに変形す
ればいい。(2) は (1) の結果から，P の位置が分かれば，すぐ求まるハズだ。

(1) $l\overrightarrow{AP} + m\underset{(\overrightarrow{AP}-\overrightarrow{AB})}{\overrightarrow{BP}} + n\underset{(\overrightarrow{AP}-\overrightarrow{AC})}{\overrightarrow{CP}} = \overrightarrow{0}$ ……①

を A を始点とするベクトルの式に書
き換えると，

$l\overrightarrow{AP} + m(\overrightarrow{AP}-\overrightarrow{AB}) + n(\overrightarrow{AP}-\overrightarrow{AC}) = \overrightarrow{0}$

$(l+m+n)\overrightarrow{AP} = m\overrightarrow{AB} + n\overrightarrow{AC}$

∴ $\overrightarrow{AP} = \dfrac{1}{l+m+n}(m\overrightarrow{AB} + n\overrightarrow{AC})$ …②

……(答)

(2) $\overrightarrow{AD} = \dfrac{m\overrightarrow{AB} + n\overrightarrow{AC}}{n+m}$ とおき，②を変

形すると，

$\overrightarrow{AP} = \dfrac{m+n}{l+m+n} \cdot \underset{\overrightarrow{AD}}{\dfrac{m\overrightarrow{AB} + n\overrightarrow{AC}}{n+m}}$

$= \dfrac{m+n}{l+m+n} \cdot \overrightarrow{AD}$ となる。

よって，右図
に示すように，
線分 BC を n:
m に内分する
点が D であり，
さらに線分 AD
を $m+n:l$ に内
分する点が P である。

よって，△ABC の面積を △ABC = 1
とおくと，

(i) △BCP は，
右図より

△BCP
$= \dfrac{l}{l+m+n} \cdot \underset{①}{\triangle ABC}$
$= \dfrac{l}{l+m+n}$ …(答)

(ii) △CAP は，
右図より

△CAP
$= \dfrac{m+n}{l+m+n} \cdot \triangle ADC$
$= \dfrac{m+n}{l+m+n} \cdot \dfrac{m}{m+n} \cdot \underset{①}{\triangle ABC}$
$= \dfrac{m}{l+m+n}$ …(答)

(iii) △ABP は，
右図より

△ABP
$= \dfrac{m+n}{l+m+n} \cdot \triangle ABD$
$= \dfrac{m+n}{l+m+n} \cdot \dfrac{n}{m+n} \cdot \triangle ABC$
$= \dfrac{n}{l+m+n}$ …………(答)

実力アップ問題5　　難易度　　　CHECK1　CHECK2　CHECK3

$\triangle ABC$ の内心を I とする。$BC = a$，$CA = b$，$AB = c$ として，$\overrightarrow{AB} = \vec{p}$，$\overrightarrow{AC} = \vec{q}$ とすると，$\overrightarrow{AI} = \dfrac{bc}{a+b+c}\left(\dfrac{1}{c}\vec{p} + \dfrac{1}{b}\vec{q}\right)$ と表されることを示せ。

(芝浦工大)

ヒント！　三角形の内心の問題。三角形の内心は，**3** つの頂角の **2** 等分線の交点になる。内分点の公式をうまく使うのがポイントになるよ。

基本事項

内分点の公式

点 P が線分 AB を $m : n$ に内分するとき，

$$\overrightarrow{OP} = \dfrac{n\overrightarrow{OA} + m\overrightarrow{OB}}{m+n}$$

$$\left(m : n = t : 1-t \text{ とおくと，}\right)$$
$$\overrightarrow{OP} = (1-t)\overrightarrow{OA} + t\overrightarrow{OB}$$

$\triangle ABC$ の内心 I は，頂角 C の **2** 等分線上にある。この **2** 等分線と辺 AB との交点を D とおくと，

$$AD : DB = CA : CB = b : a \quad \text{←角の2等分線の定理}$$

$$\therefore \overrightarrow{AD} = \dfrac{b}{a+b}\overrightarrow{AB} \quad \cdots\cdots①$$

①より，

$$AD = |\overrightarrow{AD}| = \left|\dfrac{b}{a+b}\overrightarrow{AB}\right| = \dfrac{b}{a+b}\underbrace{|\overrightarrow{AB}|}_{c}$$

$$= \dfrac{bc}{a+b} \quad \cdots\cdots②$$

内心 I は，頂角 A の **2** 等分線上にもあるので，$\triangle ADC$ で考えると，

$$DI : IC = \underbrace{AD}_{\frac{bc}{a+b}(②より)} : AC \quad \text{←角の2等分線の定理}$$

$$= \dfrac{bc}{a+b} : b \quad \text{←}b\text{で割って}a+b\text{をかける}$$
$$(\because②)$$
$$= c : (a+b)$$

以上より，内分点の公式を用いて，

$$\overrightarrow{AI} = \dfrac{(a+b)\underbrace{\overrightarrow{AD}}_{\frac{b}{a+b}\overrightarrow{AB}(①より)} + c\overrightarrow{AC}}{c + (a+b)}$$

$$= \dfrac{(a+b)\cdot\dfrac{b}{a+b}\underbrace{\overrightarrow{AB}}_{\vec{p}} + c\underbrace{\overrightarrow{AC}}_{\vec{q}}}{a+b+c}$$
$$(\because①)$$

$$= \dfrac{1}{a+b+c}\left(b\vec{p} + c\vec{q}\right)$$
$$(\vec{p} = \overrightarrow{AB}, \ \vec{q} = \overrightarrow{AC})$$

$$\therefore \overrightarrow{AI} = \dfrac{bc}{a+b+c}\left(\dfrac{1}{c}\vec{p} + \dfrac{1}{b}\vec{q}\right) \quad \cdots\cdots(終)$$

△ABC において BC $= 4\sqrt{3}$ とし，辺 BC を $1:3$ に内分する点を D とすると

　AB : AD : AC $= 3:2:5$

であるという。このとき線分 AB の長さと，△ABC の面積を求めよ。

（東京薬大）

ヒント！　$|\overrightarrow{AB}| = 3k$, $|\overrightarrow{AD}| = 2k$, $|\overrightarrow{AC}| = 5k$　$(k>0)$ とおいて k の値を求める。

今回のポイントは，$|$ ベクトルの式 $|$ の形がきたら 2 乗して展開することだ。

△ABC について，

　$\underline{BC = 4\sqrt{3}}$ …①

　$\boxed{|\overrightarrow{BC}| = |\overrightarrow{AC} - \overrightarrow{AB}|}$

　　$\boxed{2 乗して展開}$

AB : AD : AC

　$= 3:2:5$ より，

$|\overrightarrow{AB}| = 3k$, $|\overrightarrow{AD}| = 2k$, $|\overrightarrow{AC}| = 5k$

$(k>0)$ とおく。

・BD : DC $= 1:3$ より，内分点の公式を
用いて，

$$\overrightarrow{AD} = \frac{3\overrightarrow{AB} + 1\overrightarrow{AC}}{1+3} = \frac{1}{4}(3\overrightarrow{AB} + \overrightarrow{AC})$$

両辺の大きさをとると，

$$|\overrightarrow{AD}| = \frac{1}{4}|3\overrightarrow{AB} + \overrightarrow{AC}|$$

　　　$\boxed{2 乗して展開}$

この両辺を 2 乗して，

$$|\overrightarrow{AD}|^2 = \frac{1}{16}|3\overrightarrow{AB} + \overrightarrow{AC}|^2 \quad \boxed{\begin{array}{l}整式の展\\開と同様\end{array}}$$

$$|\overrightarrow{AD}|^2 = \frac{1}{16}(9|\overrightarrow{AB}|^2 + 6\overrightarrow{AB}\cdot\overrightarrow{AC} + |\overrightarrow{AC}|^2)$$

$\underbrace{\quad}_{(2k)^2}\qquad\underbrace{\quad}_{(3k)^2}\qquad\qquad\underbrace{\quad}_{(5k)^2}$

$$4k^2 = \frac{1}{16}(81k^2 + 6\overrightarrow{AB}\cdot\overrightarrow{AC} + 25k^2)$$

$$6\overrightarrow{AB}\cdot\overrightarrow{AC} = (64 - 81 - 25)k^2 = -42k^2$$

$$\overrightarrow{AB}\cdot\overrightarrow{AC} = -7k^2 \quad\cdots②$$

　$\boxed{\begin{array}{l}これが終わったので，いよいよ\\①の両辺の 2 乗に入る。\end{array}}$

①より，

$$|\overrightarrow{AC} - \overrightarrow{AB}| = 4\sqrt{3}$$

この両辺を 2 乗して，

$$|\overrightarrow{AC}|^2 - 2\overrightarrow{AB}\cdot\overrightarrow{AC} + |\overrightarrow{AB}|^2 = 48$$

$\underbrace{\quad}_{(5k)^2}\quad\underbrace{\quad}_{-7k^2(②より)}\quad\underbrace{\quad}_{(3k)^2}$

$$25k^2 - 2\cdot(-7k^2) + 9k^2 = 48 \quad(\because②)$$

$$(25 + 14 + 9)k^2 = 48, \quad 48k^2 = 48$$

$$k^2 = 1 \quad\therefore k = 1 \quad(\because k>0)$$

以上より，

$$AB = |\overrightarrow{AB}| = 3\cdot\overset{k}{\underset{}{①}} = 3 \quad\cdots\cdots(答)$$

$$AC = |\overrightarrow{AC}| = 5\cdot1 = 5$$

$$\overrightarrow{AB}\cdot\overrightarrow{AC} = -7\cdot1^2 = -7 \quad(\because②)$$

よって，求める △ABC の面積 S は，

$$S = \frac{1}{2}\cdot\sqrt{\underset{3^2}{|\overrightarrow{AB}|^2}\,\underset{5^2}{|\overrightarrow{AC}|^2} - \underset{(-7)^2}{(\overrightarrow{AB}\cdot\overrightarrow{AC})^2}}$$

$$= \frac{1}{2}\sqrt{9\times25 - 49}$$

$$= \frac{1}{2}\sqrt{\underset{4^2\times11}{\boxed{176}}} = 2\sqrt{11} \quad\cdots\cdots(答)$$

実力アップ問題7　難易度 ★★☆　CHECK1　CHECK2　CHECK3

四角形 ABCD に対して，次の①と②が成り立つとする。

$$\overrightarrow{AB}\cdot\overrightarrow{BC} = \overrightarrow{CD}\cdot\overrightarrow{DA} \quad \cdots\cdots①\qquad \overrightarrow{DA}\cdot\overrightarrow{AB} = \overrightarrow{BC}\cdot\overrightarrow{CD} \quad \cdots\cdots②$$

このとき，四角形 ABCD は平行四辺形になることを示せ。　　（鹿児島大）

ヒント！　①＋②，①－②，および $\overrightarrow{AB}+\overrightarrow{BC}+\overrightarrow{CD}+\overrightarrow{DA}=\vec{0}$ から，2組の対辺の長さが等しいことが言える。これから，▱ABCD が平行四辺形であることが示せるんだね。

$$\begin{cases} \overrightarrow{AB}\cdot\overrightarrow{BC} = \overrightarrow{CD}\cdot\overrightarrow{DA} & \cdots\cdots① \\ \overrightarrow{DA}\cdot\overrightarrow{AB} = \overrightarrow{BC}\cdot\overrightarrow{CD} & \cdots\cdots② \end{cases}$$

また，一般に四角形 ABCD について，

$$\overrightarrow{AB}+\overrightarrow{BC}+\overrightarrow{CD}+\overrightarrow{DA}=\vec{0} \quad \cdots\cdots③$$

が成り立つ。

(i)①＋②より，

$$\overrightarrow{AB}\cdot\overrightarrow{BC} + \overrightarrow{AB}\cdot\overrightarrow{DA}$$
$$= \overrightarrow{CD}\cdot\overrightarrow{DA} + \overrightarrow{CD}\cdot\overrightarrow{BC}$$
$$\overrightarrow{AB}\cdot\underbrace{(\overrightarrow{BC} + \overrightarrow{DA})}_{(-\overrightarrow{AB}-\overrightarrow{CD})} = \overrightarrow{CD}\cdot\underbrace{(\overrightarrow{DA} + \overrightarrow{BC})}_{(-\overrightarrow{AB}-\overrightarrow{CD})}$$

③より

③より $\overrightarrow{BC}+\overrightarrow{DA} = -\overrightarrow{AB}-\overrightarrow{CD}$ なので

$$-\overrightarrow{AB}\cdot(\overrightarrow{AB} + \overrightarrow{CD}) = -\overrightarrow{CD}\cdot(\overrightarrow{AB} + \overrightarrow{CD})$$

両辺に -1 をかけて展開すると，

$$|\overrightarrow{AB}|^2 + \overrightarrow{AB}\cdot\overrightarrow{CD} = \overrightarrow{AB}\cdot\overrightarrow{CD} + |\overrightarrow{CD}|^2$$

$|\overrightarrow{AB}|^2 = |\overrightarrow{CD}|^2$ より，$|\overrightarrow{AB}| = |\overrightarrow{CD}|$

よって，AB = CD　……④

(ii)①－②より，

$$\overrightarrow{AB}\cdot\overrightarrow{BC} - \overrightarrow{DA}\cdot\overrightarrow{AB}$$
$$= \overrightarrow{CD}\cdot\overrightarrow{DA} - \overrightarrow{BC}\cdot\overrightarrow{CD}$$

$$\overrightarrow{BC}\cdot\overrightarrow{AB} + \overrightarrow{BC}\cdot\overrightarrow{CD}$$
$$= \overrightarrow{DA}\cdot\overrightarrow{AB} + \overrightarrow{DA}\cdot\overrightarrow{CD}$$
$$\overrightarrow{BC}\cdot\underbrace{(\overrightarrow{AB} + \overrightarrow{CD})}_{(-\overrightarrow{BC}-\overrightarrow{DA})} = \overrightarrow{DA}\cdot\underbrace{(\overrightarrow{AB} + \overrightarrow{CD})}_{(-\overrightarrow{BC}-\overrightarrow{DA})}$$

③より

③より $\overrightarrow{AB}+\overrightarrow{CD} = -\overrightarrow{BC}-\overrightarrow{DA}$ なので

$$-\overrightarrow{BC}\cdot(\overrightarrow{BC} + \overrightarrow{DA}) = -\overrightarrow{DA}\cdot(\overrightarrow{BC} + \overrightarrow{DA})$$

両辺に -1 をかけて展開すると，

$$|\overrightarrow{BC}|^2 + \overrightarrow{BC}\cdot\overrightarrow{DA} = \overrightarrow{BC}\cdot\overrightarrow{DA} + |\overrightarrow{DA}|^2$$

$|\overrightarrow{BC}|^2 = |\overrightarrow{DA}|^2$ より，$|\overrightarrow{BC}| = |\overrightarrow{DA}|$

よって，BC = DA　……⑤

以上，(i)(ii)の④と⑤より，右図に示すように，2組の対辺の長さが等しいことが示せた。

よって，四角形 ABCD は平行四辺形である。　……………………(終)

A, **B**, **C**, **D** を平面上の相異なる **4** 点とする。

(1) 同じ平面上の点 **P** が

$$|\overrightarrow{PA}+\overrightarrow{PB}+\overrightarrow{PC}+\overrightarrow{PD}|^2=|\overrightarrow{PA}+\overrightarrow{PB}|^2+|\overrightarrow{PC}+\overrightarrow{PD}|^2 \quad \cdots\cdots(*)$$

を満たすとき，$\overrightarrow{PA}+\overrightarrow{PB}$ と $\overrightarrow{PC}+\overrightarrow{PD}$ の内積を求めよ。

(2) (＊) を満たす点 **P** の軌跡はどのような図形か。

(3) **(2)** で求めた図形が **1** 点のみからなるとき，四角形 **ACBD** は平行四辺形であることを示せ。

（愛媛大）

ヒント！ 　**(1)** $\overrightarrow{PA}+\overrightarrow{PB}=\vec{x}$, $\overrightarrow{PC}+\overrightarrow{PD}=\vec{y}$ とおくと話が見えてくる。

(2) (1) の結果を利用して，点 **P** が円または点を描くことを示すんだね。

(1) $|\overrightarrow{PA}+\overrightarrow{PB}+\overrightarrow{PC}+\overrightarrow{PD}|^2$

$\qquad =|\overrightarrow{PA}+\overrightarrow{PB}|^2+|\overrightarrow{PC}+\overrightarrow{PD}|^2 \ \cdots(*)$

ここで，$\overrightarrow{PA}+\overrightarrow{PB}=\vec{x}$, $\overrightarrow{PC}+\overrightarrow{PD}=\vec{y}$

とおくと (＊) は，

$|\vec{x}+\vec{y}|^2=|\vec{x}|^2+|\vec{y}|^2$ 　整式の展開と同じ

$|\vec{x}|^2+2\vec{x}\cdot\vec{y}+|\vec{y}|^2=|\vec{x}|^2+|\vec{y}|^2$

$2\vec{x}\cdot\vec{y}=0 \qquad \vec{x}\cdot\vec{y}=0$

$\therefore (\overrightarrow{PA}+\overrightarrow{PB})\cdot(\overrightarrow{PC}+\overrightarrow{PD})=0 \ \cdots①\cdots$（答）

参考

線分 **AB** の中点を **M**，線分 **CD** の中点を **N** とおくと，内分点の公式から

$$\overrightarrow{PM}=\frac{\overrightarrow{PA}+\overrightarrow{PB}}{2}, \ \overrightarrow{PN}=\frac{\overrightarrow{PC}+\overrightarrow{PD}}{2}$$

よって，$\begin{cases}\overrightarrow{PA}+\overrightarrow{PB}=2\overrightarrow{PM}\\ \overrightarrow{PC}+\overrightarrow{PD}=2\overrightarrow{PN}\end{cases}$

これを①に代入して，

$\underline{2\overrightarrow{PM}\cdot2\overrightarrow{PN}=0}$

$\overrightarrow{PM}\cdot\overrightarrow{PN}=0$

$\therefore \angle MPN=90°$

　円周角 　円の形が見えてる。

$\begin{pmatrix}\textbf{M} \neq \textbf{N} \ \text{かつ} \ \textbf{P} \neq \textbf{M} \ \text{かつ}\\ \textbf{P} \neq \textbf{N} \ \text{のとき}\end{pmatrix}$

(2) 線分 **AB**，**CD** の中点をそれぞれ **M**，**N** とおくと，

$\overrightarrow{PA}+\overrightarrow{PB}=2\overrightarrow{PM} \quad \cdots\cdots②$

$\overrightarrow{PC}+\overrightarrow{PD}=2\overrightarrow{PN} \quad \cdots\cdots③$

②，③を①に代入して，

$2\overrightarrow{PM}\cdot2\overrightarrow{PN}=0$

$\therefore \overrightarrow{PM}\cdot\overrightarrow{PN}=0 \ \cdots④$

$\begin{pmatrix}(\text{i})\,\textbf{M} \neq \textbf{N} \ \text{と}\\ (\text{ii})\,\textbf{M}=\textbf{N} \ \text{の}\\ \text{場合分けが必要}\end{pmatrix}$

(i) **M** ≠ **N** のとき，④より

(ア) $\overrightarrow{PM}\perp\overrightarrow{PN}$

または

(イ) **P** ＝ **M** または **N**

(ア)(イ) より，点 **P** は線分 **MN** を直径とする円を描く。 　……（答）

(ii) **M** ＝ **N** のとき，④より

$|\overrightarrow{PM}|^2=0 \qquad \overrightarrow{PM}=\vec{0} \quad \therefore \textbf{P}=\textbf{M}$

よって，点 **P** は点 **M** となる。（答）

(3) 点 **P** が **1** 点のみからなるとき，**(2)** の結果より，**(ii)** **M** ＝ **N** である。

このとき，**AB** と **CD** の中点が一致する。

よって，右図のように，対角線が互いに他を **2** 等分するので，

四角形 **ACBD** は平行四辺形になる。

………（終）

実力アップ問題9　｜　難易度 ★★★　｜　CHECK 1　｜　CHECK 2　｜　CHECK 3

2点 A$(4, 0)$，B$(0, 2)$ と円 $x^2 + y^2 = 25$ 上の点 P(x, y) に対し，$k = \overrightarrow{\mathrm{AP}} \cdot \overrightarrow{\mathrm{BP}}$ とおく。$\overrightarrow{\mathrm{AP}} \cdot \overrightarrow{\mathrm{BP}}$ は $\overrightarrow{\mathrm{AP}}$ と $\overrightarrow{\mathrm{BP}}$ の内積を表す。k が最大，最小となるときの P の位置をそれぞれ C，D とする。

(1) k の最大値および最小値を求めよ。

(2) C，D の座標を求めよ。

(埼玉大＊)

ヒント！　$\overrightarrow{\mathrm{OP}} = (x, y) = (5\cos\theta, 5\sin\theta)$ $(\theta° \le \theta < 360°)$ とおくと，$k = \overrightarrow{\mathrm{AP}} \cdot \overrightarrow{\mathrm{BP}}$ の最大・最小は，三角関数の最大・最小問題に帰着するよ。

基本事項

円周上の点の媒介変数表示

円 $x^2 + y^2 = r^2$ $(r > 0)$ の周上の点 P は，

P$(r\cos\theta, r\sin\theta)$ で表わされる。

(1) A$(4, 0)$，B$(0, 2)$

円 $x^2 + y^2 = 25$ の周上の点 P を

P$(5\cos\theta, 5\sin\theta)$ $(0° \le \theta < 360°)$ とおく。

〔1周まわれば十分〕

・$\overrightarrow{\mathrm{AP}} = \overrightarrow{\mathrm{OP}} - \overrightarrow{\mathrm{OA}} = (5\cos\theta, 5\sin\theta) - (4, 0)$

$\quad = (5\cos\theta - 4, 5\sin\theta)$

・$\overrightarrow{\mathrm{BP}} = \overrightarrow{\mathrm{OP}} - \overrightarrow{\mathrm{OB}} = (5\cos\theta, 5\sin\theta) - (0, 2)$

$\quad = (5\cos\theta, 5\sin\theta - 2)$

∴ $k = \overrightarrow{\mathrm{AP}} \cdot \overrightarrow{\mathrm{BP}}$

$\quad = (5\cos\theta - 4) \cdot 5\cos\theta$

$\qquad + 5\sin\theta (5\sin\theta - 2)$

$\quad = 25\underbrace{(\cos^2\theta + \sin^2\theta)}_{①} - 10(1 \cdot \sin\theta + 2\cos\theta)$

三角関数の合成 → $\sqrt{5}\left(\underbrace{\dfrac{1}{\sqrt{5}}}_{\cos\alpha}\sin\theta + \underbrace{\dfrac{2}{\sqrt{5}}}_{\sin\alpha}\cos\theta\right)$

$\qquad = \sqrt{5}\sin(\theta + \alpha)$

∴ $\boxed{k} = 25 - 10\sqrt{5}\ \boxed{\sin(\theta + \alpha)}$

〔最大（最小）〕　〔最小（最大）〕

$\left(\text{ただし，} \cos\alpha = \dfrac{1}{\sqrt{5}},\ \sin\alpha = \dfrac{2}{\sqrt{5}}\right)$

$\alpha \le \theta + \alpha < 360° + \alpha$

〔α は第1象限の角 $(0° < \alpha < 90°)$〕　〔$\sin$ の最小値〕

・$\theta + \alpha = 270°$ のとき，$\sin(\theta + \alpha) = \boxed{-1}$

　∴ 最大値 $k = 25 - 10\sqrt{5} \cdot (\boxed{-1})$

$\qquad\qquad\quad = 25 + 10\sqrt{5}$ ……(答)

・$\theta + \alpha = 90°$ のとき，$\sin(\theta + \alpha) = \boxed{1}$

　∴ 最小値 $k = 25 - 10\sqrt{5} \cdot 1$　〔$\sin$ の最大値〕

$\qquad\qquad\quad = 25 - 10\sqrt{5}$ ………(答)

(2) ・k が最大のとき，$\theta + \alpha = 270°$ より

　　$\theta = 270° - \alpha$

　よって，このときの点 P，すなわち C の座標は，

$\quad$ C$\left(5\cos(270° - \alpha), 5\sin(270° - \alpha)\right)$

$\qquad\quad \underbrace{-\sin\alpha = -\dfrac{2}{\sqrt{5}}}\quad \underbrace{-\cos\alpha = -\dfrac{1}{\sqrt{5}}}$

$\qquad = \left(-2\sqrt{5}, -\sqrt{5}\right)$ ………(答)

・k が最小のとき，$\theta + \alpha = 90°$ より

　　$\theta = 90° - \alpha$

　よって，このときの点 P，すなわち D の座標は，

$\quad$ D$\left(5\cos(90° - \alpha), 5\sin(90° - \alpha)\right)$

$\qquad\quad \underbrace{\sin\alpha = \dfrac{2}{\sqrt{5}}}\quad \underbrace{\cos\alpha = \dfrac{1}{\sqrt{5}}}$

$\qquad = \left(2\sqrt{5}, \sqrt{5}\right)$ …………(答)

$\triangle OAB$ がある。$\overrightarrow{OP} = \alpha\overrightarrow{OA} + \beta\overrightarrow{OB}$ で表されるベクトル $\overrightarrow{OP}$ の終点 **P** の集合は，α, β が次の条件を満たすとき，それぞれどのような図形を表すか。**O, A, B** を適当にとって図示せよ。

(1) $\dfrac{\alpha}{2} + \dfrac{\beta}{3} = 1,\ \alpha \geqq 0,\ \beta \geqq 0$

(2) $1 \leqq \alpha + \beta \leqq 2,\ 0 \leqq \alpha \leqq 1,\ 0 \leqq \beta \leqq 1$

(3) $\beta - \alpha = 1,\ \alpha \geqq 0$

（愛知教育大）

ヒント！　ベクトル方程式の問題。(1) 線分のベクトル方程式になる。(2) それぞれの条件を重ね合せて求める。(3) β を消去すると，半直線を描くことがわかる。

$\overrightarrow{OP} = \alpha\overrightarrow{OA} + \beta\overrightarrow{OB}$ ……① について，

(1) $\dfrac{\alpha}{2} + \dfrac{\beta}{3} = 1,\ \alpha \geqq 0,\ \beta \geqq 0$ のとき，

$\dfrac{\alpha}{2} = \alpha',\ \dfrac{\beta}{3} = \beta'$ とおくと，①は，

$\overrightarrow{OP} = \underset{\alpha'}{\left(\dfrac{\alpha}{2}\right)} \cdot 2\overrightarrow{OA} + \underset{\beta'}{\left(\dfrac{\beta}{3}\right)} \cdot 3\overrightarrow{OB}$

$\overrightarrow{OP} = \alpha' \cdot 2\overrightarrow{OA} + \beta' \cdot 3\overrightarrow{OB}$　　（線分の条件）

$(\alpha' + \beta' = 1,\ \underset{\frac{\alpha}{2}}{\left(\alpha'\right)} \geqq 0,\ \underset{\frac{\beta}{3}}{\left(\beta'\right)} \geqq 0)$

∴ 点 **P** は，$2\overrightarrow{OA}$ と $3\overrightarrow{OB}$ の終点を結ぶ線分を描く。
（右図）………（答）

(2) (i) $1 \leqq \alpha + \beta \leqq 2$
のとき，
点 **P** は，
図 (i) の
帯状の図
形を描く。

(ii) $0 \leqq \alpha \leqq 1,\ 0 \leqq \beta \leqq 1$
のとき，
点 **P** は図 (ii) の
平行四辺形の周
と内部を描く。

以上 (i)(ii) の共通部分が，点 **P** の描く図形である。

$\left(\begin{array}{l}\text{右図の濃い網目部}\\ \text{（境界線は含む）}\end{array}\right)$
………（答）

(3) $\beta = \alpha + 1,\ \alpha \geqq 0$ より，①は，

$\overrightarrow{OP} = \alpha\overrightarrow{OA} + (\alpha + 1)\overrightarrow{OB}$
　　$= \overrightarrow{OB} + \alpha(\overrightarrow{OA} + \overrightarrow{OB})$

ここで，

$\overrightarrow{OA} + \overrightarrow{OB} = \overrightarrow{OC}$ と
おくと，

$\overrightarrow{OP} = \overrightarrow{OB} + \alpha\overrightarrow{OC}$
　　$(\alpha \geqq 0)$

$\left(\alpha = \dfrac{1}{2}, 1, 2\text{の様子を示す}\right)$

よって，点 **P** は点 **B** を端点として，$\overrightarrow{OC}$ の向きに伸びる半直線を描く。
（右図）………（答）

演習
exercise

2 空間ベクトル

▶ 空間ベクトル (分点公式 , 内積など)

$$\left(\overrightarrow{\mathrm{OP}} = ((1-t)x_1 + tx_2, \, (1-t)y_1 + ty_2, \, (1-t)z_1 + tz_2) \right)$$

▶ 空間ベクトルの応用

(球面 , 直線 , 平面など)

$$\left(\frac{x - x_1}{l} = \frac{y - y_1}{m} = \frac{z - z_1}{n} \right)$$

演習② 空間ベクトル　●公式＆解法パターン

1. 空間・平面ベクトルの共通点と相異点

（Ⅰ）共通点：まわり道の原理，内分点・外分点の公式，内積の定義，

内積の演算（整式と同様に計算できる）など。

（Ⅱ）相異点：空間ベクトルの任意のベクトル $\overrightarrow{OP}$ を表す 1 次結合の式：

$$\overrightarrow{OP} = \alpha\overrightarrow{OA} + \beta\overrightarrow{OB} + \boxed{\gamma\overrightarrow{OC}} \leftarrow これが，1 つ増える！$$

（$\overrightarrow{OA}$，$\overrightarrow{OB}$，$\overrightarrow{OC}$ は $\vec{0}$ でなく，かつ同一平面上にないベクトル）

空間ベクトル $\vec{a}$ の成分表示：$\vec{a} = (x, \ y, \ \boxed{z})$　z 成分が 1 つ増える！

2. 空間ベクトルの大きさ

$\vec{a} = (x_1, \ y_1, \ z_1)$ のとき，$|\vec{a}| = \sqrt{x_1{}^2 + y_1{}^2 + z_1{}^2}$

3. 内積の成分表示

$\vec{a} = (x_1, \ y_1, \ z_1)$，$\vec{b} = (x_2, \ y_2, \ z_2)$ のとき，

(1) $\vec{a} \cdot \vec{b} = x_1 x_2 + y_1 y_2 + z_1 z_2$

(2) $\vec{a} \cdot \vec{b} = |\vec{a}||\vec{b}|\cos\theta$ より，

$$\cos\theta = \frac{\vec{a} \cdot \vec{b}}{|\vec{a}||\vec{b}|} = \frac{x_1 x_2 + y_1 y_2 + z_1 z_2}{\sqrt{x_1{}^2 + y_1{}^2 + z_1{}^2}\sqrt{x_2{}^2 + y_2{}^2 + z_2{}^2}}$$

4. 内分点・外分点の公式

$\overrightarrow{OA} = (x_1, \ y_1, \ z_1)$，$\overrightarrow{OB} = (x_2, \ y_2, \ z_2)$ に対して，

（Ⅰ）点 P が線分 AB を $m:n$（または，$t:1-t$）に内分するとき，

$$\overrightarrow{OP} = \left(\frac{nx_1 + mx_2}{m+n}, \ \frac{ny_1 + my_2}{m+n}, \ \frac{nz_1 + mz_2}{m+n} \right)$$

$$\left(または，\overrightarrow{OP} = ((1-t)x_1 + tx_2, (1-t)y_1 + ty_2, (1-t)z_1 + tz_2) \right)$$

（Ⅱ）点 Q が線分 AB を $m:n$ に外分するとき，

$$\overrightarrow{OQ} = \left(\frac{-nx_1 + mx_2}{m-n}, \ \frac{-ny_1 + my_2}{m-n}, \ \frac{-nz_1 + mz_2}{m-n} \right)$$

5. 直線の方程式

（ⅰ）$\overrightarrow{\mathrm{OP}} = \overrightarrow{\mathrm{OA}} + t\vec{d}$

（ⅱ）$\dfrac{x - x_1}{l} = \dfrac{y - y_1}{m} = \dfrac{z - z_1}{n}$

$\left(\begin{array}{l} \text{ただし，通る点 } \mathrm{A}(x_1, \ y_1, \ z_1), \\ \text{方向ベクトル } \vec{d} = (l, \ m, \ n) \ \ (lmn \neq 0) \end{array} \right)$

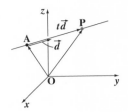

6. 球面の方程式

（ⅰ）$\left| \overrightarrow{\mathrm{OP}} - \overrightarrow{\mathrm{OA}} \right| = r$

（ⅱ）$(x - a)^2 + (y - b)^2 + (z - c)^2 = r^2$

（ ただし，中心 $\mathrm{A}(a, \ b, \ c)$，半径 r ）

7. 平面の方程式

（ⅰ）$\overrightarrow{\mathrm{OP}} = \overrightarrow{\mathrm{OA}} + s\vec{d_1} + t\vec{d_2}$

（ 通る点 A，方向ベクトル $\vec{d_1}, \ \vec{d_2}$ ）

$\boxed{(\vec{d_1} \nparallel \vec{d_2}, \ \vec{d_1} \neq \vec{0}, \ \vec{d_2} \neq \vec{0})}$

（ⅱ）$a(x - x_1) + b(y - y_1) + c(z - z_1) = 0$

$\left(\begin{array}{l} \text{ただし，通る点 } \mathrm{A}(x_1, \ y_1, \ z_1), \\ \quad \text{法線ベクトル } \vec{n} = (a, \ b, \ c) \end{array} \right)$

8. 点と平面の距離

点 $\mathrm{A}(x_1, \ y_1, \ z_1)$ と平面 α：

$ax + by + cz + d = 0$ との間の距離 h は，

$$h = \dfrac{|ax_1 + by_1 + cz_1 + d|}{\sqrt{a^2 + b^2 + c^2}}$$

21

空間内に **4** 点 A, B, C, D がある。

(1) $\vec{AB}\cdot\vec{AC}=6$, $\vec{AB}\cdot\vec{BC}=1$, $\vec{AC}\cdot\vec{BC}=3$ のとき，△ABCの面積を求めよ。

(2) (1) の条件が成り立ち，更に $\vec{AD}\cdot\vec{AB}=\vec{AD}\cdot\vec{AC}=0$, $\vec{BD}\cdot\vec{CD}=10$ も

成り立つとき，四面体 ABCD の体積を求めよ。　　　　　(東京都市大学)

ヒント!　**(1)**△ABC の面積計算に必要な $|\vec{AB}|^2$, $|\vec{AC}|^2$ の値を求める。

(2) 底面積△ABC はわかっているので，高さ $|\vec{AD}|$ を求める。

基本事項

△ABC の面積 S

$$S=\frac{1}{2}\sqrt{|\vec{AB}|^2|\vec{AC}|^2-(\vec{AB}\cdot\vec{AC})^2}$$

（この三角形の面積
公式は平面ベクト
ル，空間ベクトル
のいずれにおいて
も有効！）

(1) 空間内の **4** 点 A, B, C, D について，

$$\begin{cases} \vec{AB}\cdot\vec{AC}=6 & \cdots\cdots① \\ \vec{AB}\cdot\vec{BC}=1 & \cdots\cdots② \\ \vec{AC}\cdot\vec{BC}=3 & \cdots\cdots③ \end{cases}$$ が成り立つ。

△ABC の面積を S とおくと，

$$S=\frac{1}{2}\sqrt{\underline{|\vec{AB}|^2}\,\underline{|\vec{AC}|^2}-\underbrace{(\vec{AB}\cdot\vec{AC})^2}_{6\,(①より)}}\cdots④$$

これから，$|\vec{AB}|^2$, $|\vec{AC}|^2$ が求まればよい

②より，

$$\vec{AB}\cdot\underbrace{(\vec{AC}-\vec{AB})}_{\vec{BC}}=1,\ \underbrace{\vec{AB}\cdot\vec{AC}}_{6\,(①より)}-|\vec{AB}|^2=1$$

$$6-|\vec{AB}|^2=1 \quad \therefore |\vec{AB}|^2=\underline{5} \quad\cdots\cdots⑤$$

③より，

$$\vec{AC}\cdot\underbrace{(\vec{AC}-\vec{AB})}_{\vec{BC}}=3,\ |\vec{AC}|^2-\underbrace{\vec{AB}\cdot\vec{AC}}_{6\,(①より)}=3$$

$$|\vec{AC}|^2-6=3 \quad \therefore |\vec{AC}|^2=\underline{9} \quad\cdots\cdots⑥$$

①, ⑤, ⑥を④に代入して，

$$S=\frac{1}{2}\sqrt{\underline{5}\cdot\underline{9}-6^2}=\frac{\sqrt{9}}{2}=\frac{3}{2}\cdots⑦\cdots(答)$$

(2) $\begin{cases} \vec{AD}\cdot\vec{AB}=0 & \cdots\cdots⑧ \\ \vec{AD}\cdot\vec{AC}=0 \end{cases}$

$$\vec{BD}\cdot\vec{CD}=10 \quad\cdots\cdots⑨$$

⑧より，$\vec{AD}\perp\vec{AB}$ かつ $\vec{AD}\perp\vec{AC}$

よって，四面体 ABCD の体積 V は，S が底面積，AD が高さとなるので，

$$V=\frac{1}{3}\cdot\underset{\frac{3}{2}}{S}\cdot AD=\frac{1}{2}AD\cdots⑩$$
$$(\because⑦)$$

⑨より，

$$\underbrace{(\vec{AD}-\vec{AB})}_{\vec{BD}}\cdot\underbrace{(\vec{AD}-\vec{AC})}_{\vec{CD}}=10$$

$$|\vec{AD}|^2-\underset{0\,(⑧より)}{\underline{\vec{AC}\cdot\vec{AD}}}-\underset{0\,(⑧より)}{\underline{\vec{AB}\cdot\vec{AD}}}+\underset{6\,(①より)}{\underline{\vec{AB}\cdot\vec{AC}}}=10$$

$$|\vec{AD}|^2=4 \quad \therefore |\vec{AD}|=AD=2 \cdots⑪$$

⑪を⑩に代入して，求める四面体 ABCD の体積 V は，

$$V=\frac{1}{2}\cdot 2=1 \quad\cdots\cdots\cdots\cdots(答)$$

実力アップ問題 12　　難易度 ★★☆　　CHECK 1　　CHECK 2　　CHECK 3

a, c を実数とする。空間内の 4 点 O(0, 0, 0), A(2, 0, a), B(2, 1, 5),
C(0, 1, c) が同一平面上にあるとき,

(1) c を a で表せ。

(2) 四角形 OABC の面積の最小値を求めよ。　　　　　　（一橋大）

ヒント！　(1) 異なる 4 点 O, A, B, C が同一平面内にある条件は $\overrightarrow{OC} = s\overrightarrow{OA} + t\overrightarrow{OB}$ をみたす s, t が存在することだね。(2) は，三角形の面積の公式が使える。

(1) $\overrightarrow{OA} = (2, 0, a), \overrightarrow{OB} = (2, 1, 5)$
$\overrightarrow{OC} = (0, 1, c)$

ここで，$\overrightarrow{OA} \neq \vec{0}, \overrightarrow{OB} \neq \vec{0}, \overrightarrow{OA} \not\parallel \overrightarrow{OB}$ より，

4 点 O, A, B, C

が同一平面上
にあるための
条件は，

イメージ

これはあくまでもイメージ

$\overrightarrow{OC} = s\overrightarrow{OA} + t\overrightarrow{OB}$ ……①

をみたす実数 s, t が存在するこ
とである。

①より，

$(0, 1, c) = s(2, 0, a) + t(2, 1, 5)$
$\qquad = (2s + 2t, t, as + 5t)$

よって，$\begin{cases} 2s + 2t = 0 & \text{……②} \\ t = 1 & \text{……③} \\ as + 5t = c & \text{……④} \end{cases}$

②，③より，$s = -1, t = 1$

これを④に代入して，

$c = -a + 5$　……⑤　………（答）

(2)(1) の結果より，

①は，
$\overrightarrow{OC} = -\overrightarrow{OA} + \overrightarrow{OB}$
よって，四角形
OABC の面積
を S とおくと，

$S = 2 \cdot \triangle OBC$　　公式通り

$\quad = 2 \cdot \dfrac{1}{2} \sqrt{|\overrightarrow{OB}|^2 |\overrightarrow{OC}|^2 - (\overrightarrow{OB} \cdot \overrightarrow{OC})^2}$

$\qquad\qquad \underbrace{2^2 + 1^2 + 5^2}\ \underbrace{1^2 + c^2}\ \underbrace{1 + 5c}$

$\quad = \sqrt{30 \cdot (1 + c^2) - (1 + 5c)^2}$

$\quad = \sqrt{5c^2 - 10c + 29}$

$\quad = \sqrt{5(c^2 - 2c + 1) + 24}$

$\therefore S = \sqrt{5(c - 1)^2 + 24}$

根号内を $g(c)$ とおくと，

$g(c) = 5(c - 1)^2 + 24$

$\therefore c = 1$ のとき，

$g(c)$，すなわち
S は最小に
なる。

⑤より，　$a = 5 - c = 4$

以上より $a = 4, c = 1$ のとき，

四角形 OABC の面積 S は

最小値 $\sqrt{24} = 2\sqrt{6}$ をとる。……（答）

1辺の長さ 1 の正四面体 **OABC** の辺 **AB**, **OA**, **OC** 上にそれぞれ点 **D**, **E**, **F** を **AD** $= s$, **OE** $= \dfrac{1}{2}$, **OF** $= t$ となるようにとる。ただし，$0 < s < 1$, $0 < t < 1$ とする。$\overrightarrow{OA} = \vec{a}$, $\overrightarrow{OB} = \vec{b}$, $\overrightarrow{OC} = \vec{c}$ とおくとき，次の問いに答えよ。

(1) $\overrightarrow{ED}$ を $\vec{a}$, $\vec{b}$, $\vec{c}$ を用いて表せ。

(2) $\overrightarrow{ED}$ と $\overrightarrow{EF}$ が直交するとき，s と t の間に成り立つ関係式を求めよ。

(3) $\overrightarrow{ED} + \overrightarrow{EF} = \overrightarrow{EG}$ として定まる点 **G** が辺 **BC** 上にあるように s, t の値を定めよ。

(広島大)

ヒント！ (1) $\overrightarrow{ED} = \overrightarrow{OD} - \overrightarrow{OE}$ を $\vec{a}$, $\vec{b}$ で表す。(2) $\overrightarrow{EF}$ を $\vec{a}$, $\vec{c}$ で表し，$\overrightarrow{ED} \cdot \overrightarrow{EF} = 0$ から，s, t の関係を求める。(3) $\overrightarrow{EG} = (1-u)\overrightarrow{EB} + u\overrightarrow{EC}$ とおく。

正四面体 **OABC** に，点 **D**, **E**, **F** を右図のようにとる。

$\overrightarrow{OA} = \vec{a}$, $\overrightarrow{OB} = \vec{b}$, $\overrightarrow{OC} = \vec{c}$ とおくと，

$|\vec{a}| = |\vec{b}| = |\vec{c}| = 1$

$\vec{a} \cdot \vec{b} = \vec{b} \cdot \vec{c} = \vec{c} \cdot \vec{a} = \dfrac{1}{2}$

$\boxed{|\vec{a}||\vec{b}|\cos 60° = 1 \cdot 1 \cdot \dfrac{1}{2}}$ 他も同様

(1) $\overrightarrow{ED} = \overrightarrow{OD} - \overrightarrow{OE}$ ◀ まわり道の原理

$= (1-s)\vec{a} + s\vec{b} - \dfrac{1}{2}\vec{a}$ ◀ 内分点の公式

$\therefore \overrightarrow{ED} = \left(\dfrac{1}{2} - s\right)\vec{a} + s\vec{b}$ …① …(答)

(2) $\overrightarrow{EF} = \overrightarrow{OF} - \overrightarrow{OE} = t\vec{c} - \dfrac{1}{2}\vec{a}$ ……②

$\overrightarrow{ED} \perp \overrightarrow{EF}$ のとき，$\overrightarrow{ED} \cdot \overrightarrow{EF} = 0$ より，

$\left\{\left(\dfrac{1}{2} - s\right)\vec{a} + s\vec{b}\right\} \cdot \left(-\dfrac{1}{2}\vec{a} + t\vec{c}\right) = 0$

$\dfrac{1}{2}\left(s - \dfrac{1}{2}\right)\underset{\boxed{1^2}}{|\vec{a}|^2} + t\left(\dfrac{1}{2} - s\right)\underset{\boxed{\frac{1}{2}}}{\vec{c} \cdot \vec{a}}$

$- \dfrac{1}{2}s\,\underset{\boxed{\frac{1}{2}}}{\vec{a} \cdot \vec{b}} + st\,\underset{\boxed{\frac{1}{2}}}{\vec{b} \cdot \vec{c}} = 0$

両辺に 4 をかけて，

$2s - 1 + t(1 - 2s) - s + 2st = 0$

$\therefore s + t = 1$ ……………………(答)

(3) $\overrightarrow{EG} = \overrightarrow{ED} + \overrightarrow{EF}$ …③ で定まる点 **G** が辺 **BC** を $u : 1-u$ に内分するものとすると

$\overrightarrow{EG} = (1-u)\underset{\boxed{\overrightarrow{OB} - \overrightarrow{OE}}}{\overrightarrow{EB}} + u\underset{\boxed{\overrightarrow{OC} - \overrightarrow{OE}}}{\overrightarrow{EC}}$

$= (1-u)\left(\vec{b} - \dfrac{1}{2}\vec{a}\right) + u\left(\vec{c} - \dfrac{1}{2}\vec{a}\right)$

$= -\dfrac{1}{2}\vec{a} + (1-u)\vec{b} + u\vec{c}$ …④

①，②，④を③に代入して，

$-\dfrac{1}{2}\vec{a} + (1-u)\vec{b} + u\vec{c}$

$= \left(\dfrac{1}{2} - s\right)\vec{a} + s\vec{b} - \dfrac{1}{2}\vec{a} + t\vec{c}$

$\vec{a}$, $\vec{b}$, $\vec{c}$ は同一平面上になく，かつ $\vec{0}$ でない。よって，両辺の係数を比較して，

$-\dfrac{1}{2} = -s$, $\quad 1 - u = s$, $\quad u = t$

$\therefore s = \dfrac{1}{2}$, $\quad t = \dfrac{1}{2}$ $\quad \left(u = \dfrac{1}{2}\right)$ ……(答)

実力アップ問題 14 　難易度 ★★★　CHECK1　CHECK2　CHECK3

図のような平行六面体 ABCD − EFGH があり，$|\overrightarrow{AB}| = |\overrightarrow{AE}| = |\overrightarrow{AD}| = 1$，

∠BAE = 60°，∠EAD = ∠BAD = 90° とする。また，線分 BF を $t:1-t$

の比に内分する点を I とする。

(1) $|\overrightarrow{AI}|$ を t を用いて表せ。

(2) t が $0 < t < 1$ の範囲を動くとき，△AGI の面積を

　　最小にする t の値を求めよ。

（山形大＊）

ヒント！ (1)$\overrightarrow{AI} = \overrightarrow{AB} + t\overrightarrow{AE}$ として，その大きさを求める。(2)△AGI の面積
を面積公式により求めると，$\sqrt{}$ 内が t の 2 次関数となるんだよ。

$|\overrightarrow{AB}| = |\overrightarrow{AE}| = |\overrightarrow{AD}| = 1$

$$\begin{cases} \overrightarrow{AD} \cdot \overrightarrow{AE} = 0 \\ \overrightarrow{AB} \cdot \overrightarrow{AD} = 0 \\ \overrightarrow{AB} \cdot \overrightarrow{AE} = \dfrac{1}{2} \end{cases}$$

$\underbrace{|\overrightarrow{AB}| \cdot |\overrightarrow{AE}| \cdot \cos 60°}_{= 1 \cdot 1 \cdot \frac{1}{2}}$

すべてのベクトルを
$\overrightarrow{AB},\ \overrightarrow{AD},\ \overrightarrow{AE}$
の 1 次結合で表す。

(1)　$\overrightarrow{AI} = \overrightarrow{AB} + \overrightarrow{BI}$

$\boxed{t\overrightarrow{BF} = t\overrightarrow{AE}}$

$\overrightarrow{AI} = \overrightarrow{AB} + t\overrightarrow{AE}$ ……①

①の両辺の大きさをとって 2 乗すると，

$|\overrightarrow{AI}|^2 = |\overrightarrow{AB} + t\overrightarrow{AE}|^2$

$= \underset{1^2}{|\overrightarrow{AB}|^2} + 2t\underset{\frac{1}{2}}{\overrightarrow{AB} \cdot \overrightarrow{AE}} + t^2\underset{1^2}{|\overrightarrow{AE}|^2}$

$|\overrightarrow{AI}|^2 = t^2 + t + 1$ (>0) ……②

$\therefore |\overrightarrow{AI}| = \sqrt{t^2 + t + 1}$ ………(答)

(2) △AGI の面積を S とおくと，

$S = \dfrac{1}{2}\sqrt{|\overrightarrow{AI}|^2|\overrightarrow{AG}|^2 - (\overrightarrow{AI} \cdot \overrightarrow{AG})^2}$ …③

ここで，$\overrightarrow{AG} = \overrightarrow{AB} + \underset{\overrightarrow{BC}}{\overrightarrow{AD}} + \underset{\overrightarrow{CG}}{\overrightarrow{AE}}$

この両辺の大きさの 2 乗をとって，

• $|\overrightarrow{AG}|^2 = |\overrightarrow{AB} + \overrightarrow{AD} + \overrightarrow{AE}|^2$

$= \underset{1^2}{|\overrightarrow{AB}|^2} + \underset{1^2}{|\overrightarrow{AD}|^2} + \underset{1^2}{|\overrightarrow{AE}|^2} + 2\underset{0}{\overrightarrow{AB} \cdot \overrightarrow{AD}}$

$\qquad + 2\underset{0}{\overrightarrow{AD} \cdot \overrightarrow{AE}} + 2\underset{\frac{1}{2}}{\overrightarrow{AB} \cdot \overrightarrow{AE}}$

$\therefore |\overrightarrow{AG}|^2 = 4$ ……④

• $\overrightarrow{AI} \cdot \overrightarrow{AG} = (\overrightarrow{AB} + t\overrightarrow{AE}) \cdot (\overrightarrow{AB} + \overrightarrow{AD} + \overrightarrow{AE})$

$= \underset{1^2}{|\overrightarrow{AB}|^2} + \underset{\frac{1}{2}}{\overrightarrow{AB} \cdot \overrightarrow{AE}} + t\underset{\frac{1}{2}}{\overrightarrow{AB} \cdot \overrightarrow{AE}} + t\underset{1^2}{|\overrightarrow{AE}|^2}$

$= \dfrac{3}{2}(t + 1)$ …⑤　$\boxed{\overrightarrow{AB} \cdot \overrightarrow{AD} = \overrightarrow{AD} \cdot \overrightarrow{AE} = 0}$

②，④，⑤を③に代入して，

$S = \dfrac{1}{2}\sqrt{(t^2 + t + 1) \cdot 4 - \dfrac{9}{4}(t+1)^2}$

$= \dfrac{1}{4}\sqrt{7t^2 - 2t + 7}$　$(0 < t < 1)$

$\underbrace{}_{g(t)}$

ここで，

$g(t) = 7t^2 - 2t + 7$

$= 7\left(t - \dfrac{1}{7}\right)^2 + \dfrac{48}{7}$

とおくと，$g(t)$，すなわち S を最小にする t は，

$t = \dfrac{1}{7}$ …………(答)

実力アップ問題 15 　　難易度 ★☆☆　　　CHECK 1　　CHECK 2　　CHECK 3

空間内に 3 点 $A(2, 3, \sqrt{5})$, $B(1, 0, 0)$, $C(0, 2, 0)$ がある。

(1) xy 平面上の点 D を $\overrightarrow{AD}$ が $\overrightarrow{AB}$, $\overrightarrow{AC}$ と垂直となるようにとる。

　　このとき, D の座標を求めよ。

(2) 四面体 ABCD の体積を求めよ。

(3) 三角形 ABC の面積を求めよ。

(立教大)

ヒント！ 　空間座標と空間ベクトルの問題。**(1)** $D(x, y, 0)$ とおく。**(2)(3)** は,
四面体の底面積と高さの取り方に注意して解いていこう。

基本事項

内積の成分表示

$\vec{a}=(x_1, y_1, z_1)$, $\vec{b}=(x_2, y_2, z_2)$ のとき,

$\vec{a} \cdot \vec{b} = x_1 x_2 + y_1 y_2 + z_1 z_2$

(1) $A(2, 3, \sqrt{5})$, $B(1, 0, 0)$, $C(0, 2, 0)$

点 D は, xy 平面上の点より $D(x, y, 0)$
とおく。

・$\overrightarrow{AD} = \overrightarrow{OD} - \overrightarrow{OA} = (x, y, 0) - (2, 3, \sqrt{5})$
　　$= (x-2, y-3, -\sqrt{5})$

・$\overrightarrow{AB} = \overrightarrow{OB} - \overrightarrow{OA} = (-1, -3, -\sqrt{5})$

・$\overrightarrow{AC} = \overrightarrow{OC} - \overrightarrow{OA} = (-2, -1, -\sqrt{5})$

（ i ）$\overrightarrow{AD} \perp \overrightarrow{AB}$ より, $\overrightarrow{AD} \cdot \overrightarrow{AB} = 0$

　　$(x-2) \cdot (-1) + (y-3) \cdot (-3) + (-\sqrt{5})^2 = 0$

　　$-x - 3y + 16 = 0$

　　$\therefore \underline{x + 3y = 16}$ ……①

（ ii ）$\overrightarrow{AD} \perp \overrightarrow{AC}$ より, $\overrightarrow{AD} \cdot \overrightarrow{AC} = 0$

　　$(x-2) \cdot (-2) + (y-3) \cdot (-1) + (-\sqrt{5})^2 = 0$

　　$-2x - y + 12 = 0$

　　$\therefore \underline{2x + y = 12}$ ……②

② $\times 3 -$ ① より, $5x = 20$ $\therefore x = 4$

① $\times 2 -$ ② より, $5y = 20$ $\therefore y = 4$

$\therefore$ 点 $D(4, 4, 0)$ …………………(答)

(2) $\overrightarrow{DB} = \overrightarrow{OB} - \overrightarrow{OD} = (\underset{x_1}{-3}, \underset{y_1}{-4}, 0)$

　　$\overrightarrow{DC} = \overrightarrow{OC} - \overrightarrow{OD} = (\underset{x_2}{-4}, \underset{y_2}{-2}, 0)$

　　3 点 D, B, C は xy 平面上の点より,

三角形 DBC の面積を $\triangle DBC$ など
と表すと,

$\triangle DBC = \dfrac{1}{2}|-3 \times (-2) - (-4)^2|$

$= \dfrac{1}{2} \cdot |6 - 16| = 5$

四面体 ABCD の体積
を V とおくと,

$\begin{cases} 底面積 = \triangle DBC = \underline{5} \\ 高さ = 点 A の z 座標 = \underline{\sqrt{5}} \end{cases}$

とみて,

$V = \dfrac{1}{3} \cdot \underline{5} \cdot \underline{\sqrt{5}} = \dfrac{5\sqrt{5}}{3}$
　　……③…(答)

(3) $AD \perp AB$, $AD \perp AC$

より,

$\begin{cases} 底面積 = \triangle ABC \\ 高さ = AD \end{cases}$

と見ると,

$\overrightarrow{AD} = (2, 1, -\sqrt{5})$

$\overrightarrow{AD} = (2, 1, -\sqrt{5})$ より,

$AD = |\overrightarrow{AD}| = \sqrt{2^2 + 1^2 + (-\sqrt{5})^2}$

　　$= \sqrt{10}$

$\therefore V = \boxed{\dfrac{1}{3} \cdot \sqrt{10} \cdot \triangle ABC = \dfrac{5\sqrt{5}}{3}}$
　　　　　　$(\because ③)$

$\therefore \triangle ABC = \dfrac{5\sqrt{5}}{\sqrt{10}} = \dfrac{5\sqrt{2}}{2}$ …………(答)

実力アップ問題16　難易度 ★★★　CHECK 1　CHECK 2　CHECK 3

2直線 $l : \dfrac{x+1}{2} = -y+1 = z+2$ …① と $m : -x+1 = \dfrac{y+3}{2} = z+1$ …②

がある。l 上の動点を P，m 上の動点を Q とおくとき，P と Q の距離 PQ

の最小値を求めよ。

ヒント！ ①$=t$, ②$=s$ とおくと，$P(2t-1,\ -t+1,\ t-2)$，$Q(-s+1,\ 2s-3,\ s-1)$

となる。$PQ = \sqrt{A^2 + B^2 + (\text{正の定数})}$ の形にもち込もう。

①$=t$ とおくと，直線 l 上の動点 P は

$P(2t-1,\ -t+1,\ t-2)$

$\cdot \dfrac{x+1}{2}=t$ より，

$x=2t-1$

$\cdot y,\ z$ も同様

とおける。

同様に，②$=s$ とおくと，

直線 m 上の動点 Q は

$Q(-s+1,\ 2s-3,\ s-1)$

$\therefore \overrightarrow{PQ} = \overrightarrow{OQ} - \overrightarrow{OP}$

$= (-s-2t+2,\ 2s+t-4,\ s-t+1)$

$\therefore |\overrightarrow{PQ}|^2 = (-s-2t+2)^2 + (2s+t-4)^2$
$+ (s-t+1)^2$

$= \{s+2(t-1)\}^2 + \{2s+(t-4)\}^2$
$+ \{s-(t-1)\}^2$

$= s^2 + 4(t-1)s + 4(t-1)^2$
$+ 4s^2 + 4(t-4)s + (t-4)^2$
$+ s^2 - 2(t-1)s + (t-1)^2$

$= 6s^2 + 6(t-3)s + 6t^2 - 18t + 21$

$= 6\left\{ s^2 + (t-3)s + \dfrac{(t-3)^2}{4} \right\}$
$+ 6t^2 - 18t + 21 - \dfrac{3(t^2-6t+9)}{2}$

$= 6\left(s + \dfrac{t-3}{2} \right)^2 + \dfrac{9t^2 - 18t + 15}{2}$

さらにこれを平方完成する

$|\overrightarrow{PQ}|^2 = 6\left(s + \dfrac{t-3}{2} \right)^2 + \dfrac{9}{2}(t^2 - 2t + 1) + \dfrac{6}{2}$

$= 6\left(s + \dfrac{t-3}{2} \right)^2 + \dfrac{9}{2}(t-1)^2 + 3$

0以上　　0以上

よって，$s + \dfrac{t-3}{2} = 0$ かつ $t-1 = 0$，

すなわち，$t=1$，$s = -\dfrac{\overset{t}{①}-3}{2} = 1$ のとき，

$|\overrightarrow{PQ}|^2$ は最小値 3 をとるので，

P, Q 間の距離 PQ の最小値は $\sqrt{3}$ となる。
………(答)

参考

$t=s=1$ のとき，

$P(1,\ 0,\ -1)$,

$Q(0,\ -1,\ 0)$

PQ を最小にする P, Q

$\therefore \overrightarrow{PQ} = (-1,\ -1,\ 1)$

ここで，$l,\ m$ の方向ベクトルをそれぞれ，

$\vec{d_1} = (2, -1, 1)$, $\vec{d_2} = (-1, 2, 1)$ とおくと，

$\begin{cases} \overrightarrow{PQ} \cdot \vec{d_1} = (-1) \cdot 2 + (-1) \cdot (-1) + 1 \cdot 1 = 0 \\ \overrightarrow{PQ} \cdot \vec{d_2} = (-1) \cdot (-1) + (-1) \cdot 2 + 1 \cdot 1 = 0 \end{cases}$

$\therefore \overrightarrow{PQ} \perp \vec{d_1}$ かつ $\overrightarrow{PQ} \perp \vec{d_2}$ より，$\overrightarrow{PQ}$ は

2直線 $l,\ m$ の両方に垂直になる。

空間において，原点 **O** を中心とする半径 **1** の球面を **S**，点 $(0,0,1)$ を **P**，ベクトル $\overrightarrow{OP}$ を $\vec{p}$ とする。さらに xy 平面上を動く点を **Q** とし，ベクトル $\overrightarrow{OQ}$ を $\vec{q}$ とする。ただし，$|\vec{q}| \geqq 1$ とする。

(1) 点 **P** と点 **Q** を通る直線と **S** の交点で **P** と異なる点を **R** とするとき，ベクトル $\vec{r} = \overrightarrow{OR}$ を $\vec{q}$, $|\vec{q}|$, $\vec{p}$ を用いて表せ。

(2) $\vec{q}$ と $\vec{r}$ の内積が $\dfrac{3}{2}$ であるように **Q** を動かすとき，**Q** の描く xy 平面上の図形を表す方程式を求めよ。

(宇都宮大)

ヒント！ (1) $PR:RQ = t:1-t$ $(0 < t \leqq 1)$ とおいて，$\vec{r} = (1-t)\vec{p} + t\vec{q}$ として t の値を求める。(2) 条件から，$|\vec{q}|^2 = 3$ が導かれるんだよ。

(1) $\overrightarrow{OP} = \vec{p}$, $\overrightarrow{OQ} = \vec{q}$

$\overrightarrow{OR} = \vec{r}$ とおくと，

$|\vec{p}| = |\vec{r}| = 1$ ……①

$\vec{p} \perp \vec{q}$ より，

$\vec{p} \cdot \vec{q} = 0$ ……②

ここで，

$PR:RQ = t:1-t$

とおくと，内分点の公式より，

$\vec{r} = (1-t)\vec{p} + t\vec{q}$

$(0 < t \leqq 1)$ ……③

この t を $|\vec{q}|$ の式で表せればいい！

③の両辺の大きさをとって 2 乗すると，

$|\vec{r}|^2 = |(1-t)\vec{p} + t\vec{q}|^2$

$\underbrace{\phantom{|\vec{r}|^2}}_{1^2（①より）} = (1-t)^2 \underbrace{|\vec{p}|^2}_{1^2（①より）} + 2t(1-t) \underbrace{\vec{p} \cdot \vec{q}}_{0（②より）} + t^2 |\vec{q}|^2$

$1 = (1-t)^2 + t^2 |\vec{q}|^2$ $(\because ①, ②)$

$\cancel{1} = \cancel{1} - 2t + t^2 + t^2 |\vec{q}|^2$

$t > 0$ より，両辺を t で割って，

$(|\vec{q}|^2 + 1)t = 2$

$\therefore t = \dfrac{2}{|\vec{q}|^2 + 1}$ ……④

④を③に代入して，

$\vec{r} = \left(1 - \dfrac{2}{|\vec{q}|^2 + 1}\right)\vec{p} + \dfrac{2}{|\vec{q}|^2 + 1}\vec{q}$

$\therefore \vec{r} = \dfrac{|\vec{q}|^2 - 1}{|\vec{q}|^2 + 1}\vec{p} + \dfrac{2}{|\vec{q}|^2 + 1}\vec{q}$ ……⑤……(答)

(2) 条件より，$\vec{q} \cdot \vec{r} = \dfrac{3}{2}$ ……⑥

⑤を⑥に代入して，

$\vec{q} \cdot \left(\dfrac{|\vec{q}|^2 - 1}{|\vec{q}|^2 + 1}\vec{p} + \dfrac{2}{|\vec{q}|^2 + 1}\vec{q}\right) = \dfrac{3}{2}$

$\dfrac{|\vec{q}|^2 - 1}{|\vec{q}|^2 + 1}\underbrace{\vec{p} \cdot \vec{q}}_{0（②より）} + \dfrac{2}{|\vec{q}|^2 + 1}|\vec{q}|^2 = \dfrac{3}{2}$

$4|\vec{q}|^2 = 3(|\vec{q}|^2 + 1)$ $(\because ②)$

$|\vec{q}|^2 = 3$ ……⑦

ここで，$\vec{q} = \overrightarrow{OQ} = (x, y, 0)$ とおくと

点 **Q** は，xy 平面上の点

$|\vec{q}|^2 = x^2 + y^2 + 0^2 = x^2 + y^2$ ……⑧

⑦，⑧より，点 **Q** が xy 平面上に描く図形の方程式は，

$x^2 + y^2 = 3$ ……(答)

$(z = 0)$ 　原点を中心とする半径 $\sqrt{3}$ の円

実力アップ問題18 　難易度 ★★☆ 　CHECK1 　CHECK2 　CHECK3

原点を中心とする半径 1 の球面上に点 $P(l, m, n)$ $(l > 0, m > 0, n > 0)$ がある。点 P を通り，$\overrightarrow{OP}$ と垂直な平面と，x 軸，y 軸，z 軸との交点を それぞれ A, B, C とおく。

(1) $\triangle ABC$ の面積 S を l, m, n で表せ。

(2) $n = \dfrac{1}{2}$ のとき，面積 S の最小値を求めよ。 　（名古屋市立大＊）

ヒント! (1) 点 $P(l, m, n)$ を通り，法線ベクトル $\overrightarrow{OP} = (l, m, n)$ をもつ平面 の方程式を求める。(2) 相加・相乗平均の式から S の最小値が求まるよ。

(1) 点 $P(l, m, n)$ は球面：

$x^2 + y^2 + z^2 = 1$

上の点より，

$l^2 + m^2 + n^2 = 1$

……①

点 P を通り，

$\overrightarrow{OP} = (l, m, n)$ と

垂直な平面の方程式は，

$l(x-l) + m(y-m) + n(z-n) = 0$

> 点 $P(x_1, y_1, z_1)$ を通り，法線ベクトル $\vec{n} = (a, b, c)$ をもつ平面の方程式の公式 $a(x-x_1) + b(y-y_1) + c(z-z_1) = 0$ を使った！

$lx + my + nz = \underbrace{(l^2 + m^2 + n^2)}_{1}$

$lx + my + nz = 1$ ……② (∵ ①)

$y = z = 0$ のとき，② より $x = \dfrac{1}{l}$

∴ $A\left(\dfrac{1}{l}, 0, 0\right)$

同様に，$B\left(0, \dfrac{1}{m}, 0\right)$, $C\left(0, 0, \dfrac{1}{n}\right)$

(i) $\triangle ABC$ の面積を S とおく と，四面体 $OABC$ の体積

V は，$V = \dfrac{1}{3} \cdot S \cdot 1$ …③

底面積　高さ

$S = \triangle ABC$

(ii) $\triangle OAB$ を底面とみると，

体積 $V = \dfrac{1}{3} \cdot \dfrac{1}{2lm} \cdot \dfrac{1}{n}$ …④

底面積　高さ

$\triangle OAB = \dfrac{1}{2lm}$

③，④ より $\dfrac{1}{3} \cdot S = \dfrac{1}{3} \cdot \dfrac{1}{2lmn}$

∴ $S = \dfrac{1}{2lmn}$ ……⑤（答）

(2) $n = \dfrac{1}{2}$ のとき，

> lm が最大のとき，その 逆数が S の最小値となる。

⑤ より，$S = \dfrac{1}{lm}$ ……⑥

① より，$l^2 + m^2 = 1 - \left(\dfrac{1}{2}\right)^2 = \dfrac{3}{4}$

$l > 0, m > 0$ より，相加・相乗平均の 不等式を用いて，

$\dfrac{3}{4} = l^2 + m^2 \geqq 2\sqrt{l^2 m^2} = 2lm$

> 等号成立条件：$l^2 = m^2 = \dfrac{3}{8}$ より，
> $l = m = \dfrac{\sqrt{6}}{4}$

∴ $lm \leqq \dfrac{3}{8}$ より，lm が最大値 $\dfrac{3}{8}$ と なるとき，⑥ より S は最小となる。

∴ 最小値 $S = \dfrac{8}{3}$ …………（答）

点 $A(1, 2, 4)$ を通り，ベクトル $\vec{n} = (3, -1, -2)$ に垂直な平面 α に関して，同じ側に点 $P(-2, 1, 7)$, $Q(1, 3, 7)$ がある。

(1) 平面 α に関して点 P と対称な点 R の座標を求めよ。

(2) 平面 α 上の点 S で，$PS + SQ$ を最小にする点 S の座標と $PS + SQ$ の最小値を求めよ。　　　　　　　　　　　　　　　　　（鳥取大 *）

ヒント！　**(1)** 直線 PR が平面 α と交わる点を H とおくと，R は線分 PH を $2 : 1$ に外分する。**(2)** $\triangle PSH \equiv \triangle RSH$ だから，$PS = RS$　よって，$PS + SQ = RS + SQ \geqq QR$ となるんだね。

基本事項

- 点 $A(x_1, y_1, z_1)$ を通り，法線ベクトル $\vec{n} = (a, b, c)$ の平面の方程式は
  $$a(x - x_1) + b(y - y_1) + c(z - z_1) = 0$$
- 点 $B(x_1, y_1, z_1)$ を通り，方向ベクトル $\vec{d} = (l, m, n)(lmn \neq 0)$ の直線の方程式は
  $$\frac{x - x_1}{l} = \frac{y - y_1}{m} = \frac{z - z_1}{n}$$

平面 α は，点 $A(1, 2, 4)$ を通り，$\vec{n} = (3, -1, -2)$ を法線ベクトルにもつから，その方程式は，

$3(x - 1) - (y - 2) - 2(z - 4) = 0$

$3x - y - 2z - 3 + 2 + 8 = 0$

$\therefore \alpha : 3x - y - 2z + 7 = 0$ ……①

(1) 点 $P(-2, 1, 7)$ を通り，平面 α に直交する直線を l とおく。l の方向ベクトルは，α の法線ベクトル $\vec{n} = (3, -1, -2)$ より，l の方程式は

$l : \dfrac{x + 2}{3} = \dfrac{y - 1}{-1} = \dfrac{z - 7}{-2}$ ……②

l と α との交点を H とおくと，② $= t$ とおいて，H の座標は，

$H(3t - 2, -t + 1, -2t + 7)$ ……③

H は α 上の点より，③を①に代入して，

$3(3t - 2) - (-t + 1) - 2(-2t + 7) + 7 = 0$

$(9 + 1 + 4)t - 6 - 1 - 14 + 7 = 0$

$14t = 14$ 　$\therefore t = 1$

これを③に代入して，H の座標は

$H(1, 0, 5)$ となる。

点 P と α に関して対称な点 R は線分 PH を $2 : 1$ に外分するから，原点を O として，

$\overrightarrow{OR} = \dfrac{-1 \cdot \overrightarrow{OP} + 2 \cdot \overrightarrow{OH}}{2 - 1}$

$\qquad = (2, -1, -7) + (2, 0, 10)$

$\qquad = (4, -1, 3)$

$\therefore R(4, -1, 3)$ …（答）

点 R が線分 PH を $m : n$ に外分するとき，
$$\overrightarrow{OR} = \dfrac{-n\overrightarrow{OP} + m\overrightarrow{OH}}{m - n} \quad となる。$$
これは，平面ベクトルと同様，空間ベクトルでも成り立つんだね。

基本事項

xyz 座標空間における **2** 点
$Q(x_1, y_1, z_1)$, $R(x_2, y_2, z_2)$ 間
の距離 **QR** は,
$$QR = \sqrt{(x_1-x_2)^2+(y_1-y_2)^2+(z_1-z_2)^2}$$

(2) 平面 α 上の任意の
　点 **S** について,
　$\triangle PSH \equiv \triangle RSH$
　$\therefore PS = RS$ より,
　$PS + SQ = RS + SQ$
　　　$\geqq QR$ となる。

平面 α

この等号が成り立つのは, **S** が直線
QR と平面 α との交点 S_0 と一致す
るときである。よって, **PS + SQ** の
最小値は,
$$QR = \sqrt{(1-4)^2+\{3-(-1)\}^2+(7-3)^2}$$
$$= \sqrt{9+16+16} = \sqrt{41} \quad \cdots\cdots(答)$$
このとき, **S** は直線 **QR** と平面 α との
交点より, まず直線 **QR** の方程式を求
める。直線 **QR** の方向ベクトルは,
$$\overrightarrow{QR} = \overrightarrow{OR} - \overrightarrow{OQ}$$
$$= (4, -1, 3) - (1, 3, 7)$$
$$= (3, -4, -4)$$

よって, 直線 **QR** は点 $Q(1, 3, 7)$ を
通り, 方向ベクトル $\overrightarrow{QR} = (3, -4,$
$-4)$ の直線だから, その方程式は,
$$\frac{x-1}{3} = \frac{y-3}{-4} = \frac{z-7}{-4} \quad \cdots\cdots④$$
S はこの直線上の点より, ④$= u$ と
おいて, **S** の座標は,
$$S(3u+1, -4u+3, -4u+7) \cdots⑤$$
これは平面 $\alpha : 3x-y-2z+7=0 \cdots①$
上の点でもあるから, **S** の座標⑤を
①に代入して,
$$3(3u+1)-(-4u+3)-2(-4u+7)+7=0$$
$$(9+4+8)u-14+7=0$$
$$21u=7 \quad \therefore u = \frac{1}{3} \cdots⑥$$

⑥を⑤に代入して, **PS + SQ** を最小
にする **S** の座標は,
$$S\left(2, \frac{5}{3}, \frac{17}{3}\right) である。 \quad \cdots\cdots(答)$$

直線 $l : \dfrac{x}{3} = y + 2u = \dfrac{z - u}{-4}$ ……① は，任意の定数 u に対し同一平面に含まれることを示し，この平面の方程式を求めよ。

ヒント！　① $=t$ とおくと，l 上の点 P は，P$(3t,\ t - 2u,\ -4t + u)$ より，原点 O に対して，$\overrightarrow{\mathrm{OP}} = u(0,\ -2,\ 1) + t(3,\ 1,\ -4)$ とおける。

参考

1 次独立な 2 つのベクトル $\vec{d_1} = (a, b, c)$，$\vec{d_2} = (p, q, r)$ の両方に直交するベクトル $\vec{n}$ は，次式で与えられる。

$\vec{n} = (br - cq,\ cp - ar,\ aq - bp) \cdots$ⓐ

これは，次の計算によって簡単に求まる。この方法を覚えておこう。

$a \quad b \quad c \quad a$
③　①　②
$p \quad q \quad r \quad p$
$, aq - bp)(br - cq,\ cp - ar$

$\boxed{\vec{d_1} と \vec{d_2} の各成分を左のように並べ①，②，③の順にたすきがけをする。}$

$\boxed{\vec{n} の z 成分}\ \boxed{\vec{n} の x 成分}\ \boxed{\vec{n} の y 成分}$

ここで，$\vec{n} = (x, y, z)$ とおくと，$\vec{n} \perp \vec{d_1}$ かつ $\vec{n} \perp \vec{d_2}$ より，

$\vec{n} \cdot \vec{d_1} = ax + by + cz = 0 \cdots$ⓑ
$\vec{n} \cdot \vec{d_2} = px + qy + rz = 0 \cdots$ⓒ

ⓒ$\times c -$ⓑ$\times r$ より z を消去して，
$(cp - ar)x = (br - cq)y$

$\therefore \dfrac{x}{y} = \dfrac{br - cq}{cp - ar} \cdots$ⓓ

ⓒ$\times a -$ⓑ$\times p$ より x を消去して，
$(aq - bp)y = (cp - ar)z$

$\therefore \dfrac{y}{z} = \dfrac{cp - ar}{aq - bp} \cdots$ⓔ　ⓓ，ⓔより

$x : y : z = (br - cq) : (cp - ar) : (aq - bp)$

よって，$\vec{n}$ はⓐで表せるんだね。

原点を O，l 上の点を P とおく。

① $= t$ として，
$\overrightarrow{\mathrm{OP}} = (3t,\ t - 2u,\ -4t + u)$
　　　$= u(0,\ -2,\ 1) + t(3,\ 1,\ -4)$

$\boxed{l が通る点}$

　　　$= u(0,\ -2,\ 1) + t\vec{d_1}$
$(\vec{d_1} = (3,\ 1,\ -4) : l の方向ベクトル)$

ここで，定数 u を変化させると，l が通る点 $u(0,\ -2,\ 1)$ は，原点 O を通り，

$\boxed{u = 0 のとき}$

方向ベクトル $\vec{d_2} = (0,\ -2,\ 1)$ の直線 m を描く。

よって，l はこの直線 m と交わりながら，$\vec{d_2}$ の方向に平行移動するので，$\vec{d_1}$ と $\vec{d_2}$ が張る平面 π を描く。………(終)

π の法線ベクトルを $\vec{n}$ とおくと，$\vec{n}$ は $\vec{d_1}$ と $\vec{d_2}$ の両方と直交するから，

$\vec{n} = (7,\ 3,\ 6)$

とおける。そして，平面 π は原点 O を通るので，その方程式は，

$7x + 3y + 6z = 0$

となる。 …(答)

$\boxed{平面\ \pi}$

$\vec{n}$ の計算
$3 \quad 1 \quad -4 \quad 3$
③　①　②
$0 \ {-2} \quad 1 \quad 0$
$, -6)\ (\ -7,\ \ -3$
$\therefore \vec{n} /\!/ (-7,\ -3,\ -6)$
より，$\vec{n} = (7,\ 3,\ 6)$
とおける。

$\vec{n} \cdot \vec{d_1} = 21 + 3 - 24$
　　　$= 0$
$\vec{n} \cdot \vec{d_2} = 0 - 6 + 6$
　　　$= 0$
$\therefore \vec{n} \perp \vec{d_1}$ かつ $\vec{n} \perp \vec{d_2}$
だね。

実力アップ問題21　難易度 ★☆　CHECK 1　CHECK2　CHECK3

2直線 $l_1 : x = y - 2 = \dfrac{z+1}{3}$ …① , $l_2 : \dfrac{x+1}{2} = \dfrac{y-2}{3} = z + 4$ …②がある。

(1) l_1 を含み, l_2 に平行な平面 α_1 の方程式を求めよ。

(2) l_2 を含み, 平面 α_1 に垂直な平面 α_2 の方程式を求めよ。

(3) α_2 と l_1 との交点 P の座標を求めよ。

ヒント! **(1)** 平面 α_1 の法線ベクトル $\vec{n_1}$ は, l_1, l_2 の方向ベクトル $\vec{d_1}$, $\vec{d_2}$ の両方と直交する。**(2)** 平面 α_2 の法線ベクトル $\vec{n_2}$ は, $\vec{d_2}$ と $\vec{n_1}$ の両方と直交する。**(3)** ① $= t$ とおいて, P の座標を t で表そう。

(1) ①より, 直線 l_1 は点 $(0, 2, -1)$ を通り, 方向ベクトル $\vec{d_1} = (1, 1, 3)$ の直線であり, 直線 l_2 は, ②より点 $(-1, 2, -4)$ を通り, 方向ベクトル $\vec{d_2} = (2, 3, 1)$ の直線である。図1より, l_1 を含み, l_2 に平行な平面 α_1 の法線ベクトルを $\vec{n_1}$ とおくと, $\vec{n_1} \perp \vec{d_1}$ かつ $\vec{n_1} \perp \vec{d_2}$ ∴ $\vec{n_1} = (8, -5, -1)$ とおける。

図1
$\vec{d_2} = (2, 3, 1)$
$(-1, 2, -4)$　l_2
$\vec{d_1} = (1, 1, 3)$　l_1
$\vec{n_1}$　$\vec{d_2} = (2, 3, 1)$
$(0, 2, -1)$　α_1

> 直線
> $\dfrac{x-a}{l} = \dfrac{y-b}{m} = \dfrac{z-c}{n}$
> $(lmn \neq 0)$ は,
> 点 (a, b, c) を通り,
> 方向ベクトル
> $\vec{d} = (l, m, n)$ の
> 直線である。

1	1	3	1
2	3	1	2

, 1) (-8, 5
∴ $\vec{n} = (8, -5, -1)$ とおける。

また, α_1 は l_1 を含むので, l_1 上の点 $(0, 2, -1)$ は α_1 上の点である。よって, α_1 の方程式は,
$8(x-0) - 5(y-2) - 1\{z-(-1)\} = 0$ より,
$8x - 5y - z + 9 = 0$ となる。 …(答)

(2) 平面 α_2 は l_2 を含み, α_1 と直交するので, α_2 の法線ベクトルを $\vec{n_2}$ とおくと, 図2より,

$\vec{n_2} \perp \vec{d_2}$ かつ $\vec{n_2} \perp \vec{n_1}$ となる。
∴ $\vec{n_2} = (1, 5, -17)$ とおける。

2	3	1	2
8	-5	-1	8

, $-34)$ (2, 10
∴ $\vec{n_2} // (2, 10, -34)$ より, $\vec{n_2} = (1, 5, -17)$ とおける。

図2
$\vec{d_2} = (2, 3, 1)$
$(-1, 2, -4)$
$\vec{n_1} = (8, -5, -1)$　l_2
α_1
$\vec{d_2} = (2, 3, 1)$
$\vec{n_2}$
α_2

また, α_2 は l_2 上の点 $(-1, 2, -4)$ を含むので, α_2 の方程式は,
$1(x+1) + 5(y-2) - 17(z+4) = 0$ より,
$x + 5y - 17z - 77 = 0$ ……③……(答)

(3) α_2 と l_1 の交点 P は, ① $= t$ とおいて,
$P(t, t+2, 3t-1)$ …④ ← P は l_1 上の点
これが α_2 上にもあるので, この座標を③に代入して,
$t + 5(t+2) - 17(3t-1) - 77 = 0$
∴ $t = -\dfrac{10}{9}$ ← $45t = -50$ より
これを④に代入して,
$P\left(-\dfrac{10}{9}, \dfrac{8}{9}, -\dfrac{13}{3}\right)$ となる。…(答)

33

3点 A(1, 1, 3)，B(1, 2, 4)，C(3, 2, 4) を含む平面を α とする。

(1) 点 P(3, 3, 3) を中心とし，平面 α に接する球面 S の方程式を求めよ。

(2) 球面 S に接し，直線 AB を含む，α と異なる平面を β とおく。

　　平面 β の方程式を求めよ。

ヒント！　(1) 平面 α は，2つの1次独立なベクトル $\vec{AB}$，$\vec{AC}$ で張られる平面だから，α の法線ベクトル $\vec{n}$ は，$\vec{AB}$，$\vec{AC}$ の両方と直交する。(2) 直線 AB の方程式を求めることにより，直線 AB を交線にもつ2平面の方程式が求まる。

基本事項

- 点 $P(x_1, y_1, z_1)$ から平面
$ax + by + cz + d = 0$ までの距離 h
$$h = \frac{|ax_1 + by_1 + cz_1 + d|}{\sqrt{a^2 + b^2 + c^2}}$$
- 中心 (a, b, c)，半径 r の球面の方程式
$$(x-a)^2 + (y-b)^2 + (z-c)^2 = r^2$$

(1) 平面 α は，3点
A(1, 1, 3)，B(1, 2, 4)，C(3, 2, 4)
を含むので，平面 α は点 A(1, 1, 3)
を通り，1次独立な2つのベクトル
$$\vec{AB} = (0, 1, 1)$$
$$\vec{AC} = (2, 1, 1)$$
によって張られる平面である。
よって，α の法線ベクトルを $\vec{n}$ とおくと，
$\vec{n} \perp \vec{AB}$ かつ
$\vec{n} \perp \vec{AC}$ より，
$\vec{n} = (0, 1, -1)$
とおける。

```
0    1    1    1    0
 (3)   (1)   (2)
2    1    1    1    2
 , -2) (    0,    2
∴ n⃗ //(0, 2, -2)
より, n⃗ =(0, 1, -1)
とおける。
```

よって，α は点
A(1, 1, 3) を通
るので，平面 α の
方程式は，

$0 \cdot (x - 1) + 1 \cdot (y - 1) - 1 \cdot (z - 3) = 0$
$\therefore y - z + 2 = 0$　（$0 \cdot x + 1 \cdot y - 1 \cdot z + 2 = 0$ のことだね。）

球面 S は，中心が P(3, 3, 3) で，平面 α と接するから，中心 P と α との間の距離 h は，S の半径 r となり，

$$h = \frac{|0 \cdot 3 + 1 \cdot 3 - 1 \cdot 3 + 2|}{\sqrt{0^2 + 1^2 + (-1)^2}}$$
$$= \frac{2}{\sqrt{2}} = \sqrt{2}\ (= r)$$

よって，球面 S の方程式は，
$(x-3)^2 + (y-3)^2 + (z-3)^2 = 2$ …(答)

平面 α : y − z + 2 = 0
法線ベクトル $\vec{n} = (0, 1, -1)$
P(3, 3, 3)

基本事項

2平面の交線を通る平面の方程式

2平面

$ax + by + cz + d = 0$ ……㋐

$a'x + b'y + c'z + d' = 0$ …㋑

が交線をもつとき，その交線を含む平面の方程式は

$ax + by + cz + d +$
$k(a'x + b'y + c'z + d') = 0$ …㋒

（および，$a'x + b'y + c'z + d' = 0$…㋑）

㋒は㋑を表せないので，これを加えておく。

(2) 直線 AB は，点 A(1, 1, 3) を通り，方向ベクトル $\overrightarrow{AB} = (0, 1, 1)$ の直線より，その方程式は，

$$x = 1, \quad \frac{y-1}{1} = \frac{z-3}{1}$$

$\dfrac{x-1}{0} = \dfrac{y-1}{1} = \dfrac{z-3}{1}$ の第1式の分母 $= 0$ より，分子 $= x - 1 = 0$ ∴ $x = 1$

∴ $x - 1 = 0$，$y - z + 2 = 0$

これより，直線 AB は 2 平面 $x - 1 = 0$ と $y - z + 2 = 0$ の交線だから，直線 AB を含み，球面 S に接する α と異なる平面 β の方程式は，

$x - 1 + k(y - z + 2) = 0$

と表せる。

これは，平面 α：$y - z + 2 = 0$ だけは表せない。

これをまとめて，β の方程式は

$x + ky - kz + 2k - 1 = 0$ ……①

平面 β は球面 S と接するから，S の中心 P(3, 3, 3) と β との間の距離は，S の半径 $\sqrt{2}$ より，

$$\frac{|3 + k\cdot 3 - k\cdot 3 + 2k - 1|}{\sqrt{1^2 + k^2 + (-k)^2}} = \sqrt{2}$$

両辺を $\sqrt{2k^2 + 1}$ 倍して，

$|2k + 2| = \sqrt{2(2k^2 + 1)}$

両辺を 2 乗して，

$4k^2 + 8k + 4 = 4k^2 + 2$

$8k = -2$

∴ $k = -\dfrac{1}{4}$ ……②

②を①に代入して，求める平面 β の方程式は，

$$x - \frac{1}{4}y + \frac{1}{4}z - \frac{1}{2} - 1 = 0$$

∴ $4x - y + z - 6 = 0$ …………(答)

これは平面 α：$y - z + 2 = 0$ と異なる。

平面 $\pi_1 : x + y + 3z = 1$ による球面 S の切り口は中心 $(3, \ -2, \ 0)$ で半径 $\sqrt{14}$ の円になり，S の中心は平面 $\pi_2 : 2x + 2y + z = 9$ 上にある。球面 S の方程式を求めよ。

ヒント！　球面 S の中心を通り，平面 π_1 に垂直な直線は，π_1 による S の切り口 (円) の中心を通るんだね。まず，この直線の方程式を求めてから，球面 S の中心の座標を求めればいい。

平面 π_1 :

$x + y + 3z = 1$

による球面 S

の切り口の円

を C とおく。

S の中心を P

とし，P を通

イメージ

り平面 π_1 に垂直な直線を l とおくと，l と π_1 の交点は，円 C の中心 $(3, \ -2, \ 0)$ と一致する。

この円 C の中心を $H(3, \ -2, \ 0)$ とおく。l は，点 $H(3, \ -2, \ 0)$ を通り 方向ベクトル $\vec{d} = (1, \ 1, \ 3)$ の直線より，l の方程

(π_1 の法線ベクトル $\vec{n}$ のこと)

式は，

$$\frac{x-3}{1} = \frac{y+2}{1} = \frac{z}{3} \quad \cdots\cdots\cdots ①$$

球 S の中心 P は l 上の点より，$① = t$ とおいて，

$P(t+3, \ t-2, \ 3t) \ \cdots\cdots ②$

とおける。

よって，P はもう 1 つの平面 π_2 :

$2x + 2y + z - 9 = 0 \ \cdots③$ 上にあるので，P の座標②を③に代入して，

$2(t+3) + 2(t-2) + 3t - 9 = 0$

$7t = 7 \quad \therefore t = 1 \ \cdots\cdots④$

④を②に代入して，球面 S の中心 P の座標は，

$P(4, \ -1, \ 3)$ である。

また，点 P から平面 π_1 :

$x + y + 3z - 1 = 0$ までの距離 h は

$$h = \frac{|4 - 1 + 3 \cdot 3 - 1|}{\sqrt{1^2 + 1^2 + 3^2}}$$

$$= \frac{11}{\sqrt{11}} = \sqrt{11} \ \searrow$$

よって，球面 S の半径 r は，

$$r = \sqrt{(\sqrt{11})^2 + (\sqrt{14})^2} \ \nearrow$$

$$= \sqrt{25} = 5$$

以上より，S は中心 $P(4, \ -1, \ 3)$，半径 $r = 5$ の球面だから，その方程式は，

$(x-4)^2 + (y+1)^2 + (z-3)^2 = 25 \ \cdots$(答)

xyz 座標空間において，半径 $\sqrt{2}$ の円柱：$x^2+y^2 \leqq 2 \ (0 \leqq z \leqq 7)$ を考える。この円柱を平面 π：$x+y+\sqrt{2}\,z-6=0$ …① で切った切り口の面積 S を求めよ。

ヒント！　平面 π と xy 平面とのなす角は，この 2 平面の法線ベクトル $\vec{n_1}=(1,\ 1,\ \sqrt{2})$ と $\vec{n_2}=(0,\ 0,\ 1)$ のなす角 θ に等しいんだね。

参考

xy 平面において，$x^2+y^2 \leqq 2$ は，中心が原点 **0**，半径 $\sqrt{2}$ の円を表すけれど，xyz 座標空間においては，z は自由に動けるので，上・下 ∞ の円柱を表すことになる。ここでは，$0 \leqq z \leqq 7$ の条件がついているので，上図のようなこの z の範囲における円柱を表すことになる。

平面 π：$x+y+\sqrt{2}\,z-6=0$ …① と，xy 平面：$z=0$…② $[0 \cdot x+0 \cdot y+1 \cdot z=0]$ の法線ベクトルをそれぞれ

$\vec{n_1}=(1,\ 1,\ \sqrt{2})$, $\vec{n_2}=(0,\ 0,\ 1)$ とおくと，2 平面①，②のなす角は，$\vec{n_1}$ と $\vec{n_2}$ のなす角 θ に等しい。

$|\vec{n_1}|=\sqrt{1^2+1^2+(\sqrt{2})^2}=\sqrt{4}=2$
$|\vec{n_2}|=\sqrt{0^2+0^2+1^2}=1$
$\vec{n_1} \cdot \vec{n_2}=1 \cdot 0+1 \cdot 0+\sqrt{2} \cdot 1=\sqrt{2}$

よって，

$$\cos\theta=\frac{\vec{n_1} \cdot \vec{n_2}}{|\vec{n_1}||\vec{n_2}|}=\frac{\sqrt{2}}{2 \cdot 1}=\frac{1}{\sqrt{2}}$$

$\therefore \theta=45°$

また，平面 π と xy 平面（$z=0$）との交線を l とおくと，①に $z=0$ を代入して，

l：$x+y-6=0 \ \ (z=0)$

よって，原点と l との間の距離は，右図より

$$\frac{6}{\sqrt{2}}=3\sqrt{2}$$

となる。

よって，右図より，平面 π による円柱：

$x^2+y^2 \leqq 2$

$(0 \leqq z \leqq 7)$

の切り口を xy 平面に正射影した図形は半径 $\sqrt{2}$ の円より，

この面積を $S'(=(\sqrt{2})^2 \pi)$ とおくと，

$S'=S\cos 45°$

$\therefore S=\dfrac{S'}{\cos 45°}=\dfrac{2\pi}{\dfrac{1}{\sqrt{2}}}=2\sqrt{2}\,\pi$ …（答）

2つの平面 $\alpha : x+y-z+1=0$ …①, $\beta : x-y+z+1=0$ …②との交線を l とおく。l を含む平面 γ で球面 $S : (x-2)^2+y^2+z^2=4$ を切った切り口が, 半径 $\sqrt{3}$ の円となるとき, γ の方程式を求めよ。

レクチャー

2つの平面
$$\begin{cases} \alpha : a_1x+b_1y+c_1z+d_1=0 & \cdots\cdots① \\ \beta : a_2x+b_2y+c_2z+d_2=0 & \cdots\cdots② \end{cases}$$
が交わるとき, その交線を l とおく。
①と②の交線 l の方程式は,
$$(a_1x+b_1y+c_1z+d_1)+k(a_2x+b_2y+c_2z+d_2)=0$$
$$(および, \ a_2x+b_2y+c_2z+d_2=0)$$
と表せるけれど, 次のようにもっと簡単な形で表すことができる。
①と②の交線 l 上の点 $(x, \ y, \ z)$ は,
①と②から z を消去して得られる
$(x と y の 1 次式)=0$ …③ と, ← z 軸に平行な平面とみる
①, ②から x を消去して得られる
$(y と z の 1 次式)=0$ …④ ← x 軸に平行な平面とみる
の両方をみたすから, 新たに③と④を平面とみると, l はこの2平面③, ④の交線でもあるんだね。よって, l を含む平面 γ の方程式は, ③と④を用いて,
$(x と y の 1 次式)+k(y と z の 1 次式)=0$ (および, $(y と z の 1 次式)=0$)
と表せる。

$$\begin{cases} \alpha : x+y-z+1=0 & \cdots\cdots① \\ \beta : x-y+z+1=0 & \cdots\cdots② \end{cases}$$
$S : (x-2)^2+y^2+z^2=4$ …③ とおく。

①の法線ベクトル $\vec{n_1}=(1, \ 1, \ -1)$ と ②の法線ベクトル $\vec{n_2}=(1, \ -1, \ 1)$ は, $\vec{n_1} \not\parallel \vec{n_2}$ なので, α と β は交線 l をもつ。

①+②より $y, \ z$ を消去して,
$2x+2=0$　yz 平面に平行な平面とみる
$\therefore x+1=0$ …④

①−②より x を消去して,
$2y-2z=0$　x 軸に平行な平面とみる
$\therefore y-z=0$ …⑤

①と②の交線 l 上の任意の点 $(x, \ y, \ z)$ は, 平行でない2つの平面の方程式④, ⑤を共にみたすので, l はこの2平面の交線でもある。

④かつ⑤より, l の方程式は $x=-1$ かつ $z=y$ だね。

よって，l を含む平面 γ の方程式は

$\underline{x+1+k(y-z)=0}$

これをまとめて，

$x+ky-kz+1=0$ ……⑥　となる。

この平面 γ による球面 S の切り口が半径 $\sqrt{3}$ の円のとき，球面 S の中心を $P(2, 0, 0)$ とおく。

P から 平面 γ に下した垂線の足を H，γ と S が交わってできる円周上の点を Q とおくと，△PHQ は，斜辺 $PQ(=2)$，$HQ=\sqrt{3}$，

（球面 S の半径）　（交円の半径のこと）

$\angle PHQ=90°$ の直角三角形となる。

よって，三平方の定理より，

$PQ^2=PH^2+HQ^2$

（2^2）　（$(\sqrt{3})^2$）

$\therefore PH=\sqrt{PQ^2-HQ^2}=\sqrt{4-3}=1$

よって，S の中心 $P(2, 0, 0)$ から平面 γ までの距離 $PH=1$ だから，⑥より

$\dfrac{|2+k\cdot 0-k\cdot 0+1|}{\sqrt{1^2+k^2+(-k)^2}}=1$

$3=\sqrt{2k^2+1}$　両辺を 2 乗して，

$2k^2+1=9$　　$2k^2=8$

$\therefore k=\pm 2$

（ⅰ）$k=2$ のとき，⑥に代入して，γ の方程式は，

　　$x+2y-2z+1=0$

（ⅱ）$k=-2$ のとき，⑥に代入して，γ の方程式は，

　　$x-2y+2z+1=0$

以上（ⅰ）（ⅱ）より，求める γ の方程式は

$x\pm 2y\mp 2z+1=0$（複号同順）……（答）

平面 γ_1：$x+2y-2z+1=0$　切り口　yz 平面

球面 S

$l: x=-1, z=y$

$\sqrt{3}$　$\sqrt{3}$　$\sqrt{3}$

x　4　2　0

$-\sqrt{3}$　$-\sqrt{3}$

平面 γ_2：　切り口
$x-2y+2z+1=0$

（直線 l が 1 点に見える方向から見た図）

参考

もちろん

$\begin{cases} \alpha : x+y-z+1=0 & \cdots① \\ \beta : x-y+z+1=0 & \cdots② \end{cases}$

を用いて，α と β の交線 l を含む平面 γ を

$x+y-z+1+k(\underline{x-y+z+1})=0$

$(1+k)x+(1-k)y+(-1+k)z+1+k=0$

とおいて，本解答と同様の流れで解くこともできる。このとき，S の中心 $P(2, 0, 0)$ から平面 γ までの距離 $PH=1$ より，

$\dfrac{|(1+k)\cdot 2+(1-k)\cdot 0+(-1+k)\cdot 0+1+k|}{\sqrt{(1+k)^2+(1-k)^2+(-1+k)^2}}=1$

$|3k+3|=\sqrt{3k^2-2k+3}$

$9k^2+18k+9=3k^2-2k+3$

$6k^2+20k+6=0, \quad 3k^2+10k+3=0$

$(3k+1)(k+3)=0 \quad \therefore k=-\dfrac{1}{3}, \quad -3$

（ⅰ）$k=-\dfrac{1}{3}$ のとき，γ は

　　$x+2y-2z+1=0$

（ⅱ）$k=-3$ のとき，γ は，

　　$x-2y+2z+1=0$　となる。

空間の 2 点 $A(1, 2, 3)$, $B(5, 6, 7)$ を直径の両端とする球面を S とする。このとき，球面 S の方程式を求めよ。また，点 $Q(-7, 2, 3)$ から S への最短距離 d と，それを与える S 上の点 P の座標を求めよ。

ヒント！　球面 S の中心を C，半径を r とおくと，$\overrightarrow{OC} = \dfrac{1}{2}(\overrightarrow{OA} + \overrightarrow{OB})$，$r = \dfrac{1}{2}|\overrightarrow{AB}|$ となるんだね。また，点 Q から S への最短距離 d は，$d = |\overrightarrow{QC}| - r$ で求めることができるし，点 P は線分 CQ の内分点になっていることに気付けばいいんだね。

2 点 $A(1, 2, 3)$，$B(5, 6, 7)$ を直径の両端点とする球面 S の中心を C，半径を r とおくと，C は線分 AB の中点より，

イメージ
$B(5, 6, 7)$
C　r
A
$(1, 2, 3)$
球面 S

$\overrightarrow{OC} = \dfrac{1}{2}(\overrightarrow{OA} + \overrightarrow{OB}) = (3, 4, 5)$ となり，

$\underline{(1, 2, 3) + (5, 6, 7) = (6, 8, 10)}$

$r = \dfrac{1}{2}|\overrightarrow{AB}| = \dfrac{1}{2}\sqrt{4^2 + 4^2 + 4^2}$

$\underline{\overrightarrow{OB} - \overrightarrow{OA} = (5, 6, 7) - (1, 2, 3) = (4, 4, 4)}$

$= \dfrac{1}{2}\sqrt{3 \times 4^2} = 2\sqrt{3}$

よって，求める球面 S の方程式は，

$(x-3)^2 + (y-4)^2 + (z-5)^2 = (2\sqrt{3})^2$ より，

$(x-3)^2 + (y-4)^2 + (z-5)^2 = 12$ ……(答)

球面 S 外の点 $Q(-7, 2, 3)$ と中心 $C(3, 4, 5)$ との距離は，右図より明らかに，

イメージ
$C(3, 4, 5)$
r　P
d
$Q(-7, 2, 3)$

$|\overrightarrow{QC}| = r + d$ ……① となる。

$\underbrace{\qquad}_{2\sqrt{3}}$

$\underline{\sqrt{(3+7)^2 + (4-2)^2 + (5-3)^2} = \sqrt{10^2 + 2^2 + 2^2} = \sqrt{108} = 6\sqrt{3}}$

よって，点 Q から球面 S への最短距離 d は，①より，

$d = 6\sqrt{3} - 2\sqrt{3} = 4\sqrt{3}$ である。………(答)

よって，球面 S と Q との最短距離 d を与える球面 S 上の点 P は，右図のように，線分 CQ を $1 : 2$ に内分する。よって，

イメージ
C　(1)　P
$2\sqrt{3}$　(2)
$4\sqrt{3}$　Q
O

$\overrightarrow{OP} = \dfrac{2\overrightarrow{OC} + 1 \cdot \overrightarrow{OQ}}{1 + 2}$

$= \dfrac{1}{3}(2\overrightarrow{OC} + \overrightarrow{OQ})$

$\underline{2(3, 4, 5) + (-7, 2, 3) = (-1, 10, 13)}$

$= \left(-\dfrac{1}{3}, \dfrac{10}{3}, \dfrac{13}{3}\right)$ より，

点 P の座標は，

$P\left(-\dfrac{1}{3}, \dfrac{10}{3}, \dfrac{13}{3}\right)$ である。…………(答)

③ 複素数平面

───── テーマ ─────

▶ **複素数平面の基本**
（絶対値 $|\alpha|$、共役複素数 $\bar{\alpha}$ など）

▶ **極形式とド・モアブルの定理**
$\left((\cos\theta + i\sin\theta)^n = \cos n\theta + i\sin n\theta \right)$

▶ **複素数平面の図形への応用**
$\left(\dfrac{w - \alpha}{z - \alpha} = r(\cos\theta + i\sin\theta) \text{ など} \right)$

演習③ 複素数平面 ●公式＆解法パターン

1. 複素数と複素数平面

（ⅰ）$\alpha = a + bi$ の絶対値

$$|\alpha| = \sqrt{a^2 + b^2}$$

（ⅱ）α の共役複素数 $\overline{\alpha} = a - bi$

- $\overline{\alpha \pm \beta} = \overline{\alpha} \pm \overline{\beta}$
- $\overline{\alpha \cdot \beta} = \overline{\alpha} \cdot \overline{\beta}$ ・ $\overline{\left(\dfrac{\alpha}{\beta}\right)} = \dfrac{\overline{\alpha}}{\overline{\beta}}$

・$|\alpha| = |\overline{\alpha}| = |-\alpha| = |-\overline{\alpha}|$ ・$|\alpha|^2 = \alpha \cdot \overline{\alpha}$

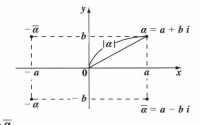

2. 複素数の実数条件と純虚数条件

（ⅰ）α が実数 $\Longleftrightarrow \alpha = \overline{\alpha}$

（ⅱ）α が純虚数 $\Longleftrightarrow \alpha + \overline{\alpha} = 0$ $(\alpha \neq 0)$

3. 2点間の距離

$\alpha = a + bi$，$\beta = c + di$ のとき，2点 α，β 間の距離 $|\alpha - \beta|$ は

$$|\alpha - \beta| = \sqrt{(a-c)^2 + (b-d)^2}$$

4. 複素数の極形式

$z = a + bi = r(\cos\theta + i\sin\theta)$

$(r = |z| = \sqrt{a^2 + b^2},\ \theta = \arg z)$

5. 複素数の積と商

$z_1 = r_1(\cos\theta_1 + i\sin\theta_1)$，$z_2 = r_2(\cos\theta_2 + i\sin\theta_2)$ のとき，

（ⅰ）$z_1 \cdot z_2 = r_1 \cdot r_2 \{\cos(\theta_1 + \theta_2) + i\sin(\theta_1 + \theta_2)\}$

（ⅱ）$\dfrac{z_1}{z_2} = \dfrac{r_1}{r_2} \{\cos(\theta_1 - \theta_2) + i\sin(\theta_1 - \theta_2)\}$ $(z_2 \neq 0)$

6. ド・モアブルの定理

$(\cos\theta + i\sin\theta)^n = \cos n\theta + i\sin n\theta$ $(n：整数)$

7. 内分点・外分点の公式

（ⅰ）2 点 α, β を結ぶ線分 $\alpha\beta$ を,

$$\begin{cases} \cdot\ m:n \text{に内分する点}\ \gamma \text{は,}\quad \gamma = \dfrac{n\alpha + m\beta}{m+n} \\[3mm] \cdot\ m:n \text{に外分する点}\ \delta \text{は,}\quad \delta = \dfrac{-n\alpha + m\beta}{m-n} \end{cases}$$

（ⅱ）3 点 α, β, γ を頂点とする三角形の重心 g は,

$$g = \frac{1}{3}(\alpha + \beta + \gamma)$$

8. 円の方程式

中心 α, 半径 r の円の方程式は,

$$|z - \alpha| = r$$

9. 垂直二等分線とアポロニウスの円

$|z - \alpha| = k|z - \beta|$ $(k > 0)$ をみたす動点 z の軌跡は,

（ⅰ）$k = 1$ のとき, 線分 $\alpha\beta$ の垂直二等分線となる。

（ⅱ）$k \neq 1$ のとき, アポロニウスの円となる。

10. 回転と拡大（縮小）の合成変換

（ⅰ）$\dfrac{w}{z} = r(\cos\theta + i\sin\theta)$

　　　「点 w は, 点 z を原点 0 のまわりに θ だけ

$\Longleftrightarrow$ 回転して, r 倍に拡大（または縮小）

　　　した点である。」

（ⅱ）$\dfrac{w - \alpha}{z - \alpha} = r(\cos\theta + i\sin\theta)$

　　　「点 w は, 点 z を点 α のまわりに θ だけ

$\Longleftrightarrow$ 回転して, r 倍に拡大（または縮小）

　　　した点である。」

次の問いに答えよ。

(1) 複素数平面上で $3-i,\ 2+3i,\ -1-2i$ を表す点をそれぞれ A, B, C とするとき,

（ⅰ）AC の中点 M を表す複素数を求めよ。

（ⅱ）線分 BA, BC を 2 辺とする平行四辺形の頂点 D を表す複素数を求めよ。

(福井工大)

(2) 複素数平面上の 3 点 $-1+i,\ -i,\ 2+5i$ を,それぞれ P, Q, R とする。

三角形 PQR の辺 PQ の長さは $\boxed{\text{ア}}$, 辺 QR の長さは $\boxed{\text{イ}}$, $\angle PQR$ の大きさは $\boxed{\text{ウ}}^\circ$ である。また,三角形 PQR の面積は $\boxed{\text{エ}}$ である。

(上智大)

ヒント！ (1) 複素数平面の内分点の公式は,ベクトルのときと同様である。
(2) 3 辺の長さを求めて,余弦定理,三角形の面積の公式を用いる。

基本事項

内分点の公式

点 z が 2 点 α, β を結ぶ線分 $\alpha\beta$ を $m:n$ に内分するとき,

$$z=\frac{n\alpha+m\beta}{m+n}\quad\left(\overrightarrow{OP}=\frac{n\overrightarrow{OA}+m\overrightarrow{OB}}{m+n}\ \text{と同様。}\right)$$

(1) 3 点 A, B, C を表す複素数をそれぞれ $a=3-i,\ b=2+3i,\ c=-1-2i$ とおく。

（ⅰ）AC の中点 M を表す複素数を m とおくと,

$$m=\frac{a+c}{2}\quad\left(\overrightarrow{OM}=\frac{\overrightarrow{OA}+\overrightarrow{OC}}{2}\ \text{と同じ。}\right)$$

$$=\frac{3-i-1-2i}{2}=1-\frac{3}{2}i\quad\cdots(\text{答})$$

（ⅱ）平行四辺形の対角線は互いに他を 2 等分するので,点 D を表す複素数を d とお

くと,$\dfrac{b+d}{2}=m$ より $\left(\dfrac{\overrightarrow{OB}+\overrightarrow{OD}}{2}=\overrightarrow{OM}\text{と同じ}\right)$

$$d=2m-b=2\left(1-\frac{3}{2}i\right)-(2+3i)$$

$$=-6i\quad\cdots\cdots(\text{答})$$

(2) 3 点 P, Q, R を表す複素数をそれぞれ $p=-1+i,\ q=-i,\ r=2+5i$ とおくと,

$PQ=|q-p|=|1-2i|=\sqrt{1^2+(-2)^2}=\sqrt{5}$ （ア）(答)

$QR=|r-q|=|2+6i|=\sqrt{2^2+6^2}=2\sqrt{10}$ …（イ）(答)

$RP=|p-r|=|-3-4i|=\sqrt{(-3)^2+(-4)^2}=5$

$\angle PQR=\theta$ とおくと,余弦定理より

$$\cos\theta=\frac{(\sqrt{5})^2+(2\sqrt{10})^2-5^2}{2\cdot\sqrt{5}\cdot2\sqrt{10}}$$

$$=\frac{20}{20\sqrt{2}}=\frac{1}{\sqrt{2}}$$

$\therefore\ \theta=\angle PQR=45^\circ\ \cdots\cdots(\text{ウ})(\text{答})$

$\triangle PQR$ の面積 S は,

$$S=\frac{1}{2}\cdot\sqrt{5}\cdot2\sqrt{10}\cdot\underset{\frac{1}{\sqrt{2}}}{(\sin45^\circ)}=5\cdots(\text{エ})(\text{答})$$

実力アップ問題28　難易度 ★　CHECK 1　CHECK 2　CHECK 3

次の空欄を埋めよ。

(1) $\left(\dfrac{5+\sqrt{3}i}{2-\sqrt{3}i}\right)^5 = \boxed{\text{ア}} - \boxed{\text{イ}}\, i$ 　　　　（日本大）

(2) $z = \sqrt{3}+i$ を極形式で表すと，$z = \boxed{\quad\text{ウ}\quad}$ であり，$\left(\dfrac{z}{\cos50°-i\sin50°}\right)^n$ が

実数になるのは，整数 n が $\boxed{\quad\text{エ}\quad}$ の場合である。　（大阪薬大）

ヒント！ 複素数の極形式とド・モアブルの定理の問題。(1) 分数式をまとめて
極形式にする。(2) $\cos50°-i\sin50° = \cos(-50°)+i\sin(-50°)$ として計算する。

基本事項

1. 複素数の極形式

$z = a+bi$ （a, b：実数）のとき，

極形式は，$z = r(\cos\theta+i\sin\theta)$

（$r = \sqrt{a^2+b^2}$，θ：偏角）

2. ド・モアブルの定理

$$(\cos\theta+i\sin\theta)^n = \cos n\theta+i\sin n\theta$$
$$（n：整数）$$

(1) $\dfrac{5+\sqrt{3}i}{2-\sqrt{3}i} = \dfrac{(5+\sqrt{3}i)(2+\sqrt{3}i)}{(2-\sqrt{3}i)(2+\sqrt{3}i)}$

$\underbrace{2^2-(\sqrt{3}i)^2 = 4+3 = 7}$

$= \dfrac{10+5\sqrt{3}i+2\sqrt{3}i+3\overset{(-1)}{\widehat{i^2}}}{7}$

$= \dfrac{7+7\sqrt{3}i}{7} = 1+\sqrt{3}i$

$= \underset{\sqrt{1^2+(\sqrt{3})^2}}{②}\left(\underset{\cos60°}{\boxed{\dfrac{1}{2}}}+\underset{\sin60°}{\dfrac{\sqrt{3}}{2}}i\right)$

$= 2(\cos60°+i\sin60°)$

$\therefore \left(\dfrac{5+\sqrt{3}i}{2-\sqrt{3}i}\right)^5 = \{2(\cos60°+i\sin60°)\}^5$

$= 2^5(\cos300°+i\sin300°)$ ◀ ド・モアブル

$= 32\left(\dfrac{1}{2}-\dfrac{\sqrt{3}}{2}i\right)$

$= 16-16\sqrt{3}\,i$ …………（ア, イ）（答）

(2) $z = \sqrt{3}+i = 2\left(\underset{\cos30°}{\boxed{\dfrac{\sqrt{3}}{2}}}+\underset{\sin30°}{\dfrac{1}{2}}i\right)$

$= 2(\cos30°+i\sin30°)$ ……（ウ）（答）

このとき，

$\left(\dfrac{z}{\underset{\cos(-50°)+i\sin(-50°)}{\cos50°-i\sin50°}}\right)^n$ 　極形式 $\cos\theta+i\sin\theta$ の形に整える。

$= \left\{\dfrac{2(\cos30°+i\sin30°)}{\cos(-50°)+i\sin(-50°)}\right\}^n$

$= 2^n\{\cos(30°+50°)+i\sin(30°+50°)\}^n$

$\dfrac{\cos\theta_1+i\sin\theta_1}{\cos\theta_2+i\sin\theta_2} = \cos(\theta_1-\theta_2)+i\sin(\theta_1-\theta_2)$

$= 2^n\{\cos(80°n)+\underset{0}{i\sin(80°n)}\}$

これが実数になるのは，

$80°n = 180°k$ （k：整数）　$\therefore n = \dfrac{9}{4}k$

のとき，すなわち整数 n が9の倍数の

場合である。（k は4の倍数）…（エ）（答）

複素数 $z = a + bi = r(\cos\theta + i\sin\theta)$ が $z^5 = 1$ を満たすとき，次の問いに答えよ。

ただし，a, b, r は正の実数で，$0° < \theta < 90°$ とする。

(1) r の値と θ の値を求めよ。

(2) z を解とする整数係数の **4** 次方程式を求めよ。

(3) $z + \dfrac{1}{z}$ を解とする整数係数の **2** 次方程式を求めよ。

(4) a の値を求めよ。

(新潟大)

ヒント！ **(2)** $z^5 = 1$ より，$(z-1)(z^4 + z^3 + z^2 + z + 1) = 0$ と変形する。

(4) $|z| = 1$ より，$|z|^2 = z \cdot \overline{z} = 1$。よって，$z^{-1} = \overline{z}$ となる。

(1) $z^5 = 1$ ………① ← 1 の 5 乗根

$z = a + bi = r(\cos\theta + i\sin\theta)$ とおくと，

①の左辺 $= r^5 \cdot (\cos\theta + i\sin\theta)^5$

$= r^5(\cos 5\theta + i\sin 5\theta)$ ← ド・モアブル

①の右辺 $= 1 + 0 \cdot i$

$= 1 \cdot (\cos 360°n + i\sin 360°n)$

$(n = 0, 1, 2, 3, 4)$

5 乗根だから 5 通り

よって，①は

$\underline{\underline{r^5}}(\cos 5\theta + i\sin 5\theta)$

$= \underline{1}(\cos 360°n + i\sin 360°n)$

$\therefore r^5 = 1$ より，$r = 1$ ……………(答)

$5\theta = 360°n$

$\theta = 72°n \quad (n = 0, \underline{1}, 2, 3, 4)$

よって，$0° < \theta < 90°$ より，$\underline{\theta = 72°}$ …(答)

(2) ①より　　　　　$n = 1$ のとき

$z^5 - 1 = 0$

$\underbrace{(z-1)}_{0}(z^4 + z^3 + z^2 + z + 1) = 0$

ここで，$z \neq 1$ より，$z - 1 \neq 0$

よって両辺を $z - 1$ で割って，

$z^4 + z^3 + z^2 + z + 1 = 0$ ………② (答)

(3) $z \neq 0$ より，②の両辺を z^2 で割って，

$z^2 + \underline{z} + 1 + \dfrac{1}{\underline{z}} + \dfrac{1}{\underline{z^2}} = 0$

$\left(z^2 + \dfrac{1}{z^2}\right) + \left(\overset{t}{\boxed{z + \dfrac{1}{z}}}\right) + 1 = 0$ ……③

ここで，$\underline{t = z + \dfrac{1}{z}}$ ……④とおくと，

④の両辺を **2** 乗して，

$t^2 = z^2 + 2 \cdot \cancel{z} \cdot \dfrac{1}{\cancel{z}} + \dfrac{1}{z^2}$

$\therefore z^2 + \dfrac{1}{z^2} = t^2 - 2$ ………⑤

④，⑤を③に代入して，

$t^2 - 2 + \underline{t} + 1 = 0$

よって，$t = z + \dfrac{1}{z}$ を解にもつ整数係数の方程式は，

$t^2 + t - 1 = 0$ ……………⑥……(答)

$t = \dfrac{-1 \pm \sqrt{5}}{2}$

(4) $r = |z| = 1$ より，$|z|^2 = \boxed{z \cdot \overline{z} = 1}$

$\therefore \overline{z} = \dfrac{1}{z} = a - bi \quad (\because z = a + bi)$

よって⑥の解は，

⑥の正の解

$t = \underset{\boxed{a+bi}}{z} + \underset{\boxed{a-bi}}{\boxed{\dfrac{1}{z}}} = 2\boxed{a} = \boxed{\dfrac{-1 + \sqrt{5}}{2}}$

$\therefore a = \dfrac{\sqrt{5} - 1}{4} \quad (\because a > 0)$ ………(答)

実力アップ問題30　難易度 ★★★　CHECK 1　CHECK 2　CHECK 3

(1) 自然数 n に対して $(\cos\theta + i\sin\theta)^n = \cos n\theta + i\sin n\theta$ が成り立つことを、数学的帰納法を用いて証明せよ。

(2) $z = \cos\dfrac{45°}{2} + i\sin\dfrac{45°}{2}$ とするとき、z^8 の値を求めよ。

また、$z + z^2 + z^3 + z^4 + z^5 + z^6 + z^7$ の実部を求めよ。　　　　(岡山大)

ヒント! (1) 自然数 n に対するド・モアブルの定理の証明も練習しておくとよい。
(2) $z^8 = -1$ より、$z^{16} = 1$、$z^{16} - 1 = 0$　この左辺を因数分解する。

(1) $n = 1, 2, 3, \cdots$ に対して、
$(\cos\theta + i\sin\theta)^n = \cos n\theta + i\sin n\theta \cdots(*)$
が成り立つことを数学的帰納法により示す。

(i) $n = 1$ のとき
明らかに成り立つ。

(ii) $n = k$ のとき $(k = 1, 2, \cdots)$
$(\cos\theta + i\sin\theta)^k = \cos k\theta + i\sin k\theta \cdots①$
が成り立つと仮定して、$n = k+1$ のときについて調べる。

①の両辺に $\cos\theta + i\sin\theta$ をかけて、
$(\cos\theta + i\sin\theta)^{k+1}$
$= (\cos k\theta + i\sin k\theta)(\cos\theta + i\sin\theta)$
$= \cos k\theta\cos\theta + i\cos k\theta\sin\theta$
　　　　　　　　　　　(-1)
$\quad + i\sin k\theta\cos\theta + i^2\sin k\theta\sin\theta$
$= (\cos k\theta\cos\theta - \sin k\theta\sin\theta)$
$\quad + i(\sin k\theta\cos\theta + \cos k\theta\sin\theta)$
$= \cos(k\theta + \theta) + i\sin(k\theta + \theta)$
$= \cos(k+1)\theta + i\sin(k+1)\theta$
∴ $n = k+1$ のときも成り立つ。
以上 (i)(ii) より、すべての自然数 n に対して $(*)$ は成り立つ。………(終)

(2) $z = \cos\dfrac{45°}{2} + i\sin\dfrac{45°}{2}$ のとき
$z^8 = \left(\cos\dfrac{45°}{2} + i\sin\dfrac{45°}{2}\right)^8$

$= \underset{-1}{\cos 180°} + i\underset{0}{\sin 180°} = -1$　($(*)$ より)　← ド・モアブル
∴ $z^8 = -1 \cdots②$ ………(答)

②の両辺を 2 乗して、
$z^{16} = 1$ → 1 の n 乗根の場合　この変形パターンは頻出!
$z^{16} - 1 = 0$
$(z-1)(z^{15} + z^{14} + \cdots + z^8 + z^7 + \cdots + z + 1) = 0$
　　≠0
ここで、$z \neq 1$ より、$z - 1 \neq 0$
∴ $z^{15} + z^{14} + \cdots + z^9 + z^8 + z^7 + \cdots + z + 1 = 0 \cdots③$
ここで、$|z| = \sqrt{(\cos 22.5°)^2 + (\sin 22.5°)^2} = 1$ より
$|z|^2 = \boxed{z \cdot \bar{z} = 1}$　∴ $\bar{z} = \dfrac{1}{z} \cdots④$

③の両辺を $z^8 (= -1)$ で割ると、
$z^7 + z^6 + \cdots + z + 1 + \dfrac{1}{z} + \dfrac{1}{z^2} + \cdots + \dfrac{1}{z^7} + \dfrac{1}{z^8} = 0$
　　　　　　　　　　　　$\underbrace{\bar{z} + \bar{z}^2 + \cdots + \bar{z}^7}$　($④$ より)
$z + z^2 + \cdots + z^7 + \overline{z + z^2 + \cdots + z^7} = 0 \cdots⑤$
　　　　　　　　　　　　$(\because ④)$

ここで、$z + z^2 + \cdots + z^7 = x + yi \cdots⑥$
$(x, y : 実数)$ とおくと、実部
$\overline{z + z^2 + \cdots + z^7} = x - yi \cdots⑦$
⑥、⑦を⑤に代入して、
$x + yi + x - yi = 2x = 0$　∴ $x = 0$
よって、$z + z^2 + \cdots + z^7$ の実部は 0 …(答)

47

t を実数として, x についての **2** 次方程式 $x^2 + 2tx + 1 = 0$ の **2** つの解を α, β とする。複素数平面上で, 原点を **O** とし, α, β を表す点をそれぞれ **A, B** とする。**3** 点 **O, A, B** を頂点とする三角形がつくられるとき,

(1) t の値の範囲を求めよ。　　**(2)** $|\alpha| = |\beta| = 1$ であることを示せ。

(3) △**OAB** が正三角形になるような t の値を求めよ。

(4) t を動かすとき, △**OAB** の面積を最大にする t の値を求めよ。　　(九州大)

ヒント! 実数係数の **2** 次方程式が虚数解 α をもつとき, その共役複素数 $\overline{\alpha}$ も解になるので, $\beta = \overline{\alpha}$ となる。(複素数平面上で, 点 β は点 α と実軸に関して対称。)

実数係数の **2** 次方程式:

$$\overset{a}{\boxed{1}} \cdot x^2 + \overset{b}{\boxed{2t}} \cdot x + \overset{c}{\boxed{1}} = 0 \cdots ① \text{ の 2 解 } \alpha, \beta$$

について, **3** 点 **O, A**(α), **B**(β) を **3** 頂点とする三角形ができるので, **2** 解 α, β は実数解でなく, また, 純虚数解でもない。

(右図参照)

α と β は共役な複素数より,

$\beta = \overline{\alpha}$ ………②

(1) ①は異なる **2** つの虚数解 $\alpha, \beta \,(= \overline{\alpha})$ をもつので, ①の判別式を D とおくと,

$$\frac{D}{4} = \boxed{t^2 - 1 < 0}$$

$(t+1)(t-1) < 0$

$\therefore -1 < t < 1$

(ただし, $t \neq 0$)

　………(答)

> $\alpha, \overline{\alpha}$ が純虚数のとき,
> $\alpha + \overline{\alpha} = 0 \,[= -2t]$
> $\left(-\dfrac{b}{a}\right)$
> $\therefore t = 0$
> よって, $\alpha, \overline{\alpha}$ は純虚数ではないので,
> $t \neq 0$ である。

(2) 解と係数の関係より, ②を用いて,

$\alpha \cdot \beta = \boxed{\alpha \cdot \overline{\alpha} = 1}$ 　$\left(\alpha \cdot \beta = \dfrac{c}{a}\right)$

$\therefore |\alpha|^2 = 1$ より, $|\alpha| = 1$

また, $|\beta| = |\overline{\alpha}| = |\alpha| = 1$

以上より, $|\alpha| = |\beta| = 1$ …………(終)

---

(3) $|\alpha| = 1$ から, 右図より

(α, β)

$$= \left(\frac{\sqrt{3}}{2} \pm \frac{i}{2}, \frac{\sqrt{3}}{2} \mp \frac{i}{2}\right)$$

または,

$$\left(-\frac{\sqrt{3}}{2} \pm \frac{i}{2}, -\frac{\sqrt{3}}{2} \mp \frac{i}{2}\right)$$

(複号同順)

α, β は交換可能

$\therefore \alpha + \beta = \pm\sqrt{3}$ ……………③

解と係数の関係より, $\alpha + \beta = -2t$ …④

③, ④より, $\pm\sqrt{3} = -2t$ $\therefore t = \pm\dfrac{\sqrt{3}}{2}$ …(答)

(4) 右下図より, △**OAB** の面積 S は,

$$S = \frac{1}{2} \cdot 2\sqrt{1-t^2} \cdot \boxed{|t|}$$

$$= \sqrt{\boxed{t^2(1-t^2)}}$$

$(-1 < t < 1,\ t \neq 0)$

$\dfrac{\alpha + \beta}{2}$

④より

ここで, $y = -t^4 + t^2$ とおくと

$$y = -\left(t^2 - \frac{1}{2}\right)^2 + \frac{1}{4}$$

$(0 < t^2 < 1)$

$\therefore t^2 = \dfrac{1}{2}$, すなわち $t = \pm\dfrac{1}{\sqrt{2}}$

のとき, S は最大になる。…………(答)

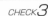

0 でない実数 a, b, c に対し，2 次方程式 $ax^2 + bx + c = 0$ の解を α, β とおく。$\dfrac{\alpha}{\beta}, \dfrac{\beta}{\alpha}$ を 2 つの解とする 2 次方程式を $t^2 + pt + q = 0$ とする。

(1) p, q を a, b, c を用いて表せ。

(2) α, β が虚数になる条件は，方程式 $t^2 + pt + q = 0$ が虚数解をもつことであることを示せ。

(3) 複素数平面上で，3 点 $0, \dfrac{\alpha}{\beta}, \dfrac{\beta}{\alpha}$ が正三角形を作る条件は，$b^2 = (2 \pm \sqrt{3})ac$ であることを示せ。

(学習院大)

> ヒント！ **(2)** $b^2 - 4ac < 0$ と $p^2 - 4q < 0$ が同値であることを示す。

(1) $ax^2 + bx + c = 0$　$(a \neq 0, b \neq 0, c \neq 0)$

の解が α, β より，解と係数の関係から，

$\alpha + \beta = -\dfrac{b}{a}$ …①　　$\alpha\beta = \dfrac{c}{a}$ …②

2 次方程式 $t^2 + pt + q = 0$ ………③

の解が $\dfrac{\alpha}{\beta}, \dfrac{\beta}{\alpha}$ より，解と係数の関係から，

$p = -\left(\dfrac{\alpha}{\beta} + \dfrac{\beta}{\alpha}\right) = -\dfrac{\alpha^2 + \beta^2}{\alpha\beta}$

$\quad = -\dfrac{(\alpha+\beta)^2 - 2\alpha\beta}{\alpha\beta}$

$\quad = -\dfrac{\left(-\dfrac{b}{a}\right)^2 - 2 \cdot \dfrac{c}{a}}{\dfrac{c}{a}}$　$(\because ①, ②)$

$\therefore p = 2 - \dfrac{b^2}{ac}$ ………④ …………(答)

$q = \dfrac{\alpha}{\beta} \cdot \dfrac{\beta}{\alpha} = 1$ ……⑤ …………(答)

(2) ③が虚数解をもつとき，

判別式 $D_1 = \boxed{p^2 - 4q < 0}$ ……⑥

⑥に④，⑤を代入して

$\left(2 - \dfrac{b^2}{ac}\right)^2 - 4 \cdot 1 < 0$

$\cancel{4} - \dfrac{4b^2}{ac} + \dfrac{b^4}{a^2c^2} - \cancel{4} < 0$

$\boxed{\dfrac{b^2(b^2 - 4ac)}{a^2c^2}} < 0$　⊕

ここで $\dfrac{b^2}{a^2c^2} > 0$ より，

$\underwave{p^2 - 4q < 0} \Longleftrightarrow \underline{b^2 - 4ac < 0}$

$\therefore \alpha, \beta$ が虚数となる条件は，③が虚数解をもつことである。…………(終)

(3) p, q は実数より，③の解 $\dfrac{\alpha}{\beta} = \gamma$ とおくと，

$\dfrac{\beta}{\alpha} = \overline{\gamma}$ となる。← 共役複素数も解

⑤より，$\gamma \cdot \overline{\gamma} = |\gamma|^2 = 1$

$\therefore |\gamma| = 1$

よって，△$0\gamma\overline{\gamma}$ が正三角形となる γ は，

$\gamma = \dfrac{\sqrt{3}}{2} \pm \dfrac{1}{2}i$ または $-\dfrac{\sqrt{3}}{2} \pm \dfrac{1}{2}i$

$\left(\overline{\gamma} = \dfrac{\sqrt{3}}{2} \mp \dfrac{1}{2}i\right.$ または $\left.-\dfrac{\sqrt{3}}{2} \mp \dfrac{1}{2}i\right)$

(複号同順)

$\therefore \boxed{\gamma + \overline{\gamma}} = 2 \cdot \left(\pm\dfrac{\sqrt{3}}{2}\right) = \pm\sqrt{3}\left(= \boxed{\dfrac{b^2}{ac} - 2}\right)$

$\overbrace{\phantom{\gamma + \overline{\gamma}}}^{\frac{\alpha}{\beta} + \frac{\beta}{\alpha}} = -p$

$(\because ④)$

$\dfrac{b^2}{ac} = 2 \pm \sqrt{3}$　$\therefore b^2 = (2 \pm \sqrt{3})ac$ …(終)

r は $r > 1$ をみたす実数とする。複素数 z が $|z| = r$ をみたすとき，$z + \dfrac{1}{z}$ の絶対値の最大値および最小値を求めよ。また，そのときの z の値を求めよ。

（滋賀大）

ヒント！　$|z| = r\,(>1)$ より，$z = r(\cos\theta + i\sin\theta)\,\,(0° \leqq \theta < 360°)$ とおいて，$\left|z + \dfrac{1}{z}\right|^2$ を三角関数の式で表し，その最大・最小を調べる。

参考

$|z| = 1$ ならば，$z = \cos\theta + i\sin\theta$ とおいて（$\overline{z}$ としてもよい。）

$z + \dfrac{1}{z} = \cos\theta + i\sin\theta + (\cos\theta + i\sin\theta)^{-1}$

$= \cos\theta + i\sin\theta + \underbrace{\cos(-\theta)}_{\cos\theta} + \underbrace{i\sin(-\theta)}_{-\sin\theta}$

$= 2\cos\theta$（実数）と簡単になる。

しかし，今回は $|z| = r\,(>1)$ の条件なので，r を含んだ三角関数の最大・最小問題に帰着する。

$|z| = r\,(>1)$ より，z を極形式で表すと，

$z = r(\cos\theta + i\sin\theta)$（1周動かせば十分！）

$(r > 1,\,\,0° \leqq \theta < 360°)$

$z + \dfrac{1}{z}$

$= r(\cos\theta + i\sin\theta) + \dfrac{1}{r(\cos\theta + i\sin\theta)}$

$= r(\cos\theta + i\sin\theta) + \dfrac{1}{r}(\cos\theta - i\sin\theta)$

$= \underbrace{\left(r + \dfrac{1}{r}\right)\cos\theta}_{\text{実部}} + \underbrace{i\left(r - \dfrac{1}{r}\right)\sin\theta}_{\text{虚部}}$

ここで，$P = \left|z + \dfrac{1}{z}\right|^2$ とおくと

$P = \left(r + \dfrac{1}{r}\right)^2\cos^2\theta + \left(r - \dfrac{1}{r}\right)^2\sin^2\theta$

（（実部）^{2} ＋（虚部）^{2}）

$P = r^2\underbrace{(\cos^2\theta + \sin^2\theta)}_{1} + \dfrac{1}{r^2}\underbrace{(\cos^2\theta + \sin^2\theta)}_{1}$

$\qquad + 2\underbrace{(\cos^2\theta - \sin^2\theta)}_{\cos 2\theta}$

$= r^2 + \dfrac{1}{r^2} + 2\cos 2\theta$（この最大値，最小値を求める。）

（定数）　　（変数）

ここで，$0° \leqq 2\theta < 720°$ より，

(ⅰ) $2\theta = 0°,360°$，すなわち $\theta = 0°,180°$ のとき

　P，すなわち $\left|z + \dfrac{1}{z}\right|$ は最大になる。

　最大値 $\left|z + \dfrac{1}{z}\right| = \sqrt{r^2 + \dfrac{1}{r^2} + 2\cdot 1}$（$\cos 2\theta$ の最大値）

　$= \sqrt{\left(r + \dfrac{1}{r}\right)^2} = r + \dfrac{1}{r}$ ……（答）

　（このとき，$z = r(\pm 1 + 0\cdot i) = \pm r$）

(ⅱ) $2\theta = 180°,540°$，すなわち $\theta = 90°,270°$ のとき，P，すなわち $\left|z + \dfrac{1}{z}\right|$ は最小になる。

　最小値 $\left|z + \dfrac{1}{z}\right| = \sqrt{r^2 + \dfrac{1}{r^2} + 2\cdot(-1)}$（$\cos 2\theta$ の最小値）

　$= \sqrt{\left(r - \dfrac{1}{r}\right)^2} = r - \dfrac{1}{r}$ ……（答）

　（1 より大）（1 より小）

　（このとき，$z = r(0 \pm 1\cdot i) = \pm ri$）

実力アップ問題34　　難易度 ★☆　　CHECK 1　CHECK 2　CHECK 3

複素数 $z = x + yi$ $(x, y$ は実数$)$ が $|z - (1 + i)| = \sqrt{2}\,|z + (1 + i)|$ を満たしながら動くとき，$|z - i|$ の最大値を求めよ。　　（青山学院大）

ヒント！　$A(1 + i)$, $B(-1 - i)$, $P(z)$ とおくと与式から，点 $P(z)$ はアポロニウスの円を描く。ここで，$w = z - i$ とおいて，$|w|$ を調べる。

$|z - (1 + i)| = \sqrt{2}\,|z - (-1 - i)|$ ……①
$z = x + yi$ $(x, y$：実数$)$ とおく。

参考

$P(z)$, $A(1 + i)$, $B(-1 - i)$ とおくと，
①より，$AP = \sqrt{2}\,BP$，すなわち
$AP : BP = \sqrt{2} : 1$ となるので，
点 $P(z)$ は，アポロニウスの円を描く。

①より，
$|x + yi - (1 + i)| = \sqrt{2}\,|x + yi + (1 + i)|$
$|(x - 1) + (y - 1)i| = \sqrt{2}\,|(x + 1) + (y + 1)i|$
この両辺を 2 乗して，
$(x - 1)^2 + (y - 1)^2 = 2\{(x + 1)^2 + (y + 1)^2\}$
$x^2 - 2x + 1 + y^2 - 2y + 1$
　　$= 2(x^2 + 2x + 1 + y^2 + 2y + 1)$
$x^2 + 6x + y^2 + 6y = -2$
$(x^2 + 6x + 9) + (y^2 + 6y + 9) = 16$

2 で割って 2 乗　　2 で割って 2 乗

$(x + 3)^2 + (y + 3)^2 = 16$

よって，点 z は
中心 $-3 - 3i$，
半径 4 の円を
描く。

ここで，$w = z - i$ とおくと，

虚軸方向に $-i$ だけ平行移動

点 w の描く図形は，点 z の描く円を虚軸方向に $-i$ だけ平行移動したものになる。
（右図参照）

ここで，
$|w| = |z - i|$ が

最大となるのは，点 w が原点 O から最も離れるときである。
それは，点 w の描く円の中心 $C(-3 - 4i)$ と原点 O とを結ぶ直線が円と交わる 2 点のうち，C に関して O と反対側の交点に w がきたときである。その点を w_0 とおくと，図より明らかに，
最大値 $|w| = |z - i| = OC + Cw_0$
　　　　　　 $= 5 + 4 = 9$ …………（答）

51

複素数平面上で, 点 z が 2 点 $1 - \dfrac{i}{2}$, $-\dfrac{1}{2} + i$ を通る直線上を動くとき,

$\dfrac{1}{z}$ はどのような図形を描くか。　　　　　　　　　(産業医大)

ヒント！　複素数平面における直線と円の方程式の問題。2 点を通る直線の方程式を z と $\overline{z}$ で表し, $w = z^{-1}$ とおいて, それを w の方程式に書き変える。

基本事項

1. 直線の方程式の表し方

直線 $ax + by + c = 0 \cdots$ ⑦ を, 複素数 $z = x + yi$ で表す。$\overline{z} = x - yi$ より,

$$x = \frac{z + \overline{z}}{2}, \quad y = \frac{z - \overline{z}}{2i}$$

これを ⑦ に代入して, まとめる。

2. 円の方程式

$|z - \alpha| = r \cdots$ ①
(中心 α, 半径 r の円)

①の両辺を 2 乗して

$$|z - \alpha|^2 = r^2$$
$$(z - \alpha)(\overline{z} - \overline{\alpha}) = r^2$$
$$z \cdot \overline{z} - \overline{\alpha} \cdot z - \alpha \cdot \overline{z} + |\alpha|^2 - r^2 = 0$$

(これを逆にたどって, 円を導く問題が多い。)

2 点 $1 - \dfrac{1}{2} i$, $-\dfrac{1}{2} + i$ に対応する xy 平面上の 2 点を $A\left(1, -\dfrac{1}{2}\right)$, $B\left(-\dfrac{1}{2}, 1\right)$ とおく。

2 点 A, B を通る直線の方程式は,

$$y = \frac{-\dfrac{1}{2} - 1}{1 - \left(-\dfrac{1}{2}\right)}(x - 1) - \frac{1}{2} \quad \left(\frac{-3}{3} = -1\right) \quad \text{より},$$

$2x + 2y = 1 \cdots\cdots$ ①

ここで, $z = x + yi$ とおくと,

$\overline{z} = x - yi$

よって, $2x = \underline{z + \overline{z}} \cdots\cdots\cdots\cdots$ ②

$$2y = \frac{1}{i}(z - \overline{z}) = -i(z - \overline{z}) \quad \left(\frac{1}{i} = \frac{-i}{i^2}\right) \cdots ③$$

②, ③ を ① に代入して,

$$\underbrace{z + \overline{z}} - \underbrace{i(z - \overline{z})} = 1$$

$$(\underbrace{(1 - i)}_{\alpha})z + (\underbrace{(1 + i)}_{\overline{\alpha}})\overline{z} = 1 \cdots\cdots\cdots ④$$

直線の方程式の複素数表示

ここで, $w = \dfrac{1}{z}$ とおいて複素数 w の描く図形を求める。　$w = 0$ とすると, $z \cdot 0 = 1$ となって矛盾

$z = \dfrac{1}{w} \cdots\cdots$ ⑤ より, $\overline{z} = \dfrac{1}{\overline{w}} \cdots\cdots$ ⑥ $(w \neq 0)$

ここで, $\alpha = 1 - i$, $\overline{\alpha} = 1 + i$ とおく。

⑤, ⑥ を ④ に代入して,

$$\alpha \cdot \frac{1}{w} + \overline{\alpha} \cdot \frac{1}{\overline{w}} = 1 \quad \left(\begin{array}{c}両辺に w\overline{w}\\をかけた！\end{array}\right)$$

$$\alpha \overline{w} + \overline{\alpha} w = w\overline{w}$$

$$w\overline{w} - \overline{\alpha} w - \alpha \overline{w} = 0 \quad \text{←円の方程式}$$

$$w(\overline{w} - \overline{\alpha}) - \alpha(\overline{w} - \overline{\alpha}) = \underline{\alpha \overline{\alpha}}$$

$$(w - \alpha)(\overline{w} - \overline{\alpha}) = \boxed{|\alpha|^2}$$

$|1 - i|^2 = 1^2 + (-1)^2 = 2$

$$(w - \alpha)(\overline{w - \alpha}) = 2$$

$$|w - \alpha|^2 = 2$$

$$|w - (1 - i)| = \sqrt{2}$$

$\therefore w = \dfrac{1}{z}$ は中心 $1 - i$, 半径 $\sqrt{2}$ の円を描く。(ただし, 0 は除く)…(答)

実力アップ問題 36 難易度 ★★★ CHECK *1* CHECK*2* CHECK *3*

$r > 0$, $0° < \theta < 90°$ とし, $z = r(\cos\theta + i\sin\theta)$ とおく。

(1) 複素数平面上で $0, z, \dfrac{1}{z}$ を頂点とする三角形の面積 S_1 を r と θ で表せ。

(2) $0, z, 1, \dfrac{1}{z}$ を頂点とする四角形の面積 S_2 を r と θ で表せ。

(3) 点 1 は $0, z, \dfrac{1}{z}$ を頂点とする三角形の外部にあることを示せ。

(4) $1, z, \dfrac{1}{z}$ を頂点とする三角形の面積を求めよ。 (東京女子大＊)

ヒント！ **(1)(2)** $z^{-1} = r^{-1}\{\cos(-\theta) + i\sin(-\theta)\}$ より, z^{-1} の偏角は $-\theta$ となる。
(4) $\triangle 0z^{-1}1z$ の面積から $\triangle 0z^{-1}z$ の面積を引く。

基本事項

回転と相似の合成変換（Ⅰ）

$\dfrac{w}{z} = r(\cos\theta + i\sin\theta)$

・点 w は, 点 z を原点のまわりに θ だけ回転して r 倍したもの。

(1) $\begin{cases} |z| = r \\ \left|\dfrac{1}{z}\right| = \dfrac{1}{r} \\ \angle z0\dfrac{1}{z} = 2\theta \end{cases}$

∴ $\triangle 0z\dfrac{1}{z}$ の

面積 S_1 は

$S_1 = \dfrac{1}{2} \cdot r \cdot \dfrac{1}{r} \cdot \sin 2\theta$

$= \dfrac{1}{2} \cdot 2\sin\theta\cos\theta$

$= \sin\theta\cos\theta$ ……(答)

$\angle \dfrac{1}{z}01 = \angle 10z = \theta$

$0\dfrac{1}{z} : 01 = 01 : 0z$

$\left(\dfrac{1}{r} : 1 = 1 : r \right)$

より, 相似

$\triangle 0\dfrac{1}{z}1 \backsim \triangle 01z$

(2) $\triangle 0z1\dfrac{1}{z}$ の面積 S_2 は,

$\underline{\underline{S_2}} = \triangle 0\dfrac{1}{z}1 + \triangle 01z$

$= \dfrac{1}{2} \cdot \dfrac{1}{r} \cdot 1 \cdot \sin\theta + \dfrac{1}{2} \cdot 1 \cdot r \cdot \sin\theta$

$= \dfrac{1}{2}\left(r + \dfrac{1}{r}\right)\sin\theta$ …………(答)

(3) $r > 0$ より, 相加・相乗平均の式を用いて

$S_2 = \dfrac{1}{2}\left(r + \dfrac{1}{r}\right)\sin\theta \geqq \dfrac{1}{2} \cdot 2\sqrt{r \cdot \dfrac{1}{r}}\ \sin\theta$

$= \sin\theta > \sin\theta \cdot \underline{\cos\theta} = S_1$

$\boxed{1\ \text{より小}}$

∴ 点 1 は, $\triangle 0z\dfrac{1}{z}$ の外部にある。 …(終)

(4) $\triangle 1z\dfrac{1}{z}$ の面積 S は,

$S = \underline{\underline{S_2}} - \underline{\underline{S_1}} \left[= \triangle 0z1\dfrac{1}{z} - \triangle 0z\dfrac{1}{z} \right]$

$= \left\{\dfrac{1}{2}\left(r + \dfrac{1}{r}\right) - \cos\theta\right\}\sin\theta$ ……(答)

右図のように，複素数平面の原点
O を P_0 とおき，P_0 から実軸の正
の向きに **4** 進んだ点を P_1 とする。
以下，点 P_n ($n = 1, 2, 3, \cdots$) に
進んだ後，正の向き(反時計回り)
に **120°** 回転して，前回進んだ距離
の $\dfrac{1}{2}$ 倍進んで到達する点を P_{n+1} と
する。このとき，点 P_6 を表す複素数を求めよ。　　　(東工大 ＊)

ヒント！　ベクトルの成分表示と複素数を併用して考えるんだね。すると，
$\overrightarrow{P_0P_1} = (4, 0) = 4 + 0i = 4$ となる。また，回転と縮小の合成変換の考え方も重要
なポイントになる。頻出問題だからシッカリマスターしよう。

右図のように，実
軸上の長さ **4** の線
分 P_0P_1 から始めて，
順に長さを $\dfrac{1}{2}$ 倍に
縮小し，そして正
の向きに **120°** ずつ

方向を変えながら，P_1P_2, P_2P_3, …と，折
れ線を作るとき，点 P_6 を表す複素数を求
める。

　まず，ベクトル $\overrightarrow{P_0P_6}$ について，まわり
道の原理を用いると，

$$\overrightarrow{P_0P_6} = \overrightarrow{P_0P_1} + \overrightarrow{P_1P_2} + \overrightarrow{P_2P_3} + \cdots + \overrightarrow{P_5P_6}$$
$$\cdots\cdots①$$

ここで，$\overrightarrow{P_0P_1} = (4, 0)$ を複素数で表す
と，次のようになる。

$$\overrightarrow{P_0P_1} = (4, 0) = 4 + 0{\cdot}i = 4 \cdots\cdots②$$

次に，$\overrightarrow{P_1P_2}$ は右図
のように，$\overrightarrow{P_0P_1}$ を
120° だけ回転して
$\dfrac{1}{2}$ 倍に縮小した
ものなので，ここ
で，複素数 α を

$$\alpha = \frac{1}{2}\underbrace{(\cos120°}_{-\frac{1}{2}} + \underbrace{i\sin120°)}_{\frac{\sqrt{3}}{2}}\cdots\cdots③$$

$$= \frac{1}{4}(-1 + \sqrt{3}\,i)\cdots\cdots③' \ と$$

おくと，

$$\overrightarrow{P_1P_2} = \alpha\cdot\underbrace{\overrightarrow{P_0P_1}}_{4} = 4\alpha \cdots\cdots④ となる。$$

$\overrightarrow{P_2P_3}$ も $\overrightarrow{P_1P_2}$ を **120°** だけ回転して $\dfrac{1}{2}$ 倍に

縮小したものなので，

$$\overrightarrow{P_2P_3} = \alpha \overrightarrow{P_1P_2} = 4\alpha^2 \cdots\cdots ⑤ となる。$$

$\overrightarrow{4\alpha(④より)}$

同様にして，

$$\overrightarrow{P_3P_4} = \alpha \overrightarrow{P_2P_3} = \alpha \cdot 4\alpha^2 = 4\alpha^3 \cdots\cdots ⑥$$

$$\overrightarrow{P_4P_5} = \alpha \overrightarrow{P_3P_4} = \alpha \cdot 4\alpha^3 = 4\alpha^4 \cdots\cdots ⑦$$

$$\overrightarrow{P_5P_6} = \alpha \overrightarrow{P_4P_5} = \alpha \cdot 4\alpha^4 = 4\alpha^5 \cdots\cdots ⑧$$

②，④，⑤，⑥，⑦，⑧を①に代入して，

$$\overrightarrow{P_0P_6} = \underbrace{4}_{\overrightarrow{P_0P_1}} + \underbrace{4\alpha}_{\overrightarrow{P_1P_2}} + \underbrace{4\alpha^2}_{\overrightarrow{P_2P_3}} + \cdots + \underbrace{4\alpha^5}_{\overrightarrow{P_5P_6}}$$

これは，初項 $a = 4$，公比 $r = \alpha$，項数 $n = 6$ の等比数列の和より，

$$\overrightarrow{P_0P_6} = \frac{4(1-\alpha^6)}{1-\alpha} \cdots\cdots ①'$$

初項 a，公比 r $(r \neq 1)$，項数 n の等比数列の和 S の公式：$S = \dfrac{a(1-r^n)}{1-r}$

ここで，③'にド・モアブルの定理を用いると，

$$\alpha^6 = \left\{ \frac{1}{2}(\cos 120° + i\sin 120°) \right\}^6$$

$$= \frac{1}{2^6}\left\{ \cos(6\times 120°) + i\sin(6\times 120°) \right\}$$

$\boxed{\cos 720° = \cos 0° = 1}$ $\boxed{\sin 720° = \sin 0° = 0}$

$$= \frac{1}{2^6} = \frac{1}{64} \cdots\cdots ⑨$$

③'と⑨を①'に代入すると，

$$\overrightarrow{OP_6} = \overrightarrow{P_0P_6} は$$

$$\overrightarrow{OP_6} = \overrightarrow{P_0P_6} = \frac{4\left(1 - \dfrac{1}{64}\right)}{1 - \dfrac{1}{4}(-1+\sqrt{3}i)}$$

$\alpha^6(⑨より)$ $\alpha(③'より)$

$$= \frac{4 \cdot \dfrac{63}{64}}{\dfrac{1}{4}(5 - \sqrt{3}i)}$$

分子・分母に 16 をかけて

$$= \frac{63}{4(5-\sqrt{3}i)}$$

分子・分母に $5 + \sqrt{3}i$ をかけた。

$$= \frac{63}{4} \cdot \frac{5+\sqrt{3}i}{(5-\sqrt{3}i)(5+\sqrt{3}i)}$$

$\boxed{5^2 - (\sqrt{3}i)^2 = 25+3 = 28}$

$$= \frac{63}{4} \cdot \frac{1}{28}(5+\sqrt{3}i)$$

$$= \frac{9}{16}(5+\sqrt{3}i)$$

$$= \frac{45}{16} + \frac{9\sqrt{3}}{16}i$$

以上より，点 P_6 を表す複素数は，

$$\frac{45}{16} + \frac{9\sqrt{3}}{16}i \quad である。 \cdots\cdots(答)$$

複素数平面上に三角形 **ABC** と **2** つの正三角形 **ADB, ACE** とがある。ただし, 点 **C**, 点 **D** は直線 **AB** に関して反対側にあり, また, 点 **B**, 点 **E** は直線 **AC** に関して反対側にある。線分 **AB** の中点を **K**, 線分 **AC** の中点を **L**, 線分 **DE** の中点を **M** とする。線分 **KL** の中点を **N** とするとき, 直線 **MN** と直線 **BC** とは垂直であることを示せ。

(名古屋工大)

ヒント！　　回転と相似の合成変換の応用問題。複素数平面上で, **A, B, C** を表す複素数を a, b, c として, 他の複素数をすべてこれで表す。

基本事項

回転と相似の合成変換 (**II**)

$$\frac{w-\alpha}{z-\alpha}=r(\cos\theta + i\sin\theta)$$

・点 w は, 点 z を点 α のまわりに θ だけ回転して r 倍したもの。

複素数平面上の点 **A, B, C, D, E, K, L, M, N** を表す複素数を, それぞれその小文字の $a, b, c, d, e, k, l, m, n$ で表すことにする。

条件に従って, △**ABC** の辺 **AB** と辺 **AC** の上に, **2** つの正三角形 **ADB**

と **ACE** をとる。また, **2** 辺 **AB** と **AC** の中点をそれぞれ **K, L** とおき, さらに線分 **KL** の中点を **N**, また線分 **DE** の中点を **M** とする。このとき,

$$\overrightarrow{MN}\perp\overrightarrow{BC}$$

が成り立つことを示す。

注意！

d, e, k, l, m, n の各複素数を, すべて a, b, c で表すことにする。

これは, 右図の位置ベクトル $\overrightarrow{OA}, \overrightarrow{OB}, \overrightarrow{OC}$ で, 他のすべてのベクトルを表すことと同じ発想である。

(i) 点 d は, 点 a を点 b のまわりに **60°** だけ回転したものより,

$$\frac{d-b}{a-b}=1\cdot\underset{\boxed{\frac{1}{2}}}{(\cos 60°}+\underset{\boxed{\frac{\sqrt{3}}{2}}}{i\sin 60°)}$$

$$d=\frac{1+\sqrt{3}i}{2}(a-b)+b$$

$$\therefore d=\frac{1+\sqrt{3}i}{2}a+\frac{1-\sqrt{3}i}{2}b$$

(ii) 点 e は, 点 c を点 a のまわりに **60°** だけ回転したものより, 同様に

$$\frac{e-a}{c-a}=\frac{1+\sqrt{3}i}{2}$$

$$\therefore e=\frac{1+\sqrt{3}i}{2}(c-a)+a$$

$$\therefore e = \frac{1-\sqrt{3}i}{2}a + \frac{1+\sqrt{3}i}{2}c$$

以上 (i)(ii) より, 線分 DE の中点 M を表す複素数 m は,

$$m = \frac{1}{2}(d + e)$$

$$= \frac{1}{2}\left(\frac{1+\sqrt{3}i}{2}a + \frac{1-\sqrt{3}i}{2}b + \frac{1-\sqrt{3}i}{2}a + \frac{1+\sqrt{3}i}{2}c \right)$$

$$m = \frac{1}{2}a + \frac{1-\sqrt{3}i}{4}b + \frac{1+\sqrt{3}i}{4}c \cdots\cdots\text{①}$$

次に, 辺 AB の中点が K(k) より,

$$k = \frac{1}{2}(a + b)$$

辺 AC の中点が L(l) より

$$l = \frac{1}{2}(a + c)$$

よって, 線分 KL の中点 N を表す複素数 n は,

$$n = \frac{1}{2}(k + l)$$

$$= \frac{1}{2}\left\{ \frac{1}{2}(a + b) + \frac{1}{2}(a + c) \right\}$$

$$n = \frac{1}{2}a + \frac{1}{4}b + \frac{1}{4}c \cdots\cdots\text{②}$$

① － ② より,

$$m - n = -\frac{\sqrt{3}}{4}bi + \frac{\sqrt{3}}{4}ci$$

$$m - n = \frac{\sqrt{3}}{4}i(c - b)$$

$c - b \neq 0$ より, 両辺を $c - b$ で割って,

$$\frac{m - n}{c - b} = \frac{\sqrt{3}}{4}i$$

$$\boxed{0 + 1 \cdot i = \cos 90° + i\sin 90°}$$

$$\boxed{\overrightarrow{\text{NM}}\text{ とみる！}}$$

$$\frac{m - n}{c - b} = \frac{\sqrt{3}}{4}(\cos 90° + i\sin 90°)\cdots\cdots\cdots\text{③}$$

$$\boxed{\overrightarrow{\text{BC}}\text{ とみる！}}$$

注意！

③も回転と相似の合成変換の式である。

$$\begin{cases} m - n = \overrightarrow{\text{NM}} \\ c - b = \overrightarrow{\text{BC}} \end{cases}$$

と考えると, ベクトルは平行移動してもかまわないので, 図アを図イのように描き変えると, ③式は "$\overrightarrow{\text{BC}}$ を 90° だけ回転して $\frac{\sqrt{3}}{4}$ 倍したものが $\overrightarrow{\text{NM}}$" ということを示している。

$$\therefore \overrightarrow{\text{NM}} \perp \overrightarrow{\text{BC}} \text{ となる。}$$

③より, $\overrightarrow{\text{BC}}$ を 90°回転して $\frac{\sqrt{3}}{4}$ 倍に縮小したものが $\overrightarrow{\text{NM}}$ である。

$\therefore \overrightarrow{\text{NM}} \perp \overrightarrow{\text{BC}}$ より, 直線 MN と直線 BC は直交する。$\cdots\cdots\cdots\cdots\cdots\cdots\cdots\cdots$(終)

2 つの複素数 α, β は $|\alpha|=1$, $|\beta|=\sqrt{10}$, $\dfrac{\beta}{\alpha}=3+i$

を満たしているとする。$\theta = \arg \dfrac{\beta}{\alpha}$ $(0° < \theta < 90°)$ とおくとき, 次の問に答えよ。

(1) 複素数 α^2, β^2 を表す複素数平面上の点をそれぞれ P, Q とし原点を O とするとき, △POQ の面積を求めよ。

(2) $30° < 2\theta < 45°$ であることを示せ。

(3) $n\theta > 90°$ となる最小の自然数 n を求めよ。 (宮崎大)

ヒント！　(1) **OP** と **OQ** の長さとそのなす角を押さえて, 三角形の面積公式を用いる。(3) $n > 4$ より, まず $n = 5$ を調べる。

$|\alpha|=1$, $|\beta|=\sqrt{10}$,

$\dfrac{\beta}{\alpha} = 3 + 1\cdot i = \underset{r}{\boxed{\sqrt{10}}}\left(\underset{\cos\theta}{\boxed{\dfrac{3}{\sqrt{10}}}} + \underset{\sin\theta}{\boxed{\dfrac{1}{\sqrt{10}}}}i \right)$

$\therefore \dfrac{\beta}{\alpha} = \sqrt{10}(\cos\theta + i\sin\theta)$ ……①

$\left(ただし \cos\theta = \dfrac{3}{\sqrt{10}}, \sin\theta = \dfrac{1}{\sqrt{10}} \right)$

点 β は, 点 α を原点のまわりに θ だけ回転して, $\sqrt{10}$ 倍に拡大したもの。

(1) $P(\alpha^2), Q(\beta^2)$ とおく。

$OP = |\alpha^2| = |\alpha|^2 = 1$

$OQ = |\beta^2| = |\beta|^2 = (\sqrt{10})^2 = 10$

①の両辺を 2 乗して ← ド・モアブルの定理

$\dfrac{\beta^2}{\alpha^2} = 10(\cos 2\theta + i\sin 2\theta)$

$\therefore \arg \dfrac{\beta^2}{\alpha^2}$, すなわち $\angle POQ = 2\theta$

$\therefore$ △POQ の面積 S は,

$S = \dfrac{1}{2}\cdot 1 \cdot 10 \cdot \sin 2\theta$

$= 5 \cdot 2 \cdot \sin\theta \cdot \cos\theta$

$\therefore S = 10 \cdot \dfrac{1}{\sqrt{10}} \cdot \dfrac{3}{\sqrt{10}} = 3$ ……(答)

(2) $\cos 2\theta = \cos^2\theta - \sin^2\theta$

$= \left(\dfrac{3}{\sqrt{10}} \right)^2 - \left(\dfrac{1}{\sqrt{10}} \right)^2 = \dfrac{4}{5}$

$\therefore \cos 45° < \cos 2\theta < \cos 30°$

$\underset{\frac{\sqrt{2}}{2}=0.7\cdots}{\boxed{\frac{\sqrt{2}}{2}}} \quad \underset{0.8}{\boxed{0.8}} \quad \underset{\frac{\sqrt{3}}{2}=0.86\cdots}{\boxed{\frac{\sqrt{3}}{2}}}$

ここで, $0° < 2\theta < 180°$ より

$30° < 2\theta < 45°$ …② (終)

(3) ②より $4\theta < 90°$　よって, $n\theta > 90°$

となる最小の自然数 n は 5 以上である。

まず, 5 を調べる。

①の両辺を 5 乗して

$\left(\dfrac{\beta}{\alpha} \right)^5 = (3+i)^5$

パスカルの三角形
1 1
1 2 1
1 3 3 1
1 4 6 4 1
1 5 10 10 5 1

$= 1\cdot 3^5 + 5\cdot 3^4 i + 10\cdot 3^3 \cdot i^2$
$\quad + 10\cdot 3^2 i^3 + 5\cdot 3 i^4 + 1\cdot i^5$

$= 243 + 405i - 270 - 90i + 15 + i$

$= -12 + 316i$ ← ド・モアブル

$= (\sqrt{10})^5 \cdot (\cos 5\theta + i\sin 5\theta)$ (∵①)

$\therefore \cos 5\theta < 0, \sin 5\theta > 0$ より, $5\theta > 90°$
よって, 求める最小の自然数 n は 5 …(答)

④ 式と曲線

▶ **2 次曲線（放物線，だ円，双曲線）**
$$\left(x^2 = 4py, \ \frac{x^2}{a^2} + \frac{y^2}{b^2} = 1, \ \frac{x^2}{a^2} - \frac{y^2}{b^2} = \pm 1 \right)$$

▶ **媒介変数表示された曲線**
（アステロイド $x = a\cos^3\theta$, $y = a\sin^3\theta$ など）

▶ **極座標と極方程式**
$$\left(2 次曲線 \ r = \frac{k}{1 - e\cos\theta} \ など \right)$$

演習④ 式と曲線　　●公式＆解法パターン

1. 放物線：$y^2 = 4px$（または，$x^2 = 4py$）

放物線上の点 (x_1, y_1) における接線：$y_1 y = 2p(x + x_1)$

（または，$x_1 x = 2p(y + y_1)$）

（ⅰ）$y^2 = 4px$（横型放物線）

- 焦点 $F(p, 0)$
- 準線 $x = -p$
- $QH = QF$

$\begin{pmatrix} Q：放物線上の点 \\ QH：Q と準線との距離 \end{pmatrix}$

（ⅱ）$x^2 = 4py$（たて型放物線）

- 焦点 $F(0, p)$
- 準線 $y = -p$
- $QH = QF$

$\begin{pmatrix} Q：放物線上の点 \\ QH：Q と準線との距離 \end{pmatrix}$

2. だ円：$\dfrac{x^2}{a^2} + \dfrac{y^2}{b^2} = 1$

だ円周上の点 (x_1, y_1) における接線：$\dfrac{x_1 x}{a^2} + \dfrac{y_1 y}{b^2} = 1$

（ⅰ）$a > b > 0$（横長だ円）

- 焦点 $F(c, 0)$，$F'(-c, 0)$
  $(c = \sqrt{a^2 - b^2})$
- $QF + QF' = 2a$
  （Q：だ円周上の点）

（ⅱ）$b > a > 0$（たて長だ円）

- 焦点 $F(0, c)$，$F'(0, -c)$
  $(c = \sqrt{b^2 - a^2})$
- $QF + QF' = 2b$
  （Q：だ円周上の点）

3. 双曲線：$\dfrac{x^2}{a^2} - \dfrac{y^2}{b^2} = \pm 1$

双曲線上の点 (x_1, y_1) における接線：$\dfrac{x_1 x}{a^2} - \dfrac{y_1 y}{b^2} = \pm 1$

（ⅰ）$\dfrac{x^2}{a^2} - \dfrac{y^2}{b^2} = 1$（左右の双曲線）

- 焦点 $F(c, 0)$，$F'(-c, 0)$
  $(c = \sqrt{a^2 + b^2})$
- $|QF - QF'| = 2a$
  （Q：双曲線上の点）
- 漸近線　$y = \pm \dfrac{b}{a} x$

（ⅱ）$\dfrac{x^2}{a^2} - \dfrac{y^2}{b^2} = -1$（上下の双曲線）

- 焦点 $F(0, c)$，$F'(0, -c)$
  $(c = \sqrt{a^2 + b^2})$
- $|QF - QF'| = 2b$
  （Q：双曲線上の点）
- 漸近線　$y = \pm \dfrac{b}{a} x$

60

4. 媒介変数表示された曲線

(1) だ円：$\dfrac{x^2}{a^2}+\dfrac{y^2}{b^2}=1$ は，
$$\begin{cases} x=a\cos\theta \\ y=b\sin\theta \end{cases} \quad (\theta：媒介変数)$$

$$\left(\begin{array}{l} よって，だ円周上の点 (a\cos\theta,\ b\sin\theta) における接線の方程式は， \\[4pt] \dfrac{a\cos\theta}{a^2}x+\dfrac{b\sin\theta}{b^2}y=1 \ \ より，\ \ \dfrac{\cos\theta}{a}x+\dfrac{\sin\theta}{b}y=1 \ と表される。 \end{array} \right)$$

(2) サイクロイド曲線
$$\begin{cases} x=a(\theta-\sin\theta) \\ y=a(1-\cos\theta) \end{cases} \quad (\theta：媒介変数)$$

(3) らせん

(ⅰ) $\begin{cases} x=e^{-\theta}\cos\theta \\ y=e^{-\theta}\sin\theta \end{cases}$ 回転しながら動径が縮む。

$(\theta：媒介変数)$

(ⅱ) $\begin{cases} x=e^{\theta}\cos\theta \\ y=e^{\theta}\sin\theta \end{cases}$ 回転しながら動径が伸びる。

$(\theta：媒介変数)$

(ⅲ) $\begin{cases} x=a\theta\cos\theta \\ y=a\theta\sin\theta \end{cases}$ （ アルキメデスのらせん ）

(4) アステロイド曲線
$$\begin{cases} x=a\cos^3\theta \\ y=a\sin^3\theta \end{cases} \quad (\theta：媒介変数)$$
$$\left(x^{\frac{2}{3}}+y^{\frac{2}{3}}=a^{\frac{2}{3}}\right)$$

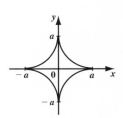

5. 極座標と極方程式

(1) xy 座標 ⟷ 極座標の変換公式

(ⅰ) $\begin{cases} x=r\cos\theta \\ y=r\sin\theta \end{cases}$ 　　　　　(ⅱ) $\begin{cases} r^2=x^2+y^2 \\ \tan\theta=\dfrac{y}{x} \end{cases}$

(2) 2 次曲線の極方程式

$$r=\dfrac{k}{1-e\cos\theta} \quad \left[\text{または，}\ r=\dfrac{k}{1+e\cos\theta} \right] \quad (e：離心率)$$

(ⅰ) $0<e<1$：だ円　　(ⅱ) $e=1$：放物線　　(ⅲ) $1<e$：双曲線

(3) 極方程式と面積計算

極方程式 $r=f(\theta)$ と 2 直線 $\theta=\alpha$，$\theta=\beta$

とで囲まれる部分の面積 S は，

$$S=\dfrac{1}{2}\int_{\alpha}^{\beta} r^2\,d\theta$$

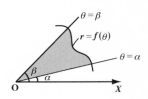

2つの不等式 $3x^2+y^2 \leqq 3$, $y \geqq x-1$ を同時に満たす xy 平面上の領域の面積を求めよ。

（東北大）

ヒント！　まず，$x^2+y^2 \leqq 1$ と $y \geqq \dfrac{1}{\sqrt{3}}x - \dfrac{1}{\sqrt{3}}$ で表される領域の面積を求めて，それを $\sqrt{3}$ 倍すれば，求める領域の面積になる。考え方が面白いはずだ。

基本事項

単位円とだ円

だ円：$\dfrac{x^2}{a^2}+\dfrac{y^2}{b^2}=1$　（ b 倍　b a 倍 y ）

$(a>0, b>0)$ は，伸び・縮みするゴム板に描かれた，原点を中心とする半径 1 の円：$x^2+y^2=1$ を，

$\begin{cases}（\text{i}）x\text{ 軸方向に }a\text{ 倍} \\ （\text{ii}）y\text{ 軸方向に }b\text{ 倍だけ,}\end{cases}$

拡大（または縮小）したものと考えてよい。

（参考）

だ円：$\dfrac{x^2}{a^2}+\dfrac{y^2}{b^2}=1$ の面積は，単位円の面積 $\pi \cdot 1^2$ を，横に a 倍，たてに b 倍したものより，

$\pi \cdot 1^2 \cdot a \cdot b = \pi ab$ となる。

$\begin{cases}\dfrac{x^2}{1^2}+\dfrac{y^2}{(\sqrt{3})^2} \leqq 1 \\ y \geqq x-1\end{cases}$ …①

で表される領域（図1・斜線部）の面積を S とおく。①で表される

図1

面積 S　$y=x-1$

図1の領域は，

$\begin{cases}x^2+y^2 \leqq 1 \\ y \geqq \dfrac{1}{\sqrt{3}}(x-1)\end{cases}$ …②

で表される領域を y 軸方向に $\sqrt{3}$ 倍だけ拡大したものである。

図2

よって，②で表される領域の面積を S_0 とおくと，

$S = \sqrt{3}\,S_0$ …………③

ここで，

$S_0 = \pi \cdot 1^2 - \left(\dfrac{1}{2} \cdot 1^2 \cdot \dfrac{2}{3}\pi - \dfrac{1}{2} \cdot 1 \cdot 1 \cdot \boxed{\sin \dfrac{2}{3}\pi}\right)$

（$\sin\dfrac{2}{3}\pi = \dfrac{\sqrt{3}}{2}$）

$\left[\,\bigcirc - \left(\,\diagup\,-\,\diagup\,\right)\right]$

$= \pi - \left(\dfrac{\pi}{3} - \dfrac{\sqrt{3}}{4}\right)$

$= \dfrac{2}{3}\pi + \dfrac{\sqrt{3}}{4}$ …………④

④を③に代入して，求める面積 S は，

$S = \sqrt{3}\left(\dfrac{2}{3}\pi + \dfrac{\sqrt{3}}{4}\right)$

$= \dfrac{2\sqrt{3}}{3}\pi + \dfrac{3}{4}$ …………（答）

実力アップ問題41　難易度 ★★★　CHECK1　CHECK2　CHECK3

放物線 $U : 4y - x^2 = 0$ および点 $P(x_1, y_1)$ がある。

(1) 点 P を通る傾き m の直線が U の接線となる条件を求めよ。

(2) 点 P から U に引いた 2 本の接線が直交するような点 P の軌跡の方程式を求めよ。

(3) 点 P から U に引いた 2 本の接線が $45°$（あるいは $135°$）で交わるような点 P の軌跡の方程式を求めよ。　　　　　　　（鳥取大＊）

ヒント！　(3) 2 本の接線の傾きを $m_1 = \tan\theta_1$，$m_2 = \tan\theta_2$ $(\theta_1 > \theta_2)$ とおくと，$\theta_1 - \theta_2 = 45°$，または $135°$ より，$\tan(\theta_1 - \theta_2) = \pm 1$ となるんだね。

放物線 $U : 4y - x^2 = 0$ ……………①

(1) 点 $P(x_1, y_1)$ を通る傾き m の直線は，
$$y = m(x - x_1) + y_1$$
$$y = mx - (mx_1 - y_1) \quad \cdots\cdots②$$

①，②より y を消去して，
$$4\{mx - (mx_1 - y_1)\} - x^2 = 0$$
$$\underset{a}{1 \cdot x^2} - \underset{2b'}{4mx} + \underset{c}{4(mx_1 - y_1)} = 0 \quad \cdots\cdots③$$

①，②が接するとき，x の 2 次方程式③は重解をもつ。

③の判別式を D とおくと，
$$\boxed{\frac{D}{4} = 4m^2 - 4(mx_1 - y_1) = 0}$$
$$\underset{a}{1 \cdot m^2} - \underset{b}{x_1 m} + \underset{c}{y_1} = 0 \quad \cdots\cdots④\cdots\cdots(答)$$

$$\left(\begin{array}{l} ④の判別式を D_1 とおくと， \\ D_1 = x_1{}^2 - 4y_1 > 0 のとき，y_1 < \dfrac{1}{4}x_1{}^2 \cdots(*) \end{array}\right)$$

(2) $(*)$ のもとで，m の 2 次方程式④の異なる 2 実数解を m_1, m_2 とおくと，解と係数の関係より，
$$\begin{cases} m_1 + m_2 = x_1 & \cdots⑤ \\ m_1 \cdot m_2 = y_1 & \cdots⑥ \end{cases}$$

点 $P(x_1, y_1)$ から U に引いた 2 接線が直交するとき，

$m_1 \cdot m_2 = -1$ ……………⑦

⑥，⑦より，$y_1 = -1$（$(*)$ をみたす）

∴点 P の軌跡の方程式は，
$$y = -1 \quad \cdots\cdots\cdots\cdots(答)$$

(3)

接線
傾き $m_1 = \tan\theta_1$
傾き $m_2 = \tan\theta_2$
接線

上図のように，2 接線の傾きを，
$m_1 = \tan\theta_1$，$m_2 = \tan\theta_2$ $(\theta_1 > \theta_2)$ とおくと，

条件より，$\theta_1 - \theta_2 = 45°$ または $135°$

∴ $\tan(\theta_1 - \theta_2) = \pm 1$　よって，

$$\frac{\tan\theta_1 - \tan\theta_2}{1 + \tan\theta_1 \tan\theta_2} = \pm 1, \quad \frac{m_1 - m_2}{1 + m_1 m_2} = \pm 1$$

$$(m_1 - m_2)^2 = \{\pm 1 \cdot (1 + m_1 m_2)\}^2$$

$$(m_1 + m_2)^2 - 4\underset{y_1}{m_1 m_2} = (1 + \underset{y_1}{m_1 m_2})^2$$

これに⑤，⑥を代入して，

$$x_1{}^2 - 4y_1 = (1 + y_1)^2 \quad ((*) をみたす)$$
$$x_1{}^2 - (y_1{}^2 + 6y_1 + 9) = -8$$
$$x_1{}^2 - (y_1 + 3)^2 = -8$$

∴求める点 P の軌跡の方程式は，
$$x^2 - (y + 3)^2 = -8 \quad \cdots\cdots\cdots\cdots(答)$$

双曲線

63

$A(a, 0)$ を定点とし，C を双曲線 $x^2 - y^2 = 4$ の $x > 0$ の部分とする。A を通る傾き m (ただし $m > 0$) の直線が，異なる 2 点で C と交わるように m の範囲を定めよ。 (早稲田大)

ヒント！　双曲線と，直線 $y = m(x - a)$ から y を消去してできる x の 2 次方程式が，異なる正の 2 実数解をもつための条件を調べればいい。

双曲線 $C : x^2 - y^2 = 4$ ……①
$\qquad\qquad (x > 0)$

点 $A(a, 0)$ を通る傾き m の直線は，
$\quad y = m(x - a)$ ……………② $\quad (m > 0)$

異なる正の 2 実数解 x_1, x_2 をもつ。

①，②より y を消去して，
$$x^2 - m^2(x - a)^2 = 4$$
$$x^2 - m^2(x^2 - 2ax + a^2) = 4$$
$$\underbrace{(m^2 - 1)}_{a}x^2 \underbrace{- 2am^2x}_{2b'} + \underbrace{a^2m^2 + 4}_{c} = 0 \quad \cdots③$$

③を x の 2 次方程式とみて，これが相異なる正の 2 実数解 x_1, x_2 をもつための条件を調べればよい。

$\boxed{D > 0,\ \text{かつ } x_1 + x_2 > 0,\ \text{かつ } x_1 \cdot x_2 > 0}$

(ⅰ) $m^2 - 1 \neq 0$　←　$\boxed{\text{③が } x \text{ の 2 次方程式となる条件}}$
$\qquad \therefore m \neq 1\ (\because m > 0)$

(ⅱ) ③の判別式を D とおくと，
$$\frac{D}{4} = \boxed{a^2m^4 - (m^2 - 1)(a^2m^2 + 4) > 0}$$
$$- 4m^2 + a^2m^2 + 4 > 0$$
$$(4 - a^2)m^2 < 4 \quad \cdots④$$

(ⅲ) $x_1 + x_2 = \boxed{\dfrac{2am^2}{m^2 - 1} > 0}$　←　$\boxed{\text{解と係数の関係}}$
$$2am^2(m^2 - 1) > 0 \quad ←\ \boxed{\text{分数不等式}}$$
$$2am^2(m + 1)(m - 1) > 0$$
両辺を $2m^2(m + 1)\ (> 0)$ で割って，
$$a(m - 1) > 0 \quad \cdots⑤$$

(ⅳ) $x_1x_2 = \boxed{\dfrac{a^2m^2 + 4}{m^2 - 1} > 0}$　←　$\boxed{\text{解と係数の関係}}$
$$(a^2m^2 + 4)(m^2 - 1) > 0 \quad ←\ \boxed{\text{分数不等式}}$$
$$(a^2m^2 + 4)(m + 1)(m - 1) > 0$$
この両辺を，$(a^2m^2 + 4)(m + 1)\ (> 0)$ で割って，$m - 1 > 0 \quad \therefore m > 1 \quad \cdots⑥$

⑤の両辺を $m - 1\ (> 0)$ で割って，
$$a > 0 \quad \cdots⑤'$$
以上より，
$$\begin{cases} (4 - a^2)m^2 < 4 & \cdots④ \\ a > 0 & \cdots⑤' \\ m > 1 & \cdots⑥ \end{cases}$$
←　$\boxed{\text{これから (ⅱ) } 0 < a < 2 \text{ (ⅲ) } 2 \leqq a \text{ に分類する。}}$

よって，
(ⅰ) $a \leqq 0$ のとき，m の範囲なし。…(答)
(ⅱ) $0 < a < 2$ のとき，　$\boxed{1 \text{ より大}}$
$\qquad$④の両辺を $4 - a^2\ (> 0)$ で割って，
$$m^2 < \frac{4}{4 - a^2} \qquad m < \boxed{\sqrt{\frac{4}{4 - a^2}}}$$
$$\therefore 1 < m < \frac{2}{\sqrt{4 - a^2}} \qquad \cdots(答)$$

(ⅲ) $2 \leqq a$ のとき，
$\qquad$常に $(4 - a^2)m^2 \leqq 0$ より，④をみたす。
$$\therefore 1 < m \qquad \cdots(答)$$

実力アップ問題43　難易度 ★★★　CHECK 1　CHECK 2　CHECK 3

だ円 $E : \dfrac{(x-2)^2}{4} + y^2 = 1$ の周上の点 $P(x, y)$ について，xy の最大値と最小値を求めよ。

> **ヒント！** $x = 2\cos\theta + 2$, $y = \sin\theta$ （$0 \leqq \theta \leqq 2\pi$）とおけるので，
> $xy = (2\cos\theta + 2)\cdot\sin\theta$ の最大値と最小値を求めればいいんだね。

基本事項

だ円の媒介変数表示

だ円 : $\dfrac{(x-p)^2}{a^2} + \dfrac{(y-q)^2}{b^2} = 1$ を，媒介変数 θ を使って表すと，次のようになる。

$$\begin{cases} x = a\cos\theta + p \\ y = b\sin\theta + q \end{cases} (\theta : 媒介変数)$$

$\left(\begin{array}{l}これを，だ円の式に代入してまとめる\\と，\cos^2\theta + \sin^2\theta = 1 に帰着する。\end{array}\right)$

だ円 E :

$\dfrac{(x-2)^2}{2^2} + \dfrac{y^2}{1^2} = 1$

の周上の点を

$P(x, y)$ とおくと，

x, y は θ を用いて次のように表される。

$x = 2\cos\theta + 2$, $y = \sin\theta$ （$0 \leqq \theta \leqq 2\pi$）

ここで，$f(\theta) = xy$ とおくと，

$f(\theta) = xy = 2\sin\theta(\cos\theta + 1)$
$(0 \leqq \theta \leqq 2\pi)$

$f'(\theta) = 2\cos\theta(\cos\theta + 1) - \underset{(1-\cos^2\theta)}{2\sin^2\theta}$

$= 2(2\cos^2\theta + \cos\theta - 1)$

$= 2(\cos\theta + 1)(2\cos\theta - 1)$

　　　　　 $\underset{\boxed{0 以上}}{}$　　$\underset{f'(\theta)}{}$

$f'(\theta) = 0$ のとき，

$\cos\theta = \dfrac{1}{2}$, -1

$\therefore \theta = \dfrac{\pi}{3}$, π, $\dfrac{5}{3}\pi$

増減表（$0 \leqq \theta \leqq 2\pi$）

θ	0		$\dfrac{\pi}{3}$		π		$\dfrac{5}{3}\pi$		2π
$f'(\theta)$		$+$	0	$-$	0	$-$	0	$+$	
$f(\theta)$	0	↗		↘	0	↘		↗	0

$f(0) = f(\pi) = f(2\pi) = 0$

以上より，

(i) $\theta = \dfrac{\pi}{3}$ のとき，

最大値 $f\left(\dfrac{\pi}{3}\right)$

$= 2\cdot\dfrac{\sqrt{3}}{2}\cdot\left(\dfrac{1}{2} + 1\right)$

$= \dfrac{3\sqrt{3}}{2}$ ·····················(答)

(ii) $\theta = \dfrac{5}{3}\pi$ のとき，

最小値 $f\left(\dfrac{5}{3}\pi\right) = 2\cdot\left(-\dfrac{\sqrt{3}}{2}\right)\cdot\left(\dfrac{1}{2} + 1\right)$

$= -\dfrac{3\sqrt{3}}{2}$ ·········(答)

xy 平面におけるだ円 $\dfrac{x^2}{a^2}+\dfrac{y^2}{b^2}=1$ $(a>b>0)$ 上の点 $\mathrm{P}(a\cos\theta\,,\,b\sin\theta)$

$\left(0<\theta<\dfrac{\pi}{2}\right)$ における法線と x 軸 $,y$ 軸との交点をそれぞれ Q,R とおく。

また, 原点を O とおく。

(1) 2 点 Q,R の座標を求めよ。

(2) $\triangle\,\mathrm{OQR}$ の面積 S の取り得る値の範囲を求めよ。

(3) 線分 QR の長さ l の取り得る値の範囲を求めよ。　　（立命館大＊）

ヒント！　だ円 $\dfrac{x^2}{a^2}+\dfrac{y^2}{b^2}=1$ 上の点 $\mathrm{P}(a\cos\theta\,,\,b\sin\theta)$ における接線の

方程式は, $\dfrac{a\cos\theta}{a^2}x+\dfrac{b\sin\theta}{b^2}y=1$ より, $y=-\dfrac{b\cos\theta}{a\sin\theta}x+\dfrac{b}{\sin\theta}$ となる。よって,

点 P における法線の傾きは $\underline{\dfrac{a\sin\theta}{b\cos\theta}}$ となるんだね。

(1) だ円 $\dfrac{x^2}{a^2}+\dfrac{y^2}{b^2}=1$ $(a>b>0)$ 上の

点 $\mathrm{P}(a\cos\theta\,,\,b\sin\theta)$ $\left(0<\theta<\dfrac{\pi}{2}\right)$ に

点 P は, 第 1 象限のだ円周上の点だ。

おける接線の傾きは,

$-\dfrac{b\cos\theta}{a\sin\theta}$ より,

ヒント参照

点 P におけ

る法線の傾

きは,

$\dfrac{a\sin\theta}{b\cos\theta}$ である。

よって, 点 P における法線の方程式は

$y=\dfrac{a\sin\theta}{b\cos\theta}(x-a\cos\theta)+b\sin\theta$

$y=\dfrac{a\sin\theta}{b\cos\theta}x-\dfrac{a^2\sin\theta}{b}+b\sin\theta$

$y=\dfrac{a\sin\theta}{b\cos\theta}x-\dfrac{(a^2-b^2)\sin\theta}{b}$ ……①

⊕の傾き　　⊖の y 切片

（ⅰ）$y=0$ のとき, ①より,

$\dfrac{a\sin\theta}{b\cos\theta}x=\dfrac{(a^2-b^2)\sin\theta}{b}$

$x=\dfrac{(a^2-b^2)\cos\theta}{a}$

∴点 Q の座標は,

$\mathrm{Q}\left(\underline{\dfrac{a^2-b^2}{a}\cos\theta}\,,\,0\right)$ ……………（答）

⊕

(ⅱ)$x = 0$ のとき，①より，

$$y = -\frac{a^2 - b^2}{b}\sin\theta$$

∴点 R の座標は，

$$R\left(0, \; \underbrace{-\frac{a^2 - b^2}{b}\sin\theta}_{\ominus}\right) \cdots\cdots\cdots(答)$$

(2) △OQR の面積 S は，(1)の結果より，

$$S = \frac{1}{2}\cdot \underbrace{OQ}_{\boxed{\frac{a^2-b^2}{a}\cos\theta}}\cdot \underbrace{OR}_{\boxed{\frac{a^2-b^2}{b}\sin\theta}}$$

$$= \frac{(a^2-b^2)^2}{2ab}\cdot\sin\theta\cdot\cos\theta$$

$$= \underbrace{\frac{(a^2-b^2)^2}{4ab}}_{\oplus}\cdot\sin 2\theta \quad \left(0 < \theta < \frac{\pi}{2}\right)$$

ここで，$\dfrac{(a^2-b^2)^2}{4ab}$ は正の定数。また

$0 < 2\theta < \pi$ より，$0 < \sin 2\theta \leqq 1$

以上より，求める △OQR の面積 S の

取り得る値の範囲は，

$$0 < S \leqq \frac{(a^2-b^2)^2}{4ab} \quad\cdots\cdots\cdots\cdots(答)$$

(3) 線分 QR の長さ l の 2 乗は，三平方

の定理より，

$$l^2 = OQ^2 + OR^2$$

$$= \frac{(a^2-b^2)^2}{a^2}\cos^2\theta + \frac{(a^2-b^2)^2}{b^2}\sin^2\theta$$

$$= \frac{(a^2-b^2)^2}{a^2b^2}(a^2\sin^2\theta + \underbrace{b^2\cos^2\theta}_{(1-\sin^2\theta)})$$

$$l^2 = \underbrace{\frac{(a^2-b^2)^2}{a^2b^2}}_{\oplus \text{の定数}}\{\underbrace{(a^2-b^2)}_{\oplus}\sin^2\theta + \underbrace{b^2}_{\oplus}\}$$

よって，

$$l = \frac{a^2-b^2}{ab}\sqrt{\underbrace{(a^2-b^2)}_{\oplus}\underbrace{\sin^2\theta}_{\boxed{0\sim1}} + \underbrace{b^2}_{\oplus}}$$

ここで，$0 < \theta < \dfrac{\pi}{2}$ より，

$0 < \sin\theta < 1$ ∴ $0 < \sin^2\theta < 1$

以上より，求める QR の長さ l の取

り得る値の範囲は，

$$\underset{\boxed{\sin^2\theta = 0 \text{ のとき}}}{\frac{a^2-b^2}{ab}\underbrace{\sqrt{b^2}}_{\boxed{|b|=b}}} < l < \underset{\boxed{\sin^2\theta = 1 \text{ のとき}}}{\frac{a^2-b^2}{ab}\underbrace{\sqrt{(a^2-b^2)+b^2}}_{\boxed{\sqrt{a^2}=|a|=a}}}$$

$$\frac{a^2-b^2}{a} < l < \frac{a^2-b^2}{b} \quad\cdots\cdots\cdots\cdots(答)$$

円 $x^2+y^2=1$ の $y>0$ の部分を C とする。C 上の点 P と点 $R(-1,0)$ を結ぶ直線 PR と y 軸の交点を Q とし，その座標を $Q(0,t)$ とする。

(1) 点 P の座標を $(\cos\theta,\sin\theta)$ $(0<\theta<\pi)$ とする。$\cos\theta$ と $\sin\theta$ を t を用いて表せ。

(2) 3点 A,B,S の座標を $A(-3,0)$，$B(3,0)$，$S\left(0,\dfrac{1}{t}\right)$ とし，直線 AQ と BS の交点を T とする。点 P が C 上を動くとき，点 T の描く図形を求めよ。

（弘前大）

ヒント！ **(1)** 図形的に考えると，$t=\tan\dfrac{\theta}{2}$ となるので，$\cos\theta=\dfrac{1-t^2}{1+t^2}$，$\sin\theta=\dfrac{2t}{1+t^2}$ となることがわかるはずだ。**(2)** では，T の x 座標，y 座標は共に媒介変数 t で表されるので，これを消去して，x と y の関係式を求めればいいんだね。

(1) 曲線 C：

$x^2+y^2=1$

$(y>0)$

上の動点

P の座標

図（ⅰ）

を，

$P(\cos\theta,\sin\theta)$ $(0<\theta<\pi)$ と

おくと，図（ⅰ）より，$\triangle OPR$ は

$OP=OR=1$ の2等辺三角形である

ので，

$\angle PRO=\dfrac{\theta}{2}$ となる。

よって，直線 PR と y 軸の交点を

$Q(0,t)$ とおくと，

$t=\tan\dfrac{\theta}{2}$

$(0<t)$ となる。

よって，

$\cdot\cos\theta=\cos^2\dfrac{\theta}{2}-\sin^2\dfrac{\theta}{2}$

$=\cos^2\dfrac{\theta}{2}\left(1-\tan^2\dfrac{\theta}{2}\right)$

$\dfrac{1}{1+\tan^2\dfrac{\theta}{2}}$

これは公式として覚えよう！

$=\dfrac{1-\tan^2\dfrac{\theta}{2}}{1+\tan^2\dfrac{\theta}{2}}$

$\therefore \cos\theta=\dfrac{1-t^2}{1+t^2}$ ……① …………（答）

$$\cdot \sin\theta = 2\sin\frac{\theta}{2}\cos\frac{\theta}{2}$$

$$= 2\tan\frac{\theta}{2}\cdot\underbrace{\cos^2\frac{\theta}{2}}_{\dfrac{1}{1+\tan^2\dfrac{\theta}{2}}}$$

$$= \frac{2\tan\dfrac{\theta}{2}}{1+\tan^2\dfrac{\theta}{2}} \leftarrow \boxed{\text{これも公式と}\\\text{して覚えよう！}}$$

$$\therefore \sin\theta = \frac{2t}{1+t^2} \quad\cdots\cdots② \cdots\cdots\cdots(答)$$

$$\boxed{\begin{array}{l}\text{三角関数の公式}\\[4pt]\cos2\alpha = \cos^2\alpha - \sin^2\alpha\\[4pt]\sin2\alpha = 2\sin\alpha\cos\alpha\\[4pt]1+\tan^2\alpha = \dfrac{1}{\cos^2\alpha}\ \text{を使った。}\end{array}}$$

(2) 図（ⅱ）

図（ⅱ）に示すように、

・2点 $A(-3, 0)$，$Q(0, t)$ を通る

直線 AQ の方程式は、

$$y = \frac{t}{3}x + t \quad\cdots\cdots③$$

・2点 $B(3, 0)$, $S\left(0, \dfrac{1}{t}\right)$ を通る

直線 BS の方程式は、

$$y = -\frac{1}{3t}x + \frac{1}{t} \quad\cdots\cdots④$$

③，④より y を消去して、

$$\frac{t}{3}x + t = -\frac{1}{3t}x + \frac{1}{t}$$

$$\frac{1}{3}\left(t + \frac{1}{t}\right)x = \frac{1}{t} - t$$

$$\frac{t^2+1}{3t}x = \frac{1-t^2}{t}$$

$$x = \frac{3(1-t^2)}{1+t^2} \quad\cdots\cdots⑤$$

⑤を③に代入して、

$$y = \frac{t}{3}\cdot\frac{3(1-t^2)}{1+t^2} + t$$

$$= \frac{t - t^3 + t + t^3}{1+t^2}$$

$$= \frac{2t}{1+t^2} \quad\cdots\cdots⑥$$

以上⑤，⑥より，2直線 AQ と

BS の交点 T の座標は、

$$T(x, y) = \left(\underbrace{3\cdot\frac{1-t^2}{1+t^2}}_{\substack{\cos\theta\\(①より)}}, \underbrace{\frac{2t}{1+t^2}}_{\substack{\sin\theta\\(②より)}}\right)$$

$$= (3\cos\theta, \sin\theta) \quad (\because①,②)$$

$$\therefore \begin{cases} x = 3\cos\theta \\ y = \sin\theta \end{cases} (0 < \theta < \pi)\ \text{より、}$$

点 T の描く図形は、

$$\left(\frac{x}{3}\right)^2 + y^2 = \cos^2\theta + \sin^2\theta = 1\ \text{より、}$$

だ円：$\dfrac{x^2}{9} + y^2 = 1$ の $y > 0$ の部分

である。$\cdots\cdots\cdots\cdots\cdots\cdots$(答)

だ円 $\dfrac{x^2}{16}+\dfrac{y^2}{9}=1$ の周上に 4 点 $A(a, b)$, $B(-a, b)$, $C(-a, -b)$, $D(a, -b)$

をとり，だ円に内接する長方形 ABCD を作る。ただし，$a>0$，$b>0$ とする。

(1) この長方形の面積の最大値を求めよ。

(2) この長方形を x 軸のまわりに回転してできる円柱の体積の最大値を求

めよ。

(上智大＊)

ヒント！ **(1)** 媒介変数表示により，$a=4\cos\theta$，$b=3\sin\theta$ とおく。

(2) 円柱の体積 $V=\pi b^2 \cdot 2a$ より，b を a で表せばいいんだね。

---

(1) だ円周上の点

$A(a, b)$ は第 1

象限の点より，

$$\dfrac{a^2}{16}+\dfrac{b^2}{9}=1$$

$$\cdots\cdots①$$

$$(a>0,\ b>0)$$

よって，a, b を媒介変数 θ を使って

表すと，

$$\begin{cases} a=4\cos\theta \\ b=3\sin\theta \end{cases} \left(0<\theta<\dfrac{\pi}{2}\right)$$

長方形 ABCD の面積を S とおくと，

$$\begin{aligned} S &= 2a \cdot 2b \\ &= 2\cdot 4\cos\theta \cdot 2\cdot 3\sin\theta \\ &= 24\cdot 2\sin\theta\cdot\cos\theta \\ &= 24\sin 2\theta \end{aligned}$$

（2 倍角の公式）

$0<2\theta<\pi$ より，

$$2\theta=\dfrac{\pi}{2}, \ \text{すなわち} \ \theta=\dfrac{\pi}{4} \ \text{のとき，}$$

S は最大となる。

$$\therefore 最大値 \ S = 24\times\underline{1} = 24 \ \cdots\cdots(答)$$

$\left(\sin\dfrac{\pi}{2}\right)$

---

(2) 長方形 ABCD

の回転体の体

積 V は，

$$\begin{aligned} V &= \pi b^2 \cdot 2a \\ &= 2\pi ab^2 \end{aligned}$$

$$\cdots\cdots②$$

①より，$b^2=9\left(1-\dfrac{a^2}{16}\right)$ $\cdots\cdots①'$

①' を②に代入して，

$$V=2\pi a\cdot 9\left(1-\dfrac{a^2}{16}\right) \quad (0<a<4)$$

（$f(a)$ とおく。）

$$= \dfrac{9}{8}\pi\underbrace{(16a-a^3)}$$

（a の 3 次関数）

ここで，$f(a)=-a^3+16a$ とおくと，

$$f'(a)=-3a^2+16=\underbrace{(4+\sqrt{3}a)}_{\oplus}\underbrace{(4-\sqrt{3}a)}_{f'(a)}$$

$f'(a)=0$ のとき，

$$a=\dfrac{4}{\sqrt{3}} \quad \text{この値の}$$

前後で，$f'(a)$ の符号

は正から負に転ずる。

$$\therefore a=\dfrac{4}{\sqrt{3}} \ \text{のとき，} f(a)\text{，すなわち} V$$

は最大になる。

$$\therefore 最大値 \ V=\dfrac{9}{8}\pi\cdot\dfrac{4}{\sqrt{3}}\cdot\left(16-\dfrac{16}{3}\right)$$

$$= 16\sqrt{3}\pi \ \cdots\cdots(答)$$

$x = a\cos^3\theta$, $y = a\sin^3\theta$ $\left(0 < \theta < \dfrac{\pi}{2}, a:\text{正の定数}\right)$ で表される曲線 C がある。

C 上の点 $\mathrm{P}(a\cos^3\theta_1, a\sin^3\theta_1)$ における接線を l とする。l と x 軸との交点を Q, l と y 軸との交点を R とおくとき，線分 QR の長さが θ_1 によらず一定であることを示せ。

（自治医大＊）

ヒント！　媒介変数 θ で表された曲線（アステロイド）上の点における接線の傾きは，$\dfrac{dy}{d\theta}$ を $\dfrac{dx}{d\theta}$ で割れば求まるんだね。

$\cdot \dfrac{dx}{d\theta} = (a\cos^3\theta)'$

$\quad = 3a\cos^2\theta \cdot (-\sin\theta)$

$\quad = -3a\sin\theta\cos^2\theta$

$\cdot \dfrac{dy}{d\theta} = (a\sin^3\theta)'$

$\quad = 3a\sin^2\theta\cos\theta$

l の傾き $\dfrac{dy}{dx} = -\tan\theta_1$

アステロイド

接線 l

よって，アステロイド

曲線 C 上の点 $\mathrm{P}(a\cos^3\theta_1, a\sin^3\theta_1)$ における接線 l の傾きは，

公式　$\dfrac{dy}{dx} = \dfrac{\dfrac{dy}{d\theta}}{\dfrac{dx}{d\theta}}$

$\dfrac{dy}{dx} = \dfrac{3a\sin^2\theta\cos\theta}{-3a\sin\theta\cos^2\theta}$

$\quad = -\dfrac{\sin\theta}{\cos\theta} = -\tan\theta_1$ となる。

変数 θ に，定数 θ_1 を代入する。

よって，接線 l の方程式は，

$y = -\tan\theta_1(x - a\cos^3\theta_1) + a\sin^3\theta_1$

$\quad = -\tan\theta_1 \cdot x + \underline{a\sin\theta_1\cos^2\theta_1 + a\sin^3\theta_1}$

$\qquad\qquad\qquad a\sin\theta_1 \cdot (\underline{\cos^2\theta_1 + \sin^2\theta_1})$

$\qquad\qquad\qquad\qquad\qquad ①$

$\therefore y = -\tan\theta_1 \cdot x + a\sin\theta_1$ ……①

（ⅰ）①に $y = 0$ を代入して，

$\quad 0 = -\tan\theta_1 \cdot x + a\sin\theta_1$

$\quad \tan\theta_1 \cdot x = a\sin\theta_1$

$\quad \dfrac{\sin\theta_1}{\cos\theta_1} \cdot x = a \cdot \sin\theta_1$　$\therefore x = a\cos\theta_1$

よって，点 $\mathrm{Q}(a\cos\theta_1, 0)$ となる。

（ⅱ）①に $x = 0$ を代入して，

$\quad y = a\sin\theta_1$

よって，点 $\mathrm{R}(0, a\sin\theta_1)$ となる。

以上（ⅰ），（ⅱ）より，線分 QR の長さの 2 乗 QR^2 を求めると，

$\mathrm{QR}^2 = (a\cos\theta_1 - 0)^2 + (0 - a\sin\theta_1)^2$

$\quad = a^2\cos^2\theta_1 + a^2\sin^2\theta_1$

$\quad = a^2(\underline{\cos^2\theta_1 + \sin^2\theta_1}) = a^2$

$\qquad\qquad\quad ①$

ここで，a は正の定数より

$\mathrm{QR} = a$（定数）となる。よって，QR の長さは，θ_1 の値によらず一定であることが分かる。……………………(終)

難易度 CHECK 1 CHECK 2 CHECK 3

$x = \cos 2\theta$, $y = \sin 3\theta$ $\left(0 \leqq \theta \leqq \dfrac{\pi}{3}\right)$ で表される曲線 C と x 軸とで囲まれる図形の面積を求めよ。

ヒント！ x と θ のグラフ，および y と θ のグラフから特徴的な点を抽出して，曲線 C の概形を描いて，面積計算にもち込めばいい。

曲線 C

$$\begin{cases} x = \cos 2\theta \\ y = \sin 3\theta \end{cases}$$

$\left(0 \leqq \theta \leqq \dfrac{\pi}{3}\right)$

の概形を描くために，まず，右のように θ と x，θ と y のグラフから特徴的な点を抽出すると，

始点，終点，極大 (小) 点，0 となる点

$\boxed{\theta = 0}$ $\boxed{\theta = \dfrac{\pi}{6}}$ $\boxed{\theta = \dfrac{\pi}{4}}$

$(1,\ 0) \xrightarrow{①} \left(\dfrac{1}{2},\ 1\right) \xrightarrow{②} \left(0,\ \dfrac{\sqrt{2}}{2}\right)$

$\boxed{\theta = \dfrac{\pi}{3}}$

$\xrightarrow{③} \left(-\dfrac{1}{2},\ 0\right)$ となる。

これらの点を滑らかな曲線で結ぶことにより，右のような曲線 C の概形が求まる。

よって，曲線 C と x 軸とで囲まれる図形の面積を S とおくと，

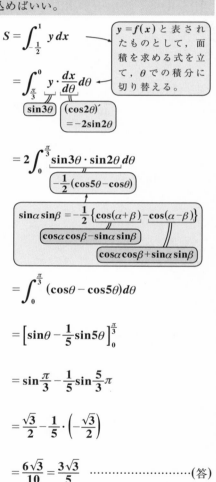

$S = \displaystyle\int_{-\frac{1}{2}}^{1} y\,dx$

$y = f(x)$ と表されたものとして，面積を求める式を立て，θ での積分に切り替える。

$= \displaystyle\int_{\frac{\pi}{3}}^{0} \underbrace{y}_{\sin 3\theta} \cdot \underbrace{\dfrac{dx}{d\theta}}_{\substack{(\cos 2\theta)' \\ = -2\sin 2\theta}} d\theta$

$= 2\displaystyle\int_{0}^{\frac{\pi}{3}} \underbrace{\sin 3\theta \cdot \sin 2\theta}_{-\frac{1}{2}(\cos 5\theta - \cos \theta)}\,d\theta$

$\sin \alpha \sin \beta = -\dfrac{1}{2}\{\cos(\alpha+\beta) - \cos(\alpha-\beta)\}$

$\cos \alpha \cos \beta - \sin \alpha \sin \beta$

$\cos \alpha \cos \beta + \sin \alpha \sin \beta$

$= \displaystyle\int_{0}^{\frac{\pi}{3}} (\cos \theta - \cos 5\theta)\,d\theta$

$= \left[\sin \theta - \dfrac{1}{5}\sin 5\theta\right]_{0}^{\frac{\pi}{3}}$

$= \sin \dfrac{\pi}{3} - \dfrac{1}{5}\sin \dfrac{5}{3}\pi$

$= \dfrac{\sqrt{3}}{2} - \dfrac{1}{5} \cdot \left(-\dfrac{\sqrt{3}}{2}\right)$

$= \dfrac{6\sqrt{3}}{10} = \dfrac{3\sqrt{3}}{5}$ ....(答)

実力アップ問題49　難易度　★★★★　CHECK 1　CHECK 2　CHECK 3

$x = t - \sin t$, $y = 1 - \cos t$ $(0 \leqq t \leqq 2\pi)$ で表される曲線 C がある。曲線 C 上の点で，その接線の傾きが 1，-1 となる点をそれぞれ P, Q とおく。線分 PQ と C で囲まれた図形の面積を求めよ。 （上智大＊）

ヒント！　媒介変数表示された曲線（サイクロイド）が囲む図形の面積なので，まず，x での積分で表し，次に，媒介変数 θ での積分に切り替えて求めるんだね。

$C \begin{cases} x = t - \sin t \\ y = 1 - \cos t \end{cases}$

$(0 \leqq t \leqq 2\pi)$

サイクロイド曲線

C はサイクロイド曲線で，直線 $x = \pi$ に関して対称なグラフとなる。よって，2 点 P, Q も直線 $x = \pi$ に関して対称な位置にある。まず，P の座標を求める。

$\begin{cases} \dfrac{dx}{dt} = 1 - \cos t & \cdots\cdots ① \\ \dfrac{dy}{dt} = \sin t & \cdots\cdots ② \end{cases}$ $(0 < t < \pi)$

接線の傾き $\dfrac{dy}{dx} = \dfrac{\dfrac{dy}{dt}}{\dfrac{dx}{dt}} = 1$ のとき，

$\therefore \dfrac{dy}{dt} = \dfrac{dx}{dt}$　これに①，②を代入して，

$\underline{\sin t} = \underline{1 - \cos t}$ $\cdots\cdots③$ $(0 < t < \pi)$

③を，$\cos^2 t + \underline{\sin^2 t} = 1$ に代入して，

$\cos^2 t + \underline{(1 - \cos t)^2} = 1$

$2\cos^2 t - 2\cos t = 0$

$\cos t (\cos t - 1) = 0$ $(\cos t - 1 < 0)$　（∵ $0 < t < \pi$）

$\therefore \cos t = 0$ より，$t = \dfrac{\pi}{2}$

このとき，$\begin{cases} x = \dfrac{\pi}{2} - \sin\dfrac{\pi}{2} = \dfrac{\pi}{2} - 1 \\ y = 1 - \cos\dfrac{\pi}{2} = 1 \end{cases}$

$\therefore P\left(\overset{\alpha}{\dfrac{\pi}{2} - 1}, 1\right)$　よって，$Q\left(\overset{\beta}{\dfrac{3}{2}\pi + 1}, 1\right)$

$P(\alpha, 1)$, $Q(\beta, 1)$ とすると，$\dfrac{\alpha + \beta}{2} = \pi$ となる。

$y = f(x)$ とする。

P　傾き 1　S　Q　傾き -1　$y = 1$

$\dfrac{\pi}{2} - 1$ $(t = \dfrac{\pi}{2})$　π $\left(\dfrac{\alpha + \beta}{2}\right)$　$\dfrac{3}{2}\pi + 1$ $(t = \dfrac{3}{2}\pi)$

求める面積 S は，　$f(x)$ と表されたものとする。

$S = \displaystyle\int_{\frac{\pi}{2} - 1}^{\frac{3}{2}\pi + 1} \underbrace{(y - 1)}_{\text{上側}\ \text{下側}} dx$

t での積分に切り替える。

$x : \dfrac{\pi}{2} - 1 \to \dfrac{3}{2}\pi + 1$

$t : \dfrac{\pi}{2} \to \dfrac{3}{2}\pi$

$= \displaystyle\int_{\frac{\pi}{2}}^{\frac{3}{2}\pi} \underbrace{(y - 1)}_{-\cos t} \cdot \underbrace{\dfrac{dx}{dt}}_{1 - \cos t} dt$

$= \displaystyle\int_{\frac{\pi}{2}}^{\frac{3}{2}\pi} \underbrace{(\cos^2 t - \cos t)}_{\frac{1}{2}(1 + \cos 2t)} dt$

$= \displaystyle\int_{\frac{\pi}{2}}^{\frac{3}{2}\pi} \left(\dfrac{1}{2} + \dfrac{1}{2}\cos 2t - \cos t\right) dt$

$= \left[\dfrac{1}{2}t + \dfrac{1}{4}\sin 2t - \sin t\right]_{\frac{\pi}{2}}^{\frac{3}{2}\pi}$

$= \dfrac{1}{2}\left(\dfrac{3}{2}\pi - \dfrac{\pi}{2}\right) - (-1) + 1$

$= \dfrac{\pi}{2} + 2$ $\cdots\cdots$（答）

a を正の実数とする。曲線 C_a を極方程式

$r = 2a\cos(a - \theta)$

によって定める。このとき，次の問いに答えよ。

(1) C_a は円になることを示し，その中心と半径を求めよ。

(2) C_a が直線 $y = -x$ に接するような a をすべて求めよ。　　　（筑波大）

ヒント！ **(1)** 変換公式を使って，極方程式を xy 直交座標系の方程式に変形する。
(2) 点（中心）と直線との距離の公式を使うことがポイントだ。

---

(1) $C_a : r = 2a\cos(a - \theta)$ ……①

（a：正の定数）

①を変形して，

$r = 2a(\cos a\cos\theta + \sin a\sin\theta)$

この両辺に r をかけて，

$r^2 = 2ar(\cos a\cos\theta + \sin a\sin\theta)$

$\underset{x^2+y^2}{\boxed{r^2}} = 2a(\cos a \cdot \underset{x}{\boxed{r\cos\theta}} + \sin a \cdot \underset{y}{\boxed{r\sin\theta}})$

ここで，極座標と直交座標の変換公式より，

$r^2 = x^2 + y^2$, $r\cos\theta = x$, $r\sin\theta = y$

よって，与式は，

$x^2 + y^2 = 2a(x\cos a + y\sin a)$

$x^2 - 2ax\cos a + y^2 - 2ay\sin a = 0$

$(x^2 - \underline{2a\cos a \cdot x} + \underline{a^2\cos^2 a})$

$\qquad$ 2 で割って 2 乗

$+ (y^2 - \underline{2a\sin a \cdot y} + \underline{a^2\sin^2 a})$

$\qquad$ 2 で割って 2 乗

$= a^2(\underset{1}{\boxed{\cos^2 a + \sin^2 a}})$

$(x - a\cos a)^2 + (y - a\sin a)^2 = a^2$

以上より，曲線 C_a は，

中心 $A(a\cos a, a\sin a)$，半径 a の円

である。……………………………（終）(答)

基本事項

点と直線との間の距離

点 $P(x_1, y_1)$ と

直線 $ax + by + c = 0$

との間の距離 h は，

$h = \dfrac{|ax_1 + by_1 + c|}{\sqrt{a^2 + b^2}}$

(2) C_a と直線

$x + y = 0$ が接す

るとき，中心 A

$(a\cos a, a\sin a)$

と直線 $\underset{\sim}{1} \cdot x + \underset{\sim}{1} \cdot y$

$= 0$ との間の距

離 h が，半径 a と等しくなる。よって，

$\dfrac{|1 \cdot a\cos a + 1 \cdot a\sin a|}{\sqrt{1^2 + 1^2}} = a$

$|\sin a + \cos a| = \sqrt{2}$

$\sqrt{2} \cdot \sin\left(a + \dfrac{\pi}{4}\right) = \pm\sqrt{2}$　　三角関数の合成

$\sin\left(a + \dfrac{\pi}{4}\right) = \pm 1$ より，

$a + \dfrac{\pi}{4} = \dfrac{\pi}{2} + n\pi$　　（n：整数）

$\qquad\qquad$ ∵ $a > 0$

∴ $a = \dfrac{\pi}{4} + n\pi$　　（$n = 0, 1, 2, \cdots$）

$\qquad\qquad\qquad\qquad$ ………（答）

実力アップ問題51　難易度　CHECK1　CHECK2　CHECK3

(1) 点 $A(3, 0)$ と直線 $x = 1$ からの距離の比が $1 : 1$ になっている点 P の軌跡の方程式が 2 次曲線を表すことを示し，その焦点の座標を求めよ。

(2) 次に，点 A を極，x 軸の正方向の半直線 Ax とのなす角 θ を偏角として，極座標系を定めるとき，点 P の軌跡の極方程式を示せ。（岡山理科大＊）

ヒント！　(1) $|x - 1| = \sqrt{(x-3)^2 + y^2}$ を変形してまとめればいい。
(2) 離心率 $e = 1$ の 2 次曲線（放物線）の極方程式が得られるよ。

(1) 動点 $P(x, y)$ から $x = 1$ に下ろした垂線の足を H とおくと，

$$PH = PA$$

よって，

$$|x - 1| = \sqrt{(x-3)^2 + y^2}$$

この両辺を 2 乗して，

$$(x - 1)^2 = (x - 3)^2 + y^2$$
$$x^2 - 2x + 1 = x^2 - 6x + 9 + y^2$$
$$y^2 = 4x - 8$$
$$y^2 = 4 \cdot (x - 2) \quad \cdots\cdots ① \cdots\cdots\text{(終)}$$

参考

放物線 $y^2 = 4px$ の
$\begin{cases} \text{焦点は } (p, 0) \\ \text{準線は } x = -p \end{cases}$ より，

・$y^2 = 4 \cdot 1 \cdot x$ の焦点は $(1, 0)$

・$y^2 = 4 \cdot 1 \cdot (x - 2)$ は，$y^2 = 4 \cdot 1 \cdot x$ 全体をベクトル $(2, 0)$ だけ平行移動したものより，焦点は $(1 + 2, 0)$

この放物線①の焦点の座標は，

$$A(3, 0) \quad \cdots\cdots\cdots\cdots\cdots\text{(答)}$$

(2) A を極，Ax を始線にとった極座標系で，動点 P (r, θ) を考えると，

$$\begin{cases} PA = r \\ PH = r\cos\theta + 2 \end{cases}$$

$PA = PH$ より，$r = r\cos\theta + 2$

$$(1 - \cos\theta) \cdot r = 2$$

$$\therefore r = \frac{2}{1 - \cos\theta} \quad \cdots\cdots ② \cdots\cdots\text{(答)}$$

基本事項

2 次曲線の極方程式

$$r = \frac{k}{1 \pm e\cos\theta} \quad \left(e : \text{離心率} = \frac{PA}{PH} \right)$$

(ⅰ) $0 < e < 1$ のとき，　だ円

(ⅱ) $e = 1$ のとき，　　　放物線

(ⅲ) $1 < e$ のとき，　　　双曲線

②より，$r(1 - \cos\theta) = 2$

$r - \overbrace{r\cos\theta}^{x} = 2$　　$r = x + 2$　　2 乗して，

$\underbrace{r^2}_{x^2 + y^2} = (x + 2)^2$　　$\underline{y^2 = 4(x + 1)}$　となる。

これは，$A(3, 0)$ を原点と見ているため，A を原点とする新たな xy 座標系における方程式である。

(1) 直交座標において，点 $A(\sqrt{3}, 0)$ と準線 $x = \dfrac{4}{\sqrt{3}}$ からの距離の比が $\sqrt{3}:2$ である点 $P(x, y)$ の軌跡を求めよ。

(2) **(1)** における A を極，x 軸の正の部分の半直線 AX とのなす角 θ を偏角とする極座標を定める。このとき，P の軌跡を $r = f(\theta)$ の形の極方程式で求めよ。ただし，$0 \leqq \theta < 2\pi$，$r > 0$ とする。

(3) A を通る任意の直線と **(1)** で求めた曲線との交点を R, Q とする。このとき

$$\frac{1}{RA} + \frac{1}{QA}$$

は一定であることを示せ。

（帯広畜産大）

ヒント！ **(1)** 離心率 $e = \dfrac{\sqrt{3}}{2}$ で，$0 < e < 1$ より，動点 P はだ円を描くことがわかる。**(3)(2)** の極方程式を利用すると，簡単に証明できる。頻出問題の **1** つだ。

(1) 動点 $P(x, y)$ から，直線 $x = \dfrac{4}{\sqrt{3}}$ に下した垂線の足を H とおくと，

$PA : PH = \sqrt{3} : 2$ より →

離心率 $e = \dfrac{PA}{PH} = \dfrac{\sqrt{3}}{2}$

$\sqrt{3} \underline{\underline{PH}} = 2PA$ ……①

$\sqrt{3} \left| x - \dfrac{4}{\sqrt{3}} \right| = 2\sqrt{(x - \sqrt{3})^2 + y^2}$

この両辺を 2 乗して，

$3\left(x - \dfrac{4}{\sqrt{3}}\right)^2 = 4\{(x - \sqrt{3})^2 + y^2\}$

$3\left(x^2 - \dfrac{8}{\sqrt{3}}x + \dfrac{16}{3}\right)$

$= 4(x^2 - 2\sqrt{3}x + 3) + 4y^2$

$3x^2 + 16 = 4x^2 + 12 + 4y^2$

よって，P の軌跡はだ円

$x^2 + 4y^2 = 4$　……②………………(答)

だ円：$\dfrac{x^2}{2^2} + \dfrac{y^2}{1^2} = 1$ としてもよい。

(2) A を極，AX を始線にとった極座標で，動点 P を $P(r, \theta)$ として考えると，

準線

$\dfrac{4}{\sqrt{3}} - \sqrt{3} = \dfrac{4-3}{\sqrt{3}} = \dfrac{1}{\sqrt{3}}$

$\begin{cases} PA = r \\ PH = \dfrac{1}{\sqrt{3}} - r\cos\theta \end{cases}$

これを①に代入して，

$\sqrt{3}\left(\dfrac{1}{\sqrt{3}} - r\cos\theta\right) = 2 \cdot r$

$$1 - \sqrt{3}\, r\cos\theta = 2r$$

$$r(2 + \sqrt{3}\,\cos\theta) = 1$$

∴求める動点 P の極方程式は，

$$r = \dfrac{1}{2 + \sqrt{3}\,\cos\theta} \quad \cdots\cdots ③ \quad \cdots\cdots (答)$$

これを $r = \dfrac{\dfrac{1}{2}\,\overset{=k}{}}{1 + \dfrac{\sqrt{3}}{2}\cos\theta}$ の形で示してもよい。

e：離心率

(3)

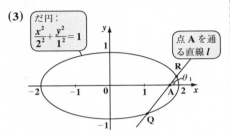

だ円：$\dfrac{x^2}{2^2} + \dfrac{y^2}{1^2} = 1$

点 A を通る直線 l

点 A(焦点) を通る直線 l と

だ円：$\dfrac{x^2}{2^2} + \dfrac{y^2}{1^2} = 1$ ……② との交

点を R, Q とおくと，直線 l がどのように変化しても，

$$\dfrac{1}{\mathrm{RA}} + \dfrac{1}{\mathrm{QA}} = (一定) \quad \cdots\cdots(*)$$

が成り立つことを示す。

注意！

これを，xy 座標系で示そうとすると計算が非常に大変になる。これに対して，極座標でアプローチすると，簡単に証明できる。

頻出問題の 1 つなので，この解法も覚えておくといい。

極座標系で考える。極座標で $\mathrm{R}(r_1,\ \theta_1)$ とおくと，点 Q は，$(r_2, \theta_1 + \pi)$ となる。

ここで，$\mathrm{RA} = r_1$，$\mathrm{QA} = r_2$

また，2 点 R, Q は共にだ円上の点より，③の極方程式をみたす。

$$\therefore r_1 = \dfrac{1}{2 + \sqrt{3}\,\cos\theta_1} \quad \cdots\cdots④$$

$$r_2 = \dfrac{1}{2 + \sqrt{3}\underbrace{\cos(\theta_1 + \pi)}_{-\cos\theta_1}}$$

$$= \dfrac{1}{2 - \sqrt{3}\,\cos\theta_1} \quad \cdots\cdots⑤$$

以上より，

$$\dfrac{1}{\mathrm{RA}} + \dfrac{1}{\mathrm{QA}} = \dfrac{1}{r_1} + \dfrac{1}{r_2}$$

$$= 2 + \sqrt{3}\,\cos\theta_1 + 2 - \sqrt{3}\,\cos\theta_1$$

(④, ⑤より)

$$= 4 \quad (一定)$$

∴θ_1 がどのように変化しても，

$$\dfrac{1}{\mathrm{RA}} + \dfrac{1}{\mathrm{QA}} = 4\ (一定) \quad \cdots\cdots(*)$$

が成り立つ。 $\cdots\cdots\cdots\cdots\cdots$(終)

次の極方程式で表された曲線や直線で囲まれた図形の面積を求めよ。

ただし，a は正の定数とする。

(1) 曲線 $r = \sin 2\theta$　$\left(0 \leq \theta \leq \dfrac{\pi}{2}\right)$

(2) 曲線 $r = a\theta$　$(0 \leq \theta \leq 2\pi)$，および直線 $\theta = 0$　$(r \geq 0)$

(3) 曲線 $r = a(1 + \cos\theta)$　$(0 \leq \theta \leq 2\pi)$

レクチャー　　◆極方程式の面積公式◆

極方程式 $r = f(\theta)$ で表された曲線と，2 直線 $\theta = \alpha$，$\theta = \beta$　$(\alpha < \beta)$ で囲まれる図形の面積 S を求める公式も受験で出題される可能性大なので，ここでマスターしておこう。

このときの微小面積 dS は，右図の微少な扇形から，次のようになる。

$$dS = \frac{1}{2} r^2 d\theta$$

これを，$S = \displaystyle\int dS$ に代入して，θ による積分区間 $[\alpha , \beta]$ の積分に置き換えると，

$S = \dfrac{1}{2}\displaystyle\int_{\alpha}^{\beta} r^2 d\theta$　が導かれる。

dS を微小な扇形の面積と考えて，

$$dS = \frac{1}{2} r^2 d\theta$$

となる。

(1) 正葉曲線

$r = \sin 2\theta$

$\left(0 \leq \theta \leq \dfrac{\pi}{2}\right)$

の概形を右図に示す。

この曲線により囲まれる図形の面積を S，微小面積を dS とおくと

正葉曲線の 1 枚の葉っぱを表す曲線だ。

$\underline{dS = \dfrac{1}{2} r^2 d\theta} = \dfrac{1}{2}\sin^2 2\theta\, d\theta$　より，

極方程式で表された曲線による面積公式は，このように答案で導いた形にするといいと思う。

$S = \dfrac{1}{2}\displaystyle\int_0^{\frac{\pi}{2}} \underline{\sin^2 2\theta}\, d\theta$

半角の公式

$\sin^2\alpha = \dfrac{1 - \cos 2\alpha}{2}$

$\underline{1 - \cos 4\theta}{2}$

$= \dfrac{1}{4}\displaystyle\int_0^{\frac{\pi}{2}} (1 - \cos 4\theta)\, d\theta$

よって，

$$S = \frac{1}{4}\left[\theta - \frac{1}{4}\sin 4\theta\right]_0^{\frac{\pi}{2}}$$

$$= \frac{1}{4}\cdot\frac{\pi}{2} = \frac{\pi}{8} \quad \cdots\cdots\cdots\cdots(答)$$

(2) アルキメデスのらせん

$$r = a\theta \quad (0 \leqq \theta \leqq 2\pi)$$

と，X 軸の 0 以上の部分 $\theta = 0, r \geqq 0$

とで囲まれ
る図形の概
形を右図に
示す。

$\theta = 0$

$\theta = 0 \ (r \geqq 0)$

X

$\theta = 2\pi$

dS

$r = a\theta \ (0 \leqq \theta \leqq 2\pi)$

この図形の
面積を S，
微小面積を
dS とおくと，

$$dS = \frac{1}{2}r^2 d\theta = \frac{1}{2}(a\theta)^2 d\theta$$

$$= \frac{a^2}{2}\theta^2 d\theta \quad となる。$$

よって，求める面積 S は，

$$S = \frac{a^2}{2}\int_0^{2\pi}\theta^2 d\theta$$

$$= \frac{a^2}{2}\left[\frac{1}{3}\theta^3\right]_0^{2\pi}$$

$$= \frac{a^2}{2}\cdot\frac{2^3\cdot\pi^3}{3} = \frac{4}{3}\pi^3 a^2 \quad \cdots\cdots\cdots(答)$$

(3) カージオイド

$$r = a(1 + \cos\theta)$$

$$(0 \leqq \theta \leqq 2\pi)$$

により囲まれ
る図形の概形
を右図に示す。

dS

$\theta = 0, 2\pi$

$2a$ X

0

$\theta = \pi$

この図形の面積を S，また微小面積を
dS とおくと，

$$dS = \frac{1}{2}r^2 d\theta = \frac{1}{2}a^2(1 + \cos\theta)^2 d\theta$$

$$= \frac{a^2}{2}(1 + 2\cos\theta + \cos^2\theta)d\theta$$

半角の公式
$$\cos^2\alpha = \frac{1 + \cos 2\alpha}{2}$$

$$\frac{1 + \cos 2\theta}{2}$$

$$= \frac{a^2}{2}\left(\frac{3}{2} + 2\cos\theta + \frac{1}{2}\cos 2\theta\right)d\theta$$

となる。

よって，求める面積 S は，

$$S = \frac{a^2}{2}\int_0^{2\pi}\left(\frac{3}{2} + 2\cos\theta + \frac{1}{2}\cos 2\theta\right)d\theta$$

$$= \frac{a^2}{2}\left[\frac{3}{2}\theta + 2\sin\theta + \frac{1}{4}\sin 2\theta\right]_0^{2\pi}$$

$$= \frac{a^2}{2}\cdot\frac{3}{2}\cdot 2\pi$$

$$= \frac{3}{2}\pi a^2 \quad \cdots\cdots\cdots\cdots(答)$$

極方程式で表された曲線 $C：r = 4\sin\theta$ $(0 \leq \theta < \pi)$ と 2 直線 $\theta = \dfrac{\pi}{8}$，

$\theta = \dfrac{5}{8}\pi$ で囲まれる図形の面積を求めよ。

ヒント！　実力アップ問題 53（P78）で解説した "極方程式の面積公式"

$S = \dfrac{1}{2}\displaystyle\int_{\alpha}^{\beta} r^2\,d\theta$ を使って計算すればいいんだね。

曲線 $C：r = 4\sin\theta$ ……① $(0 \leq \theta < \pi)$

と，2 直線 $\theta = \dfrac{\pi}{8}$ ，$\theta = \dfrac{5}{8}\pi$ とで

囲まれる図形の面積を S とおくと，

極方程式の面積公式により，

$S = \dfrac{1}{2}\displaystyle\int_{\frac{\pi}{8}}^{\frac{5}{8}\pi} \underbrace{r^2}_{(4\sin\theta)^2\ (①より)}\,d\theta$

$= 8\displaystyle\int_{\frac{\pi}{8}}^{\frac{5}{8}\pi} \underbrace{\sin^2\theta}_{\frac{1-\cos2\theta}{2}}\,d\theta$

$= 4\displaystyle\int_{\frac{\pi}{8}}^{\frac{5}{8}\pi} (1 - \cos2\theta)\,d\theta$

$= 4\left[\theta - \dfrac{1}{2}\sin2\theta\right]_{\frac{\pi}{8}}^{\frac{5}{8}\pi}$

$= 4\left\{\dfrac{5}{8}\pi - \dfrac{\pi}{8} - \dfrac{1}{2}\left(\underbrace{\sin\dfrac{5}{4}\pi}_{-\frac{1}{\sqrt{2}}} - \underbrace{\sin\dfrac{\pi}{4}}_{\frac{1}{\sqrt{2}}}\right)\right\}$

$= 4\left(\dfrac{\pi}{2} + \dfrac{1}{2}\cdot\dfrac{2}{\sqrt{2}}\right)$

$\therefore S = 2(\pi + \sqrt{2}\,)$ ………………(答)

参考

①を変形して，xy 座標系の方程式に

書き変えると，

$\underbrace{r^2}_{x^2+y^2} = 4\underbrace{r\sin\theta}_{y}$ 　　(①の両辺に r をかけた。)

$x^2 + y^2 = 4y$ となって，

これは，中心 $(0 , 2)$，半径 2 の円を

表す。

　これと，2 直線 $y = \left(\tan\dfrac{\pi}{8}\right)x$，

$y = \left(\tan\dfrac{5}{8}\pi\right)x$ とで囲まれる下図の

網目部の面積が S のことだったんだね。

演習
exercise

数列の極限

━━━━━ テーマ ━━━━━

▶ Σ計算と数列の極限

▶ 無限級数の和
(無限等比級数、部分分数分解型)

▶ 漸化式と数列の極限
(等比関数列型 $F(n+1) = rF(n)$)

▶ 漸化式と数列の極限の応用
(刑事コロンボ型)

数列の極限 ●公式&解法パターン

1. Σ 計算の公式

(1) $\displaystyle\sum_{k=1}^{n} k = \frac{1}{2}\,n\,(n+1)$

(2) $\displaystyle\sum_{k=1}^{n} k^2 = \frac{1}{6}\,n\,(n+1)(2n+1)$

(3) $\displaystyle\sum_{k=1}^{n} k^3 = \frac{1}{4}\,n^2(n+1)^2$

(4) $\displaystyle\sum_{k=1}^{n} c = nc$ （c：定数）

2. $\dfrac{\infty}{\infty}$ の不定形のイメージ

(1) $\dfrac{400}{10000000000} \longrightarrow 0$（収束） $\left[\dfrac{弱い\infty}{強い\infty} \longrightarrow 0\right]$

(2) $\dfrac{3000000000}{100} \longrightarrow \infty$（発散） $\left[\dfrac{強い\infty}{弱い\infty} \longrightarrow \infty\right]$

(3) $\dfrac{100000}{200000} \longrightarrow \dfrac{1}{2}$（収束） $\left[\dfrac{同じ強さの\infty}{同じ強さの\infty} \longrightarrow 有限な値\right]$

> この "強い∞" や "弱い∞" などの表現は，あくまでもイメージをとらえる便宜上の表現で数学的に正式なものではないので，答案に書いてはいけない。

3. $\displaystyle\lim_{n \to \infty} r^n$ の極限

$$\lim_{n \to \infty} r^n = \begin{cases} 0 & (-1 < r < 1\ のとき) \\ 1 & (r = 1\ のとき) \\ 発散 & (r \leqq -1\ または\ 1 < r\ のとき) \end{cases}$$

ここで，$r < -1$ または $1 < r$ のとき，$-1 < \dfrac{1}{r} < 1$ より，$\displaystyle\lim_{n \to \infty}\left(\dfrac{1}{r}\right)^n = 0$ となる。

よって，このような問題では，（ⅰ）$-1 < r < 1$，（ⅱ）$r = 1$，（ⅲ）$r = -1$，（ⅳ）$r < -1$，$1 < r$ の **4** 通りに場合分けすればいい。

4. 無限級数の和

(1) 無限等比級数の和

$$\sum_{k=1}^{\infty} ar^{k-1} = a + ar + ar^2 + \cdots\cdots = \frac{a}{1-r} \quad（収束条件：-1 < r < 1）$$

(2) 部分分数分解型の無限級数の和

$\displaystyle\sum_{k=1}^{\infty}(I_k - I_{k+1})$ について，まず，部分和 $S_n = \displaystyle\sum_{k=1}^{n}(I_k - I_{k+1})$ を求めて，

> たとえば，$\dfrac{1}{k} - \dfrac{1}{k+1}$ や $\dfrac{1}{\sqrt{k}} - \dfrac{1}{\sqrt{k+1}}$ など…

$$S_n = \sum_{k=1}^{n}(I_k - I_{k+1}) = (I_1 - I_2) + (I_2 - I_3) + \cdots + (I_n - I_{n+1}) = I_1 - I_{n+1}$$

$S_n = I_1 - I_{n+1}$ とし，この $n \to \infty$ の極限をとって次のように計算する。

$$\sum_{k=1}^{\infty} (I_k - I_{k+1}) = \lim_{n \to \infty} S_n = \lim_{n \to \infty} (I_1 - I_{n+1})$$

5. 漸化式と数列の極限

(1) 階差数列型の漸化式

$a_{n+1} - a_n = b_n$ のとき，$n \geq 2$ で，$a_n = a_1 + \sum_{k=1}^{n-1} b_k$

(2) 等比関数列型の漸化式

$F(n+1) = r \cdot F(n)$ のとき，

$F(n) = F(1) \cdot r^{n-1}$

$(ex1)$ $a_{n+1} + 2 = 3(a_n + 2)$ のとき，

$a_n + 2 = (a_1 + 2) \cdot 3^{n-1}$

$(ex2)$ $a_{n+2} - 2a_{n+1} = -4 \cdot (a_{n+1} - 2a_n)$ のとき，

$a_{n+1} - 2a_n = (a_2 - 2a_1) \cdot (-4)^{n-1}$

$(ex3)$ $a_{n+1} + 3b_{n+1} = -2(a_n + 3b_n)$ のとき，

$a_n + 3b_n = (a_1 + 3b_1) \cdot (-2)^{n-1}$

(3) $S_n = \sum_{k=1}^{n} a_k = f(n)$ $(n = 1, 2, 3, \cdots)$ のとき

（ⅰ）$a_1 = S_1$　　　（ⅱ）$n \geq 2$ で，$a_n = S_n - S_{n-1}$

6. 一般項が求まらない場合の $\lim_{n \to \infty} a_n$ の問題（刑事コロンボ型）

$a_{n+1} = \sqrt{a_n + 2}$ などのように，一般項 a_n が求まらない場合でも，$\lim_{n \to \infty} a_n$ の極限値 α を推定して，次の手順に従って $\lim_{n \to \infty} a_n = \alpha$ を示す。

$|a_{n+1} - \alpha| \leq r|a_n - \alpha|$ $(0 < r < 1)$

$|a_n - \alpha| \leq |a_1 - \alpha| r^{n-1}$

$\therefore 0 \leq |a_n - \alpha| \leq |a_1 - \alpha| r^{n-1}$

ここで，$n \to \infty$ の極限をとると，

$$0 \leq \lim_{n \to \infty} |a_n - \alpha| \leq \lim_{n \to \infty} |a_1 - \alpha| \boxed{r^{n-1}}^{\,0} = 0$$

よって，はさみ打ちの原理から，

$\lim_{n \to \infty} |a_n - \alpha| = 0$ より，$\lim_{n \to \infty} a_n = \alpha$ が導ける。

> $|a_{n+1} - \alpha| \leq r|a_n - \alpha|$ より，
> $|a_n - \alpha| \leq r|a_{n-1} - \alpha|$
> $\qquad \leq r^2|a_{n-2} - \alpha|$
> $\qquad \leq r^3|a_{n-3} - \alpha|$
> $\qquad \cdots\cdots\cdots\cdots$
> $\qquad \leq r^{n-1}|a_1 - \alpha|$
> となるからね。

等比級数

$$x^2+x+\dfrac{x^2+x}{x^2+x+1}+\dfrac{x^2+x}{(x^2+x+1)^2}+\cdots+\dfrac{x^2+x}{(x^2+x+1)^{n-1}}+\cdots$$

について，次の問いに答えよ。

(1) この級数が収束するような x の範囲を求めよ。

(2) また，x がその範囲にあるとき，この等比級数の和を求めよ。

(東北学院大)

ヒント！　初項 $a=x^2+x$，公比 $r=\dfrac{1}{x^2+x+1}$ の無限等比級数の問題だね。これが収束する条件は，$-1<r<1$ だけでなく，$a=0$ もあることに気を付けよう。

(1) 与式 $=S$ とおくと，

$$S=(x^2+x)+(x^2+x)\cdot\dfrac{1}{x^2+x+1}$$
$$+(x^2+x)\cdot\left(\dfrac{1}{x^2+x+1}\right)^2+\cdots$$

S は，初項 $a=x^2+x$，公比 $r=\dfrac{1}{x^2+x+1}$ の無限等比級数の和である。

基本事項

無限等比級数

$S=a+ar+ar^2+ar^3+\cdots$ の収束条件は，

(ⅰ) $a=0$ のとき，
$S=0$ （収束）

(ⅱ) $-1<r<1$ のとき，
$S=\dfrac{a}{1-r}$ （収束）

よって，S が収束するための条件は，

(ⅰ) $a=0$ または (ⅱ) $-1<r<1$ である。

(ⅰ) $a=x^2+x=0$ のとき，
$x(x+1)=0$ ∴ $x=-1,\ 0$

(ⅱ) $-1<r<1$ のとき，$\dfrac{1}{x^2+x+1}<1\cdots$①

これが①より，$0<r$ を自動的にみたす！

$x^2+x+1=\left(x+\dfrac{1}{2}\right)^2+\dfrac{3}{4}>0$ より，

①の両辺に x^2+x+1 をかけて，

$1<x^2+x+1$　　$x(x+1)>0$

∴ $x<-1$ または $0<x$

以上 (ⅰ)(ⅱ) より，S が収束するような x の値の範囲は，

$x\leqq-1$ または $0\leqq x$ ……………(答)

(2)(ⅰ) $a=x^2+x=0$，すなわち $x=-1$ または 0 のとき，この無限等比級数の和 S は，$S=0$

(ⅱ) $-1<r<1$ $(0<r<1)$，すなわち $x<-1$ または $0<x$ のとき，この無限等比級数の和 S は，

$$S=\dfrac{x^2+x}{1-\dfrac{1}{x^2+x+1}}$$

（$-1<r<1$ のとき $S=\dfrac{a}{1-r}$ となる。）

$$=\dfrac{x^2+x}{\dfrac{x^2+x+1-1}{x^2+x+1}}$$

$$=\dfrac{(x^2+x)(x^2+x+1)}{x^2+x}=x^2+x+1$$

以上 (ⅰ)(ⅱ) より，

$\begin{cases}(ⅰ)\ x=-1\ \text{または}\ 0\ \text{のとき，}\ S=0\\(ⅱ)\ x<-1\ \text{または}\ 0<x\ \text{のとき，}\\\qquad S=x^2+x+1 \qquad\cdots\cdots(答)\end{cases}$

実力アップ問題56　難易度 ★★　CHECK 1　CHECK 2　CHECK 3

(1) 無限級数 $a_1 + a_2 + a_3 + \cdots\cdots + a_n + \cdots\cdots$ が収束するならば，$\lim_{n \to \infty} a_n = 0$ であることを証明せよ。

(2) 次の無限級数の収束・発散を調べよ。

(i) $(\sqrt{1 \cdot 2} - 1) + (\sqrt{2 \cdot 3} - 2) + (\sqrt{3 \cdot 4} - 3) + \cdots\cdots + (\sqrt{n(n+1)} - n) + \cdots\cdots$

(ii) $1 + \dfrac{1}{\sqrt{2}} + \dfrac{1}{\sqrt{3}} + \dfrac{1}{\sqrt{4}} + \cdots\cdots + \dfrac{1}{\sqrt{n}} + \cdots\cdots$ （大分医大＊）

ヒント! **(1)** 部分和 S_n, S_{n-1} を用いると，$a_n = S_n - S_{n-1}$ となる。

(2) (i) $\lim_{n \to \infty} a_n \neq 0$ ならば，無限級数は必ず発散する。これがポイントだ。

基本事項

無限級数の重要命題

(ア) 「$\lim_{n \to \infty} S_n = S$ ならば，$\lim_{n \to \infty} a_n = 0$」

(イ) 「$\lim_{n \to \infty} a_n \neq 0$ ならば，$\lim_{n \to \infty} S_n$ は発散」

(ア),(イ) は共に真である。(ア) の対偶

（「$\lim_{n \to \infty} a_n = 0$ だからといって，これも重要 $\lim_{n \to \infty} S_n$ が収束するとは限らない。」）

(1) 部分和 $S_n = a_1 + a_2 + \cdots + a_n$

$(n = 1, 2, \cdots)$ とおく。

$$\begin{cases} S_n = a_1 + a_2 + \cdots + a_{n-1} + a_n \cdots ① \\ S_{n-1} = a_1 + a_2 + \cdots + a_{n-1} \cdots\cdots ② \end{cases}$$

$$(n = 2, 3, 4, \cdots)$$

① － ② より，

$$S_n - S_{n-1} = a_n \cdots\cdots\cdots\cdots\cdots ③$$

ここで，$\lim_{n \to \infty} S_n = S$（収束）ならば

$$\lim_{n \to \infty} S_{n-1} = S \quad となる。$$

以上より，③ の極限は，

$$\lim_{n \to \infty} a_n = \lim_{n \to \infty} (\underset{\to S}{S_n} - \underset{\to S}{S_{n-1}}) = 0$$

$\therefore$ 「$\lim_{n \to \infty} S_n = a_1 + a_2 + \cdots$ が収束するならば，$\lim_{n \to \infty} a_n = 0$」$\cdots$（＊）

は成り立つ。$\cdots\cdots\cdots\cdots\cdots$（終）

(2)(i) 一般項 $a_n = \sqrt{n(n+1)} - n$ について，

$$\lim_{n \to \infty} a_n = \lim_{n \to \infty} \frac{(\sqrt{n^2 + n} - n)(\sqrt{n^2 + n} + n)}{\sqrt{n^2 + n} + n}$$

$$= \lim_{n \to \infty} \frac{n^2 + n - n^2}{\sqrt{n^2 + n} + n}$$

$$= \lim_{n \to \infty} \frac{1}{\sqrt{1 + \boxed{\dfrac{1}{n}}} + 1} = \frac{1}{2} \neq 0$$

$$\overset{0}{}$$

$\therefore \lim_{n \to \infty} a_n \neq 0$ より，(＊) の対偶!

与無限級数は発散する。$\cdots$（答）

(ii) 一般項 $a_n = \dfrac{1}{\sqrt{n}}$ は $\lim_{n \to \infty} a_n = 0$ となる。

この部分和 $S_n = a_1 + a_2 + \cdots + a_n$ は，

$$S_n = \frac{1}{\sqrt{1}} + \frac{1}{\sqrt{2}} + \cdots + \frac{1}{\sqrt{n}}$$

$$> \underbrace{\frac{1}{\sqrt{n}} + \frac{1}{\sqrt{n}} + \cdots + \frac{1}{\sqrt{n}}}_{n \text{ 項の和}} = \frac{n}{\sqrt{n}} = \sqrt{n}$$

$\therefore \lim_{n \to \infty} S_n \geq \overset{\infty}{\lim_{n \to \infty} \sqrt{n}} = \infty$ より，

$\lim_{n \to \infty} a_n = 0$ ではあるが，この無限級数は発散する。$\cdots\cdots$（答）

数列 $\{a_n\}$ の初項から第 n 項までの和 S_n について，

$S_n = n^2 + 2n$ ……① $(n = 1, 2, \cdots)$ が成り立つとき，

(1) 一般項 a_n を求めよ。　　**(2)** $\displaystyle\sum_{n=1}^{\infty} e^{-a_n}$ を求めよ。

(3) $\displaystyle\sum_{n=1}^{\infty} \frac{1}{a_n a_{n+1}}$ を求めよ。　　　　　　　　　　　（龍谷大）

ヒント！ **(1)** $a_1 = S_1$，$n \geq 2$ のとき，$a_n = S_n - S_{n-1}$ から a_n を求めるんだね。

基本事項

・$n = 1$ のとき，$S_1 = a_1$

・$n \geq 2$ のとき，

$\begin{cases} S_n = a_1 + a_2 + \cdots + a_{n-1} + a_n \cdots ㋐ \\ S_{n-1} = a_1 + a_2 + \cdots + a_{n-1} \cdots ㋑ \end{cases}$

㋐ － ㋑ より，$S_n - S_{n-1} = a_n$

(1) ①より，

（ⅰ）$n = 1$ のとき，$a_1 = S_1 = 1^2 + 2 \cdot 1 = 3$

（ⅱ）$n \geq 2$ のとき，

$\begin{aligned} a_n &= \underline{S_n} - \underline{S_{n-1}} \\ &= \underline{n^2 + 2n} - \{\underline{(n-1)^2 + 2(n-1)}\} \\ &= n^2 + 2n - (n^2 - 2n + 1) - 2n + 2 \\ &= 2n + 1 \end{aligned}$

（これは $n = 1$ のとき $a_1 = 3$ をみたす）

（ⅰ）（ⅱ）より，一般項 a_n は，

$a_n = 2n + 1 \cdots ② (n = 1, 2, \cdots) \cdots$（答）

(2) ②より，

$\displaystyle\sum_{n=1}^{\infty} e^{-a_n} = \sum_{n=1}^{\infty} e^{-(2n+1)}$

これを無限等比級数 $\displaystyle\sum_{n=1}^{\infty} a \cdot r^{n-1}$ の形に変形しよう。

$= \displaystyle\sum_{n=1}^{\infty} e^{-2(n-1)-3}$

$\therefore \displaystyle\sum_{n=1}^{\infty} e^{-a_n} = \sum_{n=1}^{\infty} \underset{a}{\underline{e^{-3}}} \, (\underset{r}{\underline{e^{-2}}})^{n-1}$

よって，この無限級数は，初項 $a = e^{-3}$，公比 $r = e^{-2}$ の無限等比級数で，収束

$\boxed{\dfrac{1}{7}}$ $e^2 \fallingdotseq 7$，$e^3 \fallingdotseq 20$ は覚えよう

条件：$-1 < r < 1$ をみたす。

$\therefore \displaystyle\sum_{n=1}^{\infty} e^{-a_n} = \frac{a}{1 - r} = \frac{e^{-3}}{1 - e^{-2}}$ 　分子・分母に e^3 をかける

$= \dfrac{1}{e^3 - e}$ ………………（答）

(3) まず，この無限級数の初項から第 m 項までの部分和 T_m を求める。

$\begin{aligned} T_m &= \sum_{n=1}^{m} \frac{1}{\underline{a_n \cdot a_{n+1}}} \\ &= \sum_{n=1}^{m} \frac{1}{\underline{(2n+1)(2n+3)}} \quad （②より） \\ &= \frac{1}{2} \sum_{n=1}^{m} \left(\underset{I_n}{\underline{\frac{1}{2n+1}}} - \underset{I_{n+1}}{\underline{\frac{1}{2n+3}}} \right) \\ &= \frac{1}{2} \left(\frac{1}{3} - \frac{1}{2m+3} \right) \end{aligned}$

$I_1 - I_{m+1}$ が残る

よって，求める無限級数の和は，

$\displaystyle\sum_{n=1}^{\infty} \frac{1}{a_n a_{n+1}} = \lim_{m \to \infty} T_m$

$= \displaystyle\lim_{m \to \infty} \frac{1}{2} \left(\frac{1}{3} - \overset{0}{\boxed{\frac{1}{2m+3}}} \right) = \frac{1}{6} \cdots$（答）

実力アップ問題58　難易度 ★★☆　CHECK 1　CHECK 2　CHECK 3

$S_n = \dfrac{1}{1 \cdot 2 \cdot 4} + \dfrac{1}{2 \cdot 3 \cdot 5} + \cdots + \dfrac{1}{n(n+1)(n+3)}$　$(n = 1, 2, \cdots)$ とおく。

(1)　$\dfrac{1}{n(n+1)(n+3)} = \dfrac{1}{6}\left(\dfrac{2}{n} - \dfrac{3}{n+1} + \dfrac{1}{n+3} \right)$ $\cdots(*)$　を示せ。

(2)　無限級数 $\displaystyle\lim_{n \to \infty} S_n$ の値を求めよ。　　　　　　　　（大阪女子大＊）

ヒント！ (2) 2 つの部分分数分解型の Σ 計算にもち込もう。

$S_n = a_1 + a_2 + \cdots + a_n$　とおくと，

$a_n = \dfrac{1}{n(n+1)(n+3)}$　$(n = 1, 2, \cdots)$

(1) $(*)$ の右辺 $= \dfrac{1}{6}\left(\dfrac{2}{n} - \dfrac{3}{n+1} + \dfrac{1}{n+3} \right)$

$= \dfrac{1}{6} \cdot \dfrac{2(n+1)(n+3) - 3n(n+3) + n(n+1)}{n(n+1)(n+3)}$

$= \dfrac{2(n^2 + 4n + 3) - 3n^2 - 9n + n^2 + n}{6n(n+1)(n+3)}$

$= \dfrac{1}{n(n+1)(n+3)} = (*)$ の左辺

$\therefore (*)$ は成り立つ。 …………(終)

基本事項

部分分数分解型の Σ 計算の例

(ア) $\displaystyle\sum_{k=1}^{n} (I_k - I_{k+1})$
$= (I_1 - I_2) + (I_2 - I_3) + (I_3 - I_4)$
$\quad + \cdots + (I_n - I_{n+1})$
$= I_1 - I_{n+1}$

(イ) $\displaystyle\sum_{k=1}^{n} (J_k - J_{k+2}) = \sum_{k=1}^{n} J_k - \sum_{k=1}^{n} J_{k+2}$
$= (J_1 + J_2 + J_3 + J_4 + \cdots + J_n)$
$\quad - (J_3 + J_4 + \cdots + J_n + J_{n+1} + J_{n+2})$
$= J_1 + J_2 - J_{n+1} - J_{n+2}$

(2) $(*)$ より，

$a_n = \dfrac{1}{6}\left(\dfrac{2}{n} - \dfrac{3}{n+1} + \dfrac{1}{n+3} \right)$

$= \dfrac{1}{6}\left\{ 2\left(\dfrac{1}{n} - \dfrac{1}{n+1} \right) - \left(\dfrac{1}{n+1} - \dfrac{1}{n+3} \right) \right\}$

ここで，$I_n = \dfrac{1}{n}$ とおくと，$I_{n+1} = \dfrac{1}{n+1}$

$J_n = \dfrac{1}{n+1}$ とおくと，$J_{n+2} = \dfrac{1}{n+2+1} = \dfrac{1}{n+3}$

$\therefore a_n = \dfrac{1}{6}\{ 2(I_n - I_{n+1}) - (J_n - J_{n+2}) \}$

よって，部分和 S_n は，

$S_n = \displaystyle\sum_{k=1}^{n} a_k$

$= \displaystyle\sum_{k=1}^{n} \dfrac{1}{6}\{ 2(I_k - I_{k+1}) - (J_k - J_{k+2}) \}$

$= \dfrac{1}{6}\left\{ 2\underbrace{\sum_{k=1}^{n} (I_k - I_{k+1})}_{(ア)\ \boxed{I_1 - I_{n+1}}} - \underbrace{\sum_{k=1}^{n} (J_k - J_{k+2})}_{(イ)\ \boxed{J_1 + J_2 - J_{n+1} - J_{n+2}}} \right\}$

$= \dfrac{1}{6}\left\{ 2\left(\dfrac{1}{1} - \dfrac{1}{n+1} \right) - \left(\dfrac{1}{2} + \dfrac{1}{3} - \dfrac{1}{n+2} - \dfrac{1}{n+3} \right) \right\}$

$= \dfrac{1}{6}\left(\dfrac{7}{6} - \dfrac{2}{n+1} + \dfrac{1}{n+2} + \dfrac{1}{n+3} \right)$

$\therefore \displaystyle\lim_{n \to \infty} S_n$

$= \displaystyle\lim_{n \to \infty} \dfrac{1}{6}\left(\dfrac{7}{6} - \underset{0}{\dfrac{2}{n+1}} + \underset{0}{\dfrac{1}{n+2}} + \underset{0}{\dfrac{1}{n+3}} \right)$

$= \dfrac{7}{36}$ …………………(答)

任意の実数 x に対して，x を越えない最大の整数を $[x]$ で表す。
n を自然数として，

$$\begin{cases} S(n) = \sum\limits_{k=1}^{n^2} k = 1+2+3+\cdots+n^2 \quad\cdots\cdots\cdots\cdots\text{①} \\ T(n) = \sum\limits_{k=1}^{n^2} [\sqrt{k}]^2 = [\sqrt{1}]^2 + [\sqrt{2}]^2 + [\sqrt{3}]^2 + \cdots + [\sqrt{n^2}]^2 \quad\cdots\cdots\text{②} \end{cases}$$

を考える。

(1) $S(n)$ を求めよ。　　　　**(2)** $T(1)$，$T(2)$，$T(3)$ を求めよ。

(3) $T(n)$ を求めよ。　　　　**(4)** 極限 $\lim\limits_{n\to\infty} \dfrac{T(n)}{S(n)}$ を求めよ。　　（上智大＊）

ヒント！　**(1)** 公式 $\sum\limits_{k=1}^{n} k = \dfrac{1}{2}n(n+1)$ の n に，n^2 を代入するだけだね。**(2)** は **(3)** の導入で，具体的に計算してみるといい。**(3)** では，$\underbrace{T(n+1)}_{a_{n+1}} - \underbrace{T(n)}_{a_n} = \underbrace{(n \text{ の式})}_{b_n}$ の階差数列型の漸化式にもち込むと，$n \geqq 2$ で，$T(n) = T(1) + \sum\limits_{k=1}^{n-1} (k \text{ の式})$ から，一般項 $T(n)$ を求めることができる。**(4)** は易しい極限の問題だ。

(1) ①より，

$$S(n) = \sum_{k=1}^{n^2} k = \frac{1}{2}n^2(n^2+1) \quad\cdots\cdots\text{(答)}$$

> 公式 $\sum\limits_{k=1}^{n} k = \dfrac{1}{2}n(n+1)$ の n に，n^2 を代入したものだ。

基本事項

実数 x を越えない最大の整数を $[x]$ で表すとき，この記号 $[\ \ ]$ を "**ガウス記号**" と呼ぶ。
具体的には，

$$[2.3] = 2, \quad [23.41] = 23$$
$$[-4.2] = -5 \quad \text{などとなる。}$$

> -4.2 を越えない最大の整数は -5 だね。

x のガウス記号 $[x]$ については，次の公式が成り立つので覚えておくといい。

（Ⅰ）$n \leqq x < n+1$（n：整数）
　　のとき，
$$[x] = n \quad\cdots\cdots\cdots\cdots(*1)$$
（Ⅱ）任意の実数 x に対して，
$$x - 1 < [x] \leqq x \quad\cdots\cdots(*2)$$

(2) ②より，

$$\cdot T(1) = \sum_{k=1}^{1} [\sqrt{k}]^2 = \underbrace{[\sqrt{1}]^2}_{[1]^2 = 1^2}$$

$$= 1^2 = 1 \quad\cdots\cdots\cdots\cdots\cdots\text{(答)}$$

$$\cdot T(2) = \sum_{k=1}^{4} [\sqrt{k}]^2$$

$$= \underbrace{[\sqrt{1}]^2}_{\substack{1^2 \\ T(1)}} + \underbrace{[\sqrt{2}]^2}_{\substack{[1.4\cdots]^2 \\ = 1^2}} + \underbrace{[\sqrt{3}]^2}_{\substack{[1.7\cdots]^2 \\ = 1^2}} + \underbrace{[\sqrt{4}]^2}_{2^2}$$

$$= 1 + 2 \times 1^2 + 4 = 7 \quad\cdots\cdots\text{(答)}$$

・$T(3) = \sum\limits_{k=1}^{9} [\sqrt{k}]^2$

$= \sum\limits_{k=1}^{4} [\sqrt{k}]^2 + \sum\limits_{k=5}^{9} [\sqrt{k}]^2$

$\boxed{T(2) = 7}$

$= 7 + [\sqrt{5}]^2 + [\sqrt{6}]^2 + [\sqrt{7}]^2$

$\boxed{T(2)}$ $\boxed{\begin{array}{c}[2.2\cdots]^2 \\ = 2^2\end{array}}$ $\boxed{\begin{array}{c}[2.4\cdots]^2 \\ = 2^2\end{array}}$ $\boxed{\begin{array}{c}[2.6\cdots]^2 \\ = 2^2\end{array}}$

$\qquad\qquad + [\sqrt{8}]^2 + [\sqrt{9}]^2$

$\qquad\qquad \boxed{\begin{array}{c}[2.8\cdots]^2 \\ = 2^2\end{array}}$ $\boxed{3^2}$

$= 7 + 4 \times 2^2 + 3^2 = 32 \ \cdots\cdots$(答)

(3) (2) より, 一般に次式が成り立つ.

$T(n+1) = \sum\limits_{k=1}^{n^2} [\sqrt{k}]^2 + \sum\limits_{k=n^2+1}^{(n+1)^2} [\sqrt{k}]^2$

$\boxed{T(n) \text{ のこと}}$

これを変形して,

$T(n+1) - T(n) = \sum\limits_{k=n^2+1}^{(n+1)^2} [\sqrt{k}]^2$ より,

> ここで $\sqrt{n^2+1}, \ \sqrt{n^2+2}, \ \cdots, \ \sqrt{n^2+2n}$ は,
>
> 項数は, $(n^2+2n) - (n^2+1) + 1 = 2n$
>
> $\boxed{最後の項}$ $\boxed{最初の項}$

すべて n より大, かつ $n+1$ より小の数から, このガウス記号をとったものは n となる. そして, 最後のガウス記号の項だけは, $[\sqrt{(n+1)^2}] = [n+1] = n+1$ となる.

$T(n+1) - T(n)$

$= [\sqrt{n^2+1}]^2 + [\sqrt{n^2+2}]^2 + \cdots + [\sqrt{n^2+2n}]^2$

$\qquad \boxed{n^2} \qquad\quad \boxed{n^2} \qquad\qquad\quad \boxed{n^2}$

$\underbrace{\qquad\qquad\qquad\qquad\qquad\qquad\qquad}_{\boxed{2n項}}$

$\qquad\qquad\qquad\qquad + [\sqrt{(n+1)^2}]^2$

$\qquad\qquad\qquad\qquad\quad \boxed{(n+1)^2}$

$= 2n \times n^2 + (n+1)^2$

$\therefore \underbrace{T(n+1)}_{\boxed{a_{n+1}}} - \underbrace{T(n)}_{\boxed{a_n}} = \underbrace{2n^3 + (n+1)^2}_{\boxed{b_n}} \cdots ③$

> $a_n = T(n), \ b_n = 2n^3 + (n+1)^2$ とおくと,
> $a_{n+1} - a_n = b_n$ (階差型の漸化式) より,
> $n \geq 2$ で, $a_n = a_1 + \sum\limits_{k=1}^{n-1} b_k$ となる.

③ より, $n \geq 2$ で,

$T(n) = \underbrace{1}_{\boxed{T(1)}} + \sum\limits_{k=1}^{n-1} \{2k^3 + (k+1)^2\}$

$= 2\sum\limits_{k=1}^{n-1} k^3 + \sum\limits_{k=1}^{n} k^2$

$\boxed{T(1)}$ $\boxed{1} + \sum\limits_{k=1}^{n-1}(k+1)^2 = 1^2 + 2^2 + \cdots + n^2$

$= 2 \cdot \dfrac{1}{4}(n-1)^2 n^2 + \dfrac{1}{6}n(n+1)(2n+1)$

> 公式 $\sum\limits_{k=1}^{n} k^3 = \dfrac{1}{4}n^2(n+1)^2$ の n に $n-1$ を代入したもの

$= \dfrac{n}{6}\{3n(n-1)^2 + (n+1)(2n+1)\}$

$= \dfrac{1}{6}n(3n^3 - 4n^2 + 6n + 1)$

これは $n=1$ のとき $T(1) = 1$ をみたすので,

$T(n) = \dfrac{1}{6}n(3n^3 - 4n^2 + 6n + 1)$

$\qquad\qquad\qquad\cdots\cdots\cdots\cdots$(答)

(4) (1) と (3) の結果より,

$\lim\limits_{n\to\infty} \dfrac{T(n)}{S(n)}$ $\boxed{\begin{array}{c}分子・分母を n^3 \\ で割る。\end{array}}$

$= \lim\limits_{n\to\infty} \dfrac{\frac{1}{6}n(3n^3 - 4n^2 + 6n + 1)}{\frac{1}{2}n(n^3 + n)}$

$= \lim\limits_{n\to\infty} \dfrac{1}{3} \cdot \dfrac{3 - \frac{4}{n} + \frac{6}{n^2} + \frac{1}{n^3}}{1 + \frac{1}{n^2}}$

$= \dfrac{1}{3} \times 3 = 1 \qquad\cdots\cdots\cdots\cdots\cdots$(答)

n を自然数とする。平面上の曲線 $C: y = x^2 - n$ と x 軸が囲む領域内にあり，x 座標と y 座標が共に整数であるような点の総数を a_n とおく。ただし，曲線 C 上の点および x 軸上の点も含むものとする。$\sqrt{n}$ を越えない最大の整数を m_n とおくとき，次の問いに答えよ。

(1) a_n を n と m_n で表せ。　　(2) $\displaystyle\lim_{n \to \infty} \frac{a_n}{n\sqrt{n}}$ を求めよ。　　（東北大）

ヒント！ (1) $y \leq 0$ かつ $y \geq x^2 - n$ で表される領域内の格子点数 a_n を求める問題だね。この領域内の格子点の内，直線 $x = k$（k：整数，$0 \leq k \leq m_n$）上にあるものの個数を b_k とおくと，図形の対称性から $a_n = b_0 + 2\sum_{k=1}^{m_n} b_k$ となるのが分かるはずだ。(2) 題意より，$m_n = [\sqrt{n}]$ のことだから，$\sqrt{n} - 1 < m_n \leq \sqrt{n}$ を利用して，極限を求めればいいんだね。

(1) $\begin{cases} y \leq 0 \text{ かつ} \\ y \geq x^2 - n \end{cases}$

（n：自然数）

で表される領域を D とおく。

また，

$m_n = [\sqrt{n}]$

$\sqrt{n}$ を越えない最大の整数

$\sqrt{n}$ は整数とは限らない

とおくと，次式が成り立つ。

$\sqrt{n} - 1 < m_n \leq \sqrt{n}$ ……①

ガウス記号の公式
$x - 1 < [x] \leq x$ …(＊)(P91) を使った。

この領域 D 内に存在する格子点の内，

x 座標，y 座標が共に整数である点

直線 $x = k$（k：整数，$0 \leq k \leq m_n$）上にあるものの個数を b_k とおくと，右上図より，

$b_k = \underset{\text{最後の数}}{0} - \underset{\text{最初の数} \ominus}{(k^2 - n)} + 1$

よって，

$b_k = \underline{n + 1 - k^2}$ ……②

（$k = 0, 1, \cdots, m_n$）

となる。

また，$k = 0$ のとき，

②に $k = 0$ を代入して，$b_0 = n + 1 - 0^2 = \underline{n + 1}$ …③となる。

以上②，③より図形の対称性を考えて，この領域 D 内に存在する全格子点数 a_n は，次のように表される。

$a_n = \underset{=}{b_0} + 2\sum_{k=1}^{m_n} b_k$

$= \underline{n+1} + 2\sum_{k=1}^{m_n} \underset{\text{定数扱い}}{(n + 1 - k^2)}$

$= n + 1 + 2\{m_n(n+1) - \underset{}{\sum_{k=1}^{m_n} k^2}\}$

$\dfrac{1}{6}m_n(m_n+1)(2m_n+1)$

よって，

$$\underset{=}{a_n} = \boxed{n+1+2m_n(n+1)}^{\overset{(n+1)(2m_n+1)}{}}$$

$$\qquad - \frac{1}{3}m_n(m_n+1)(2m_n+1)$$

$$= \frac{1}{3}(2m_n+1)(3n+3-m_n{}^2-m_n)$$

$$\qquad\qquad\qquad\qquad \cdots\cdots\cdots\text{(答)}$$

(2) まず，極限 $\displaystyle\lim_{n\to\infty}\frac{m_n}{\sqrt{n}}$ を調べてみる。

$\sqrt{n} > 0$ より，①の各辺を $\sqrt{n}$ で割って，

$$1 - \frac{1}{\sqrt{n}} \leqq \frac{m_n}{\sqrt{n}} \leqq 1 \cdots\cdots① ' \quad \text{となる。}$$

> この後，$n \to \infty$ の極限をとるため
> 等号をつけた。

ここで，①´の各辺について $n \to \infty$
の極限をとると，

$$\lim_{n\to\infty}\left(1 - \underbrace{\boxed{\frac{1}{\sqrt{n}}}}_{0}\right) \leqq \lim_{n\to\infty}\frac{m_n}{\sqrt{n}} \leqq 1$$

よって，はさみ打ちの原理より，

$$\lim_{n\to\infty}\frac{m_n}{\sqrt{n}} = 1 \cdots\cdots④ \quad \text{となる。}$$

以上より，求める極限は，

$$\lim_{n\to\infty}\frac{a_n}{n\sqrt{n}}$$

$$= \lim_{n\to\infty}\frac{\dfrac{1}{3}(2m_n+1)(3n+3-m_n{}^2-m_n)}{n\sqrt{n}}$$

$$= \lim_{n\to\infty}\frac{1}{3}\cdot\frac{2m_n+1}{\sqrt{n}}\cdot\frac{3n+3-m_n{}^2-m_n}{n}$$

$$= \lim_{n\to\infty}\frac{1}{3}\left(2\underbrace{\frac{m_n}{\sqrt{n}}}_{1}+\underbrace{\frac{1}{\sqrt{n}}}_{0}\right)\times$$

$$\left\{3+\underbrace{\boxed{\frac{3}{n}}}_{0}-\left(\underbrace{\frac{m_n}{\sqrt{n}}}_{1}\right)^2-\underbrace{\frac{1}{\sqrt{n}}}_{0}\cdot\underbrace{\frac{m_n}{\sqrt{n}}}_{1}\right\}$$

$$= \frac{1}{3}\times(2\times1+0)\cdot(3+0-1^2-0)$$

$$= \frac{4}{3} \quad (④ \text{より}) \quad \cdots\cdots\cdots\cdots\cdots\cdots\text{(答)}$$

参考

今回もガウス記号が関連した問題だった。任意の実数 x に対して公式：
$x-1 < [x] \leqq x$ …(∗) が成り立つことを，具体例で示そう。
$x = 15.32$ の場合を考えると，$[x] = [15.32] = 15$，$x-1 = 14.32$ より，
$14.32 < 15 \leqq 15.32$ となって，(∗) が成り立つことがわかるはずだ。
(∗) の等号は，x が整数のとき $[x] = x$ より，成り立つんだね。
さらに整数 n に対して $n \leqq x < n+1$ ……⑦ のとき，$[x] = n$ ……④ となる。

> x は，$n.\cdots$ ということだね。

よって，④を⑦に代入して n を消去すれば，もう1つのガウス記号に関する公式：
$[x] \leqq x < [x]+1$ …(∗∗) が成り立つこともわかるはずだ。(∗) ⇔ (∗∗) より，
(∗) と (∗∗) は，本質的に同じ公式(同値)であることもわかると思う。

$a_1 = 3$, $a_{n+1} = 3a_n - 2n + 3$ $(n = 1, 2, 3, \cdots)$ で定義される数列 $\{a_n\}$ がある。このとき，

(1) $a_{n+1} + \alpha(n+1) + \beta = 3(a_n + \alpha n + \beta)$ を満たす定数 α, β を求めよ。

(2) 一般項 a_n を求めよ。

(3) $\lim\limits_{n \to \infty} \dfrac{a_n}{3^n}$ を求めよ。ただし，$\lim\limits_{n \to \infty} \dfrac{n}{3^n} = 0$ は用いてもよい。(千葉大 *)

ヒント！　(1) の導入に従って，α, β の値を決定する。これは，$F(n+1) = r \cdot F(n)$ の等比関数列型の漸化式の問題に帰着するんだね。

$\begin{cases} a_1 = 3 & \boxed{n \text{ の 1 次式}} \\ a_{n+1} = \underline{\underline{3}}a_n \boxed{-2n+3} \cdots\cdots\text{①} \\ \qquad (n = 1, 2, \cdots) \end{cases}$

参考

①の右辺より，公比 $\underline{\underline{3}}$ と $(n \text{ の 1 次式})$ を考慮に入れると，

$F(n+1) = \underline{\underline{3}}F(n)$ で，$\boxed{n \text{ の 1 次式}}$

$F(n) = a_n + \boxed{\alpha n + \beta}$ の形が見えてくる。すると，当然 $F(n+1)$ は，

$F(n+1) = a_{n+1} + \alpha(n+1) + \beta$ となる。

(1) ①を変形して，

$a_{n+1} + \alpha(n+1) + \beta = \overset{\frown}{3(a_n + \alpha n + \beta)}$
$\qquad\qquad\qquad\qquad\qquad \cdots\cdots\text{②}$

となるものとする。②を変形して，

$a_{n+1} = 3a_n + 3\alpha n + 3\beta - \alpha(n+1) - \beta$

$a_{n+1} = 3a_n + \underset{-2}{\boxed{2\alpha}}n + \underset{3}{\boxed{2\beta - \alpha}} \cdots\cdots\text{③}$

①，③は同じ式より，各係数を比較して，

$2\alpha = -2$ かつ $2\beta - \alpha = 3$

これから，$\alpha = -1, \beta = 1$ ……(答)

(2) (1) の結果より，②は，

$a_{n+1} - (n+1) + 1 = 3(a_n - n + 1)$
$[\qquad F(n+1) \qquad = 3 \cdot \qquad F(n) \quad]$

$a_n - n + 1 = (\overset{3}{\boxed{a_1}} - 1 + 1)3^{n-1}$
$[\quad F(n) \quad = \qquad F(1) \quad \cdot 3^{n-1}]$

$\therefore a_n = 3^n + n - 1 \cdots\cdots\text{④} \cdots\text{(答)}$
$\qquad (n = 1, 2, \cdots)$

(3) ④より，求める極限は，

$\lim\limits_{n \to \infty} \dfrac{a_n}{3^n} = \lim\limits_{n \to \infty} \dfrac{3^n + n - 1}{3^n}$

$= \lim\limits_{n \to \infty} \left(1 + \overset{0}{\boxed{\dfrac{n}{3^n}}} - \overset{0}{\boxed{\dfrac{1}{3^n}}}\right)$

$= 1 \cdots\cdots\cdots\cdots\cdots\text{(答)}$

注意！

$n \to \infty$ のとき，$3^n \to \infty$ となるが，n に比べて，3^n の方が大きくなる速さが圧倒的に大きい。

$\therefore \lim\limits_{n \to \infty} \dfrac{\overset{\text{中位の}\infty}{n}}{\underset{\text{強い}\infty}{3^n}} = 0$ となる。

実力アップ問題62　　難易度 ★★　　CHECK 1　　CHECK 2　　CHECK 3

数列 $\{a_n\}$ を，$a_1 = 2$，$a_{n+1} = \dfrac{a_n{}^2 + 2}{2a_n + 1}$ $(n = 1, 2, 3, \cdots)$ によって定める。

(1) $b_n = \dfrac{a_n - 1}{a_n + 2}$ とおくとき，b_n を求めよ。　　(2) $\displaystyle\lim_{n\to\infty} a_n$ を求めよ。

(愛媛大*)

ヒント！　(1) $b_{n+1} = b_n{}^2$ が導けるので，$b_n > 0$ を確認して，両辺の自然対数をとれば，等比数列型の漸化式が導ける。(2) $\displaystyle\lim_{n\to\infty} b_n = 0$ を使って，$\displaystyle\lim_{n\to\infty} a_n$ を求めよう。

$\begin{cases} a_1 = 2 \\ a_{n+1} = \dfrac{a_n{}^2 + 2}{2a_n + 1} \cdots① \end{cases}$ $(n = 1, 2, 3, \cdots)$

(1) $b_n = \dfrac{a_n - 1}{a_n + 2} \cdots\cdots②$ $(n = 1, 2, 3, \cdots)$

(b_n と b_{n+1} の間の関係式 (漸化式) を求める。)

とおくと，②より，

$b_{n+1} = \dfrac{a_{n+1} - 1}{a_{n+1} + 2} \cdots\cdots②'$

②' に①を代入して，

$b_{n+1} = \dfrac{\dfrac{a_n{}^2 + 2}{2a_n + 1} - 1}{\dfrac{a_n{}^2 + 2}{2a_n + 1} + 2} = \dfrac{a_n{}^2 + 2 - (2a_n + 1)}{a_n{}^2 + 2 + 2(2a_n + 1)}$

$= \dfrac{a_n{}^2 - 2a_n + 1}{a_n{}^2 + 4a_n + 4} = \left(\underbrace{\left(\dfrac{a_n - 1}{a_n + 2}\right)}_{b_n}\right)^2$

$\therefore b_{n+1} = b_n{}^2$ $(n = 1, 2, 3, \cdots)$

また②より，$b_1 = \dfrac{\overset{2}{\underbrace{(a_1)}} - 1}{\underset{2}{\underbrace{(a_1)}} + 2} = \dfrac{1}{4}$

以上より，

$\begin{cases} b_1 = \dfrac{1}{4} \\ b_{n+1} = b_n{}^2 \cdots③ \end{cases}$ $(n = 1, 2, 3, \cdots)$

$b_1 > 0$　　ここで，

$b_k > 0$ $(k = 1, 2, \cdots)$

と仮定すると，③より，

$b_{k+1} = b_k{}^2 > 0$

$\therefore b_n > 0$ $(n = 1, 2, \cdots)$

(数学的帰納法により，$b_n > 0$ を示した。)

③の両辺は正より，③の両辺の自然対数をとって，(真数条件)(底 e の対数)

$\log b_{n+1} = \log b_n{}^2 = 2\log b_n$

ここで，$c_n = \log b_n$ とおくと，

$c_{n+1} = 2 \cdot c_n$　← ($\{c_n\}$ は公比 2 の等比数列)

$\therefore \underbrace{(c_n)}_{\log b_n} = \underbrace{(c_1)}_{\log b_1} \cdot 2^{n-1} = 2^{n-1} \cdot \log \underbrace{(b_1)}_{\frac{1}{4}}$

よって，$\log b_n = \log\left(\dfrac{1}{4}\right)^{2^{n-1}}$ より，

$b_n = \left(\dfrac{1}{4}\right)^{2^{n-1}}$ $(n = 1, 2, \cdots)\cdots$(答)

(2) (1) の結果より，

$\displaystyle\lim_{n\to\infty} b_n = \lim_{n\to\infty}\left(\dfrac{1}{4}\right)^{\overset{\infty}{2^{n-1}}} = 0 \cdots\cdots④$

($-1 < r < 1$ のとき，$\displaystyle\lim_{n\to\infty} r^n = 0$ だね。)

ここで②より，$b_n(a_n + 2) = a_n - 1$

$(1 - b_n)a_n = 1 + 2b_n$

$a_n = \dfrac{1 + 2b_n}{1 - b_n}$ $(n = 1, 2, 3, \cdots)$

以上より，求める極限は，

$\displaystyle\lim_{n\to\infty} a_n = \lim_{n\to\infty} \dfrac{1 + 2\overset{0}{\underbrace{(b_n)}}}{1 - \underset{0}{\underbrace{(b_n)}}}$

$= \dfrac{1 + 2 \times 0}{1 - 0}$ (④より)

$= 1$ $\cdots\cdots\cdots\cdots\cdots$(答)

$a_1 = 1$, $a_2 = 2$, $a_{n+2} = \sqrt{a_{n+1} \cdot a_n}$ ……① $(n=1, 2, 3, \cdots)$ で定義される数列 $\{a_n\}$ について，次の問いに答えよ。

(1) a_n を n の式で表せ。　　**(2)** $\displaystyle\lim_{n\to\infty} a_n$ を求めよ。

ヒント！ ①の形から，両辺は正より，両辺の底 **2** の対数をとり，新たに数列 b_n を $b_n = \log_2 a_n$ とおくと，一般項 b_n は **3** 項間の漸化式を解いて求められるね。

(1) $\begin{cases} a_1 = 1, \ a_2 = 2 \\ a_{n+2} = \sqrt{a_{n+1} \cdot a_n} \cdots ① \ (n=1, 2, \cdots) \end{cases}$

$a_1 > 0$, $a_2 > 0$ ここで，数学的帰納法

$a_k > 0$, $a_{k+1} > 0$ $(k=1, 2, \cdots)$ と仮定

すると，①より，$a_{k+2} = \sqrt{a_{k+1} \cdot a_k} > 0$

∴ $n=1, 2, \cdots$ について，$a_n > 0$

よって，①の両辺は正より，①の両辺の底 **2** の対数をとって，

$\underset{b_{n+2}}{\underline{\log_2 a_{n+2}}} = \log_2 (a_{n+1} \cdot a_n)^{\frac{1}{2}}$

$\qquad = \dfrac{1}{2}(\underset{b_{n+1}}{\underline{\log_2 a_{n+1}}} + \underset{b_n}{\underline{\log_2 a_n}})$

ここで，$b_n = \log_2 a_n$ $(n=1, 2, \cdots)$ とおくと，

$b_1 = \log_2 \underset{1}{\underline{a_1}} = 0$, $b_2 = \log_2 \underset{2}{\underline{a_2}} = 1$

底 **2** の対数をとったので，$b_2 = 1$ とキレイな値になった！

以上より，

$\begin{cases} b_1 = 0, \ b_2 = 1 \\ b_{n+2} - \dfrac{1}{2} b_{n+1} - \dfrac{1}{2} b_n = 0 \ \cdots② \\ (n=1, 2, 3, \cdots) \end{cases}$

基本事項

3 項間の漸化式

$a_{n+2} + p a_{n+1} + q a_n = 0$ の場合，特性方程式 $x^2 + px + q = 0$ の解 α, β を用いて，次の **2** 式を作って解く。

$\begin{cases} a_{n+2} - \alpha a_{n+1} = \beta(a_{n+1} - \alpha a_n) \\ a_{n+2} - \beta a_{n+1} = \alpha(a_{n+1} - \beta a_n) \end{cases}$

②の特性方程式：$x^2 - \dfrac{1}{2} x - \dfrac{1}{2} = 0$

$2x^2 - x - 1 = 0$　$(2x+1)(x-1) = 0$

∴ $x = 1$, $-\dfrac{1}{2}$ $\left(\alpha = 1, \ \beta = -\dfrac{1}{2}\right)$

②を変形して，$F(n+1) = \beta \cdot F(n)$

$\begin{cases} b_{n+2} - 1 \cdot b_{n+1} = -\dfrac{1}{2} \cdot (b_{n+1} - 1 \cdot b_n) \\ b_{n+2} + \dfrac{1}{2} \cdot b_{n+1} = 1 \cdot \left(b_{n+1} + \dfrac{1}{2} b_n\right) \end{cases}$

$\qquad\qquad G(n+1) = \alpha \cdot G(n)$

$F(n) = F(1) \cdot \beta^{n-1}$

$\begin{cases} b_{n+1} - b_n = \left(\underset{1}{\underline{b_2}} - \underset{0}{\underline{b_1}}\right) \cdot \left(-\dfrac{1}{2}\right)^{n-1} \\ b_{n+1} + \dfrac{1}{2} b_n = \left(\underset{1}{\underline{b_2}} + \dfrac{1}{2} \underset{0}{\underline{b_1}}\right) \cdot 1^{n-1} \end{cases}$

$\qquad\qquad G(n) = G(1) \cdot \alpha^{n-1}$

$\begin{cases} b_{n+1} - b_n = \left(-\dfrac{1}{2}\right)^{n-1} \ \cdots③ \\ b_{n+1} + \dfrac{1}{2} b_n = 1 \ \cdots④ \end{cases}$

$(④ - ③) \times \dfrac{2}{3}$ より $\underset{\log_2 a_n}{\underline{b_n}} = \dfrac{2}{3}\left\{1 - \left(-\dfrac{1}{2}\right)^{n-1}\right\}$

∴ $a_n = 2^{\frac{2}{3}\left\{1 - \left(-\frac{1}{2}\right)^{n-1}\right\}}$ $(n=1, 2, \cdots)$ ……(答)

(2) 以上より，求める数列の極限は，

$\displaystyle\lim_{n\to\infty} a_n = \lim_{n\to\infty} 2^{\frac{2}{3}\left\{1 - \overset{0}{\boxed{\left(-\frac{1}{2}\right)^{n-1}}}\right\}}$

$\qquad = 2^{\frac{2}{3}} = (2^2)^{\frac{1}{3}} = \sqrt[3]{4}$ ……(答)

実力アップ問題64　　難易度 ★☆　　CHECK 1　CHECK 2　CHECK 3

$a_1 = 1$, $a_{n+2} = 3a_{n+1} - 2a_n$, $\displaystyle\lim_{n \to \infty} \frac{a_n^2}{a_{2n}} = 3$ をみたす数列 $\{a_n\}$ の第 2 項を

求めよ。　　　　　　　　　　　　　　　　　　　　　　（工学院大）

ヒント！　a_2 は未知数のまま，一般項 a_n を求め，与えられた極限の式から逆に，a_2 の値を求める。3 項間の漸化式の応用問題になっている。頑張れ！

$\begin{cases} a_1 = 1 \\ a_{n+2} = 3a_{n+1} - 2a_n \quad \cdots\cdots① \end{cases}$

$(n = 1, 2, 3, \cdots)$

特性方程式 : $x^2 = 3x - 2$
$x^2 - 3x + 2 = 0$, $(x-1)(x-2) = 0$
$\therefore x = \underline{1}, \underline{2}$

①を変形して，

$\begin{cases} a_{n+2} - \underset{\underset{F(n+1)}{\parallel}}{1}a_{n+1} = \underset{\underset{2}{\parallel}}{2}(a_{n+1} - \underset{\underset{F(n)}{\parallel}}{1}a_n) \\ \left[\quad F(n+1) \;=\; 2\cdot \quad F(n) \quad\right] \\ a_{n+2} - \underset{\underset{G(n+1)}{\parallel}}{2}a_{n+1} = \underset{\underset{1}{\parallel}}{1}\cdot(a_{n+1} - \underset{\underset{G(n)}{\parallel}}{2}a_n) \\ \left[\quad G(n+1) \;=\; 1\cdot \quad G(n) \quad\right] \end{cases}$

よって，

$\begin{cases} a_{n+1} - a_n = (a_2 - \boxed{a_1}^{1})\cdot 2^{n-1} \\ \left[\quad F(n) \;=\; F(1) \quad\cdot 2^{n-1}\right] \\ a_{n+1} - 2a_n = (a_2 - 2\cdot\boxed{a_1}^{1})\cdot 1^{n-1} \\ \left[\quad G(n) \;=\; G(1) \quad\cdot 1^{n-1}\right] \end{cases}$

$\begin{cases} a_{n+1} - a_n = (a_2 - 1)\cdot 2^{n-1} \quad\cdots\cdots② \\ a_{n+1} - 2a_n = a_2 - 2 \quad\cdots\cdots③ \end{cases}$

②－③より，

$a_n = (a_2 - 1)2^{n-1} - a_2 + 2$

（n に，$2n$ を代入）

$\therefore \begin{cases} a_{2n} = (a_2 - 1)\cdot 2^{2n-1} - a_2 + 2 \quad\cdots④ \\ a_n^2 = \{(a_2 - 1)2^{n-1} - a_2 + 2\}^2 \quad\cdots⑤ \end{cases}$

ここで，

$\displaystyle\lim_{n \to \infty} \frac{a_n^2}{a_{2n}} = 3 \quad\cdots\cdots⑥$

④，⑤を⑥の左辺に代入して，

$\displaystyle\lim_{n \to \infty} \frac{\{(a_2 - 1)\cdot 2^{n-1} - (a_2 - 2)\}^2}{(a_2 - 1)\cdot 2^{2n-1} - (a_2 - 2)}$

$\displaystyle= \lim_{n \to \infty} \frac{(a_2 - 1)^2\cdot 2^{2n-2} - (a_2 - 1)(a_2 - 2)\cdot 2^n + (a_2 - 2)^2}{(a_2 - 1)\cdot 2^{2n-1} - (a_2 - 2)}$

$\displaystyle= \lim_{n \to \infty} \frac{\dfrac{(a_2 - 1)^2}{2^2} - \boxed{\dfrac{(a_2 - 1)(a_2 - 2)}{2^n}}^{\,0} + \boxed{\dfrac{(a_2 - 2)^2}{2^{2n}}}^{\,0}}{\dfrac{a_2 - 1}{2} - \boxed{\dfrac{a_2 - 2}{2^{2n}}}_{\,0}}$

分子・分母を 2^{2n} で割った！

$= \dfrac{2(a_2 - 1)^2}{2^2(a_2 - 1)} = \dfrac{a_2 - 1}{2}$

よって，⑥より，

$\dfrac{a_2 - 1}{2} = 3$

これを解いて，

$a_2 - 1 = 6 \qquad \therefore a_2 = 7 \quad\cdots\cdots（答）$

各項が正である数列 $\{a_n\}$ の初項から第 n 項までの和 S_n が

$$S_n = \frac{1}{2}\left(a_n + \frac{2n}{a_n}\right) \quad (n = 1, 2, 3, \cdots) \text{ を満たす。}$$

(1) $S_1 = \sqrt{2}$, $S_n{}^2 - S_{n-1}{}^2 = 2n \quad (n = 2, 3, 4, \cdots)$ を示せ。

(2) $S_n = \sqrt{n(n+1)} \quad (n = 1, 2, 3, \cdots)$ を示せ。

(3) 一般項 a_n を求め, $\lim\limits_{n \to \infty} a_n$ を求めよ。　　　　(山形大*)

ヒント! (1) $S_n - S_{n-1} = a_n$ より, $S_n{}^2 - S_{n-1}{}^2 = (S_n - S_{n-1})(S_n + S_{n-1}) = a_n(2S_n - a_n)$ と変形すればいい。(2)(1)の結果より $S_{n+1}{}^2 - S_n{}^2 = 2(n+1)$ となるので, $b_n = S_n{}^2$ とおいて, 数列 $\{b_n\}$ の階差数列型の漸化式を解けばいい。(3)は, $S_n - S_{n-1} = a_n$ から a_n を求めれば, 数列の極限の基本問題に帰着する。

基本事項

$S_n = f(n)$ の形の問題では,
$$\begin{cases} \cdot\ n = 1 \text{ のとき, } S_1 = a_1 \\ \cdot\ n \geq 2 \text{ のとき, } S_n - S_{n-1} = a_n \end{cases}$$
を用いればいいんだね。

(1) $S_n = \dfrac{1}{2}\left(a_n + \dfrac{2n}{a_n}\right)$ ……①

何か n の式, $f(n)$ と考えればいい。

$(n = 1, 2, 3, \cdots)$

(i) $n = 1$ のとき, $S_1 = a_1$ より, ①は,

$$S_1 = \frac{1}{2}\left(\underset{S_1}{a_1} + \frac{2 \cdot 1}{\underset{S_1}{a_1}}\right)$$

$$2S_1 = S_1 + \frac{2}{S_1}, \quad S_1 = \frac{2}{S_1}$$

$S_1{}^2 = 2$ ここで, $a_1 = S_1 > 0$ より,

$S_1 = \sqrt{2}$ ……………………(終)

(ii) $n \geq 2$ のとき,

$$S_n{}^2 - S_{n-1}{}^2 = 2n \quad \cdots\cdots(*1)$$
が成り立つことを示す。

$n \geq 2$ のとき,

$S_n - S_{n-1} = a_n$ ……②より,

$S_{n-1} = S_n - a_n$ ……②′ となる。

よって, ①, ②, ②′ を用いて, $(*1)$ の左辺を変形すると,

$(*1)$ の左辺 $= S_n{}^2 - S_{n-1}{}^2$

$$= \underbrace{(S_n - S_{n-1})}_{a_n(\text{②より})}\underbrace{(S_n + S_{n-1})}_{S_n - a_n(\text{②′より})}$$

$$= a_n\underbrace{(2S_n - a_n)}_{\frac{1}{2}\left(a_n + \frac{2n}{a_n}\right)\ (\text{①より})}$$

$$= a_n\left(\cancel{a_n} + \frac{2n}{a_n} - \cancel{a_n}\right)$$

$= 2n = (*1)$ の右辺

∴ $n \geq 2$ のとき, $(*1)$ は成り立つ。

　　　　　　　　　　……(終)

(2)(1) の結果より，

$$\begin{cases} S_1{}^2 = 2 \quad \longleftarrow \boxed{S_1 = \sqrt{2} \ \text{より}} \\ S_{n+1}{}^2 - S_n{}^2 = 2(n+1) \ \cdots\cdots ③ \end{cases}$$

$$(n = 1, \ 2, \ \cdots)$$

> $(*1)$ の両辺の n の代わりに $n+1$ を用いたので，n は 2 スタートではなく 1 スタートになる。

ここで，$S_n{}^2 = b_n$ とおくと，

$b_1 = S_1{}^2 = 2$，$b_{n+1} = S_{n+1}{}^2$ より，③は，

$b_{n+1} - b_n = \underline{2(n+1)} \cdots ③'$ となる。

> $\boxed{\text{これを } c_n \text{ とおく。}}$

> **階差数列型の漸化式の解法**
> $b_{n+1} - b_n = c_n$ のとき，
> $n \geqq 2$ で，
> $b_n = b_1 + \sum\limits_{k=1}^{n-1} c_k$ となる。

③′ は階差数列型の漸化式より，

$n \geqq 2$ で，

$$b_n = \underset{\boxed{2}}{b_1} + \sum_{k=1}^{n-1} \underset{\boxed{c_k}}{2(k+1)}$$

$$= 2 + 2\sum_{k=1}^{n-1}(k+1)$$

> $\boxed{2 + 3 + \cdots + n = \sum\limits_{k=1}^{n} k - 1}$

$$= 2 + 2\left\{ \frac{1}{2}n(n+1) - 1 \right\}$$

$$= n(n+1)$$

$\therefore \ b_n = S_n{}^2 = n(n+1)$

ここで，$S_n = \underline{a_1 + a_2 + \cdots + a_n} > 0$ より，

> $\boxed{\text{題意より，} a_1, \ a_2, \ \cdots a_n \text{ はすべて正}}$

$S_n = \sqrt{n(n+1)} \ (n = 2, 3, \cdots)$ となる。

これは，$S_1 = \sqrt{1 \cdot (1+1)} = \sqrt{2}$ となって，$n = 1$ のときもみたす。

$\therefore \ S_n = \sqrt{n(n+1)} \cdots ④ \ (n = 1, 2, 3, \cdots)$

である。 $\cdots\cdots\cdots\cdots\cdots\cdots$(終)

(3) ④より，$n \geqq 2$ のとき，

$$a_n = S_n - S_{n-1}$$
$$= \sqrt{n(n+1)} - \sqrt{n(n-1)}$$
$$= \sqrt{n}(\sqrt{n+1} - \sqrt{n-1}) \ \text{となる。}$$

これは，$n = 1$ のとき，

$a_1 = \sqrt{1} \cdot (\sqrt{2} - \sqrt{0}) = \sqrt{2}$ となって，

$a_1 = S_1 = \sqrt{2}$ をみたす。

よって，

$$a_n = \sqrt{n}(\sqrt{n+1} - \sqrt{n-1})$$

$$(n = 1, 2, \cdots)$$

> $\boxed{n \text{ は } 1 \text{ スタートになる。}}$

である。 $\cdots\cdots\cdots\cdots\cdots\cdots$(答)

よって，$n \to \infty$ のときの a_n の極限は，

$$\lim_{n \to \infty} a_n = \lim_{n \to \infty} \sqrt{n}(\sqrt{n+1} - \sqrt{n-1}) =$$

> $\boxed{\infty \ (\infty - \infty) \ \text{の不定形}}$
> $\boxed{n + 1 - (n-1) = 2}$

$$\lim_{n \to \infty} \sqrt{n} \cdot \frac{(\sqrt{n+1} - \sqrt{n-1})(\sqrt{n+1} + \sqrt{n-1})}{\sqrt{n+1} + \sqrt{n-1}}$$

> $\boxed{\text{分子・分母に } \sqrt{\ } + \sqrt{\ } \ \text{をかけた。}}$

$$= \lim_{n \to \infty} \frac{2\sqrt{n}}{\sqrt{n+1} + \sqrt{n-1}} \quad \left[= \frac{\infty}{\infty} \ \text{の不定形} \right]$$

$$= \lim_{n \to \infty} \frac{2}{\sqrt{1 + \dfrac{1}{n}} + \sqrt{1 - \dfrac{1}{n}}}$$

> 分子・分母を $\sqrt{n}$ で割った。

$$= \frac{2}{\sqrt{1} + \sqrt{1}} = 1 \quad \cdots\cdots\cdots\cdots\cdots\cdots$(答)

$a_1 = a_2 = 0$ である数列 $\{a_n\}$ の初項から第 n 項までの和 S_n が,

$$S_{n+2} - 8S_{n+1} + 15S_n = n \quad \cdots\cdots① \quad (n = 1, 2, \cdots)$$

をみたす。このとき, 一般項 a_n を求め, $\displaystyle\lim_{n \to \infty} \frac{a_n}{5^n}$ を求めよ。

（東京理科大＊）

ヒント！　公式：$S_n - S_{n-1} = a_n (n \geqq 2)$ を使って, 3項間の漸化式にもち込む
が, 定数項があるので, さらに工夫が必要となるんだね。

$a_1 = a_2 = 0$

$S_{n+2} - 8S_{n+1} + 15S_n = n \quad \cdots\cdots\cdots①$

$\quad\quad (n = 1, 2, 3, \cdots)$

①の n に, $n-1$ を代入！

①より,

$S_{n+1} - 8S_n + 15S_{n-1} = n - 1 \quad \cdots\cdots②$

$\quad\quad (n = 2, 3, 4, \cdots)$ ← $n = 2$ スタート

①－②より,

$(\underbrace{\boxed{S_{n+2} - S_{n+1}}}_{a_{n+2}}) - 8(\underbrace{\boxed{S_{n+1} - S_n}}_{a_{n+1}})$

$\quad + 15(\underbrace{\boxed{S_n - S_{n-1}}}_{a_n}) = 1 \quad (n = 2, 3, 4, \cdots)$

$\begin{cases} S_n = a_1 + a_2 + \cdots + a_{n-1} + a_n \cdots ⑦ \\ S_{n-1} = a_1 + a_2 + \cdots + a_{n-1} \quad\cdots ④ \end{cases}$

⑦ － ④ より, $S_n - S_{n-1} = a_n$

$a_{n+2} - 8a_{n+1} + 15a_n = 1 \quad \cdots\cdots\cdots③$

（これは, $n = 1$ のときもみたす。）

$n = 1$ のとき, ①は,

$S_3 - 8S_2 + 15S_1 = 1$

$\underbrace{a_1}_{0} + \underbrace{a_2}_{0} + a_3 - 8(\underbrace{a_1}_{0} + \underbrace{a_2}_{0}) + 15\underbrace{a_1}_{0} = 1$

$\therefore a_3 = 1$

$n = 1$ のとき, ③は,

$a_3 - 8\underbrace{a_2}_{0} + 15\underbrace{a_1}_{0} = 1$

$\therefore a_3 = 1$ となり, ①と同じ結果！

参考

③の右辺の定数項 1 を無視すると,

$a_{n+2} - 8a_{n+1} + 15a_n = 0$

となって, 見慣れた3項間の漸化式になる。

特性方程式：

$x^2 - 8x + 15 = 0$

$(x - 3)(x - 5) = 0 \quad \therefore x = 3, 5$

よって,

$\begin{cases} a_{n+2} - 3a_{n+1} = 5(a_{n+1} - 3a_n) \\ a_{n+2} - 5a_{n+1} = 3(a_{n+1} - 5a_n) \end{cases}$

と変形するが, ③式には右辺に定数項 1 があるので, 上式は, さらに定数項 α, β を用いて,

$\begin{cases} a_{n+2} - 3a_{n+1} + \alpha = 5(a_{n+1} - 3a_n + \alpha) \\ a_{n+2} - 5a_{n+1} + \beta = 3(a_{n+1} - 5a_n + \beta) \end{cases}$

とおける。

③を変形して,

$\begin{cases} a_{n+2} - 3a_{n+1} + \alpha = 5(a_{n+1} - 3a_n + \alpha) \cdots④ \\ a_{n+2} - 5a_{n+1} + \beta = 3(a_{n+1} - 5a_n + \beta) \cdots⑤ \end{cases}$

とおける。

④より,

$a_{n+2} - 8a_{n+1} + 15a_n = \boxed{4\alpha}^{\;1} \quad \cdots\cdots\cdots④'$

③と④′を比較して, $4\alpha = 1$

$\therefore \alpha = \dfrac{1}{4}$

⑤より,

$a_{n+2} - 8a_{n+1} + 15a_n = \boxed{2\beta}^{\overset{1}{}}$ ············⑤′

③と⑤′を比較して,$2\beta = 1$

$\therefore \beta = \dfrac{1}{2}$

以上より,④,⑤は,

$\begin{cases} a_{n+2} - 3a_{n+1} + \dfrac{1}{4} = 5\left(a_{n+1} - 3a_n + \dfrac{1}{4}\right) \\ [\quad\ F(n+1) \quad = 5 \cdot \quad F(n) \quad] \\ a_{n+2} - 5a_{n+1} + \dfrac{1}{2} = 3\left(a_{n+1} - 5a_n + \dfrac{1}{2}\right) \\ [\quad\ G(n+1) \quad = 3 \cdot \quad G(n) \quad] \end{cases}$

よって,

$\begin{cases} a_{n+1} - 3a_n + \dfrac{1}{4} = \left(\boxed{a_2}^{\overset{0}{}} - 3\boxed{a_1}^{\overset{0}{}} + \dfrac{1}{4}\right) \cdot 5^{n-1} \\ [\quad\ F(n) \quad = \quad\quad F(1) \quad \cdot 5^{n-1}] \\ \\ a_{n+1} - 5a_n + \dfrac{1}{2} = \left(\boxed{a_2}^{\overset{0}{}} - 5\boxed{a_1}^{\overset{0}{}} + \dfrac{1}{2}\right) \cdot 3^{n-1} \\ [\quad\ G(n) \quad = \quad\quad G(1) \quad \cdot 3^{n-1}] \end{cases}$

$\therefore \begin{cases} a_{n+1} - 3a_n + \dfrac{1}{4} = \dfrac{1}{4} \cdot 5^{n-1} & ············⑥ \\ \\ a_{n+1} - 5a_n + \dfrac{1}{2} = \dfrac{1}{2} \cdot 3^{n-1} & ············⑦ \end{cases}$

⑥−⑦より,

$2a_n - \dfrac{1}{4} = \dfrac{1}{4}\left(5^{n-1} - 2 \cdot 3^{n-1}\right)$

$2a_n = \dfrac{1}{4}(5^{n-1} - 2 \cdot 3^{n-1} + 1)$

$\therefore a_n = \dfrac{1}{8} \cdot (5^{n-1} - 2 \cdot 3^{n-1} + 1)$ ···(答)

以上より,求める極限は,

$\displaystyle\lim_{n \to \infty} \dfrac{a_n}{5^n} = \lim_{n \to \infty} \dfrac{1}{8} \cdot \dfrac{5^{n-1} - 2 \cdot 3^{n-1} + 1}{5^n}$

$\displaystyle = \lim_{n \to \infty} \dfrac{1}{8}\left\{\dfrac{1}{5} - \dfrac{2}{5}\boxed{\left(\dfrac{3}{5}\right)^{n-1}}^{\overset{0}{\nearrow}} + \boxed{\left(\dfrac{1}{5}\right)^{n}}^{\overset{0}{\nearrow}}\right\}$

$= \dfrac{1}{8} \times \dfrac{1}{5} = \dfrac{1}{40}$ ·····················(答)

数列 $\{a_n\}$ が, $a_1 = 1$, $\left| a_{n+1} - 2 \right| \leqq \dfrac{1}{2} \left| a_n - 2 \right|$ $(n = 1, 2, 3, \cdots)$

をみたすとき, $\displaystyle \lim_{n \to \infty} a_n = 2$ となることを示せ。

ヒント！ 「一般項 a_n が求まらない場合の $\displaystyle \lim_{n \to \infty} a_n$ を求める問題」

つまり, "刑コロ問題" の典型パターンを, ここで練習しておこう！

基本事項

刑事コロンボ型問題

「一般項 a_n が求まらない場合の $\displaystyle \lim_{n \to \infty} a_n$ を求める問題」

$\left| a_{n+1} - \alpha \right| \leqq r \cdot \left| a_n - \alpha \right|$　$(0 < r < 1)$

$\left[F(n+1) \leqq r \cdot F(n) \right]$

$\left| a_n - \alpha \right| \leqq \left| a_1 - \alpha \right| \cdot r^{n-1}$

$\left[\ F(n) \ \leqq \ F(1) \ \cdot r^{n-1} \ \right]$

よって,

$0 \leqq \left| a_n - \alpha \right| \leqq \left| a_1 - \alpha \right| \cdot r^{n-1}$ より,

$0 \leqq \displaystyle \lim_{n \to \infty} \left| a_n - \alpha \right| \leqq \lim_{n \to \infty} \left| a_1 - \alpha \right| \cdot \boxed{r^{n-1}} \overset{0}{=} 0$

$\qquad$ [はさみ打ち]　$(\because 0 < r < 1)$

$\therefore \displaystyle \lim_{n \to \infty} \left| a_n - \alpha \right| = 0$ より,

$\qquad \displaystyle \lim_{n \to \infty} a_n = \alpha$

数列 $\{a_n\}$ は次式をみたす。

$\begin{cases} a_1 = 1 \\ \left| a_{n+1} - 2 \right| \leqq \dfrac{1}{2} \left| a_n - 2 \right| \quad \cdots\cdots ① \end{cases}$

$\left[F(n+1) \leqq \dfrac{1}{2} \cdot F(n) \right]$

$\qquad (n = 1, 2, 3, \cdots)$

①より,

$\left| a_n - 2 \right| \leqq \left| a_1 - 2 \right| \cdot \left(\dfrac{1}{2} \right)^{n-1}$ ……②

$\left[\ F(n) \ \leqq \ F(1) \cdot \left(\dfrac{1}{2} \right)^{n-1} \ \right]$

参考

$F(n+1) \leqq r \cdot F(n)$ のとき,

$F(n) \ \leqq r \cdot F(n-1)$ ← n に $n-1$ を代入

$F(n-1) \leqq r \cdot F(n-2)$ ← n に $n-2$ を代入

$\cdots\cdots\cdots\cdots\cdots$

$F(2) \ \leqq r \cdot F(1)$　← n に 1 を代入

よって,

$\underline{F(n)} \leqq r \cdot F(n-1) \leqq r^2 \cdot F(n-2)$

$\qquad \leqq r^3 \cdot F(n-3) \leqq \cdots \leqq \underline{r^{n-1} \cdot F(1)}$

$\therefore F(n) \leqq F(1) \cdot r^{n-1}$ となる。

②に $a_1 = 1$ を代入して,

$\left| a_n - 2 \right| \leqq \left| 1 - 2 \right| \cdot \left(\dfrac{1}{2} \right)^{n-1} = \left(\dfrac{1}{2} \right)^{n-1}$

$0 \leqq \left| a_n - 2 \right| \leqq \left(\dfrac{1}{2} \right)^{n-1}$

$\therefore 0 \leqq \displaystyle \lim_{n \to \infty} \left| a_n - 2 \right| \leqq \lim_{n \to \infty} \left(\dfrac{1}{2} \right)^{n-1} = 0$ より,

はさみ打ちの原理を用いて,

$\displaystyle \lim_{n \to \infty} \left| a_n - 2 \right| = 0$ → こうなるには, $a_n \to 2$ しかない！

$\therefore \displaystyle \lim_{n \to \infty} a_n = 2$ …………………(終)

実力アップ問題68　難易度　CHECK1　CHECK2　CHECK3

$a_1 = 1$, $a_{n+1} = \sqrt{a_n + 2}$ ……① $(n = 1, 2, \cdots)$ によって定められる数列 $\{a_n\}$ について,$\lim\limits_{n \to \infty} a_n$ を求めよ。

ヒント！ この漸化式を解くことは,一般には難しい。よって,まず $\lim\limits_{n \to \infty} a_n = \alpha$ と仮定して,α の値を求め,これを"刑コロ"の解法に従って,間違いなく α に収束することを示せばいいんだよ。

参考

$\lim\limits_{n \to \infty} a_n = \alpha$ と仮定すると,

$\lim\limits_{n \to \infty} a_{n+1} = \alpha$ となるので,

$n \to \infty$ のとき,①は,

$\alpha = \sqrt{\alpha + 2}$ 　両辺を2乗して,

$\alpha^2 = \alpha + 2$, 　$\alpha^2 - \alpha - 2 = 0$

$(\alpha - 2)(\alpha + 1) = 0$ 　$\therefore \alpha = 2$

$(\because a_n > 0$ より,$\alpha \geqq 0)$

よって $\alpha = \underline{\underline{2}}$ が推定できたので,

$|a_{n+1} - \underline{\underline{2}}| \leqq r \cdot |a_n - 2|$ 　$(0 < r < 1)$

の形にもち込めれば,$\lim\limits_{n \to \infty} a_n = 2$

が間違いなく示せる！

$\begin{cases} a_1 = 1 \\ a_{n+1} = \sqrt{a_n + 2} \cdots ① \end{cases}$ $(n = 1, 2, 3, \cdots)$

①の両辺から $\underline{\underline{2}}$ を引いて,

$a_{n+1} - \underline{\underline{2}} = \sqrt{a_n + 2} - \underline{\underline{2}}$

$\boxed{a_n + 2 - 4 = a_n - 2}$

$= \dfrac{\overline{(\sqrt{a_n + 2} - 2)(\sqrt{a_n + 2} + 2)}}{\sqrt{a_n + 2} + 2}$

$\therefore a_{n+1} - 2 = \dfrac{1}{2 + \sqrt{a_n + 2}}(a_n - 2)$

この両辺の絶対値をとって,

$|a_{n+1} - 2| = \left| \boxed{\dfrac{1}{2 + \sqrt{a_n + 2}}}(a_n - 2) \right|$

⊕の数

$= \dfrac{1}{2 + \sqrt{a_n + 2}}|a_n - 2| \leqq \dfrac{1}{2}|a_n - 2|$

0 以上

$\boxed{|a_n - 2| \geqq 0$ より,これにかかる係数 が $\dfrac{1}{2 + \sqrt{a_n + 2}}$ より $\dfrac{1}{2}$ となる方が,大きな数になる！}$

$\therefore |a_{n+1} - 2| \leqq \dfrac{1}{2}|a_n - 2|$ 　"刑コロ"パターンの完成！

後は,実力アップ問題67 でやった通り！

$|a_n - 2| \leqq |\overset{1}{\boxed{a_1}} - 2| \cdot \left(\dfrac{1}{2}\right)^{n-1}$

$0 \leqq |a_n - 2| \leqq \left(\dfrac{1}{2}\right)^{n-1}$

$\therefore 0 \leqq \lim\limits_{n \to \infty}|a_n - 2| \leqq \lim\limits_{n \to \infty}\left(\dfrac{1}{2}\right)^{n-1} = 0$

よって,はさみ打ちの原理より,

$\lim\limits_{n \to \infty}|a_n - 2| = 0$

$\therefore \lim\limits_{n \to \infty} a_n = 2$ …………………………(答)

101

$a_1 = 0, \quad a_{n+1} = \dfrac{a_n{}^2 + 3}{4}$ …① $(n = 1, 2, 3, \cdots)$ で定義される数列 $\{a_n\}$ について，

(1) $0 \leq a_n < 1$ …② $(n = 1, 2, 3, \cdots)$ が成り立つことを示せ。

(2) $1 - a_{n+1} < \dfrac{1}{2}(1 - a_n)$ …③ が成り立つことを示せ。

(3) $\displaystyle\lim_{n \to \infty} a_n$ を求めよ。

（岡山県立大＊）

ヒント！ 今回は導入のある "刑コロ問題" なんだね。(1) ②は数学的帰納法で簡単に示せるはずだ。(3) ③は，$1 - a_n = F(n)$ とおくと $F(n+1) < \dfrac{1}{2}F(n)$ となっていることに気付くはずだ。③は当然 $F(n+1) \leq \dfrac{1}{2}F(n)$ としてもよいので，$F(n) \leq F(1) \cdot \left(\dfrac{1}{2}\right)^{n-1}$ と変形できる。ここで，②より $0 \leq F(n) \leq F(1)\left(\dfrac{1}{2}\right)^{n-1}$ となって，はさみ打ちが完成するんだね。頑張ろう！

参考

$\displaystyle\lim_{n \to \infty} a_n = \alpha$ と仮定すると，$\displaystyle\lim_{n \to \infty} a_{n+1} = \alpha$

よって，$n \to \infty$ のとき，①は，

$\alpha = \dfrac{\alpha^2 + 3}{4}, \qquad \alpha^2 - 4\alpha + 3 = 0$

$(\alpha - 1)(\alpha - 3) = 0 \quad \therefore \alpha = 1, \ 3$

よって，$\displaystyle\lim_{n \to \infty} a_n = 3$ または $\displaystyle\lim_{n \to \infty} a_n = 1$

だね。ところが，(1) で

$0 \leq a_n < 1$ であることを示せるので，

$\displaystyle\lim_{n \to \infty} a_n \neq 3$ だね。よって，$\displaystyle\lim_{n \to \infty} a_n = \alpha = 1$

と推定できる。$a_n < 1$ より，a_n は 1 にはなれないが，$n \to \infty$ としたとき限りなく 1 に近づくことはできるからだ。

(1) $0 \leq a_n < 1$ …② $(n = 1, 2, \cdots)$ が成り立つことを数学的帰納法により示す。

(i) $n = 1$ のとき，

$a_1 = 0$ より，②をみたす。

(ii) $n = k$ のとき $(k = 1, 2, \cdots)$

$0 \leq a_k < 1$ …④が成り立つと仮定すると，④より，

$0 \leq a_k{}^2 < 1$ ← 各辺を 2 乗

$3 \leq a_k{}^2 + 3 < 4$ ← 各辺に 3 をたした。

$\dfrac{3}{4} \leq \underbrace{\dfrac{a_k{}^2 + 3}{4}}_{a_{k+1}(\text{①より})} < 1$ ← 各辺を 4 で割った。

よって，①より

$$\frac{3}{4} \leqq a_{k+1} < 1$$

$$\therefore 0 \leqq a_{k+1} < 1$$

> これは，「人間ならば動物である」が真の命題であることと同様に，範囲を広げることは許される。

よって，$n = k+1$ のときも成り立つ。

以上（ⅰ）（ⅱ）より，任意の自然数 n に対して，

$$0 \leqq a_n < 1 \quad \cdots ② は成り立つ。\cdots\cdots（終）$$

(2) の導入がなければ，$\alpha = 1$ より，①の両辺から 1 を引いて，

$$a_{n+1} - 1 = \frac{a_n{}^2 + 3}{4} - 1 = \frac{1}{4}(a_n{}^2 - 1)$$

$$|a_{n+1} - 1| = \frac{1}{4}|(a_n + 1)(a_n - 1)|$$

$$= \frac{1}{4}|\underbrace{(a_n) + 1}_{1 \sim 2}| \cdot |a_n - 1|$$

（a_n の上: $0 \sim 1$）

$$< \frac{1}{4} \cdot 2|a_n - 1| = \frac{1}{2}|a_n - 1|$$

と変形する。しかし，この問題では **(2)** の導入に従えばいい。

(2)（③の右辺）−（③の左辺）

$$= \frac{1}{2}(1 - a_n) - (1 - a_{n+1})$$

（$\frac{1}{4}(a_n{}^2 + 3)$（①より））

$$= \frac{1}{2} - \frac{1}{2}a_n - 1 + \frac{1}{4}(a_n{}^2 + 3)$$

$$= \frac{1}{4}(a_n{}^2 - 2a_n + 1)$$

$$= \frac{1}{4}(a_n - 1)^2 > 0$$

$$(\because ② より，a_n \neq 1)$$

$$\therefore 1 - a_{n+1} < \frac{1}{2}(1 - a_n) \quad \cdots ③ \quad は$$

成り立つ。$\cdots\cdots\cdots\cdots\cdots\cdots（終）$

(3) ③より，

> 等号を付けて，範囲を広げてもいい。

$$1 - a_{n+1} \leqq \frac{1}{2} \cdot (1 - a_n) \quad \cdots ③'$$

$$\left[F(n+1) \leqq \frac{1}{2} \cdot F(n) \right]$$

> これは不等式バージョンの等比関数列型漸化式の解法だね。

よって，

$$1 - a_n \leqq (1 - \overset{0}{(a_1)}) \cdot \left(\frac{1}{2}\right)^{n-1}$$

$$\left[F(n) \leqq F(1) \cdot \left(\frac{1}{2}\right)^{n-1} \right]$$

ここで，$a_n \leqq 1$ より，$1 - a_n \geqq 0$

> 等号を付けて範囲を広げてもいい。

$$\therefore 0 \leqq 1 - a_n \leqq \left(\frac{1}{2}\right)^{n-1}$$

よって，各辺に $n \to \infty$ の極限をとると，

$$0 \leqq \lim_{n \to \infty}(1 - a_n) \leqq \lim_{n \to \infty}\underbrace{\left(\frac{1}{2}\right)^{n-1}}_{0} = 0$$

よって，はさみ打ちの原理より，

$$\lim_{n \to \infty}(1 - a_n) = 0$$

$$\therefore \lim_{n \to \infty} a_n = 1 \text{ である。} \quad \cdots\cdots\cdots\cdots（答）$$

数列 $\{a_n\}$ が, $a_1 = 2$, $a_{n+1} = \dfrac{3}{a_n} + 2$ ……① $(n = 1, 2, \cdots)$ をみたす。

(1) $a_n \geqq 2$ $(n = 1, 2, \cdots)$ を示せ。

(2) $\displaystyle\lim_{n \to \infty} a_n$ を求めよ。

(自治医大 *)

ヒント！ **(2)** これも, "刑コロ問題" なので, $\displaystyle\lim_{n \to \infty} a_n = \alpha$ と仮定して, α の値を推定してから, $|a_{n+1} - \alpha| \leqq r \cdot |a_n - \alpha|$ の形にもち込む。その際, **(1)** も利用する。

$$\begin{cases} a_1 = 2 \\ a_{n+1} = \dfrac{3}{a_n} + 2 \quad\cdots\cdots① \ (n = 1, 2, \cdots) \end{cases}$$

(1) $a_n \geqq 2$ ……(*) $(n = 1, 2, \cdots)$
を数学的帰納法により示す。

(i) $n = 1$ のとき, $a_1 = 2 \geqq 2$
∴成り立つ。

(ii) $n = k$ のとき $(k = 1, 2, \cdots)$

$a_k \geqq 2$ と仮定すると, ①より,

$$a_{k+1} = \boxed{\dfrac{3}{a_k}}^{\oplus} + 2 \geqq 2$$

以上 (i)(ii)より, すべての自然数 n に対して(*)は成り立つ。

…………(終)

参考

$\displaystyle\lim_{n \to \infty} a_n = \alpha$ と仮定すると, $\displaystyle\lim_{n \to \infty} a_{n+1} = \alpha$

よって, $n \to \infty$ のとき①は,

$\alpha = \dfrac{3}{\alpha} + 2$,　$\alpha^2 - 2\alpha - 3 = 0$

$(\alpha + 1)(\alpha - 3) = 0$

∴ $\alpha = \underline{3}$ $(\because a_n \geqq 2$ より, $\alpha \geqq 2)$

よって, 次の不等式を導けばいいね。

$|a_{n+1} - \underline{3}| \leqq r \cdot |a_n - \underline{3}|$ $(0 < r < 1)$

$[\ F(n+1) \leqq r \cdot\ F(n)\ ]$

(2) ①の両辺から $\underline{3}$ を引いて,

$$a_{n+1} - \underline{3} = \dfrac{3}{a_n} + 2 - \underline{3}$$

$$a_{n+1} - 3 = \dfrac{3}{a_n} - 1 = \dfrac{3 - a_n}{a_n}$$

この両辺の絶対値をとって,

$$|a_{n+1} - 3| = \left| \boxed{\dfrac{1}{a_n}}^{\oplus} (3 - a_n) \right|$$

$$= \underbrace{\dfrac{1}{a_n}}_{0 \text{以上}} |a_n - 3| \quad \boxed{\because |3 - a_n| = |a_n - 3|}$$

$a_n \geqq 2$ より, $\dfrac{1}{a_n} \leqq \dfrac{1}{2}$

また, $|a_n - 3| \geqq 0$

∴ $|a_{n+1} - 3| \leqq \dfrac{1}{2}|a_n - 3|$ 　"刑コロ" パターンに なった！

$[\ F(n+1) \leqq \dfrac{1}{2} \cdot\ F(n)\ ]$

$$|a_n - 3| \leqq \left| \overset{2}{\boxed{a_1}} - 3 \right| \cdot \left(\dfrac{1}{2}\right)^{n-1}$$

$$[\ F(n) \ \leqq \ F(1) \ \cdot \left(\dfrac{1}{2}\right)^{n-1}\ ]$$

$$0 \leqq |a_n - 3| \leqq \left(\dfrac{1}{2}\right)^{n-1}$$

∴ $0 \leqq \displaystyle\lim_{n \to \infty} |a_n - 3| \leqq \lim_{n \to \infty} \left(\dfrac{1}{2}\right)^{n-1} = 0$

よって, はさみ打ちの原理より,

$$\lim_{n \to \infty} |a_n - 3| = 0$$

∴ $\displaystyle\lim_{n \to \infty} a_n = 3$ …………………(答)

⑥ 関数の極限

———— テーマ ————

▶ **分数関数と無理関数**

▶ **逆関数と合成関数**

▶ **三角関数の極限**
$$\left(\lim_{x \to 0} \frac{\sin x}{x} = 1,\ \lim_{x \to 0} \frac{1 - \cos x}{x^2} = \frac{1}{2}\ \text{など} \right)$$

▶ **指数・対数関数の極限**
$$\left(\lim_{x \to 0} \frac{e^x - 1}{x} = 1,\ \lim_{x \to 0} \frac{\log(1 + x)}{x} = 1\ \text{など} \right)$$

演習⑥ 関数の極限 ●公式＆解法パターン

1. 分数関数と無理関数

(1) 分数関数

（ ⅰ ）基本形：$y = \dfrac{k}{x}$ $\xrightarrow[\text{平行移動}]{(p, q)}$ （ ⅱ ）標準形：$y = \dfrac{k}{x - p} + q$

(2) 無理関数

（ ⅰ ）基本形：$y = \sqrt{ax}$ $\xrightarrow[\text{平行移動}]{(p, q)}$ （ ⅱ ）標準形：$y = \sqrt{a(x - p)} + q$

(3) 分数不等式の解法

（ ⅰ ）$\dfrac{B}{A} > 0 \iff AB > 0$ 　　　　　（ ⅱ ）$\dfrac{B}{A} < 0 \iff AB < 0$

（ ⅲ ）$\dfrac{B}{A} \geqq 0 \iff AB \geqq 0$ かつ $A \neq 0$ 　（ ⅳ ）$\dfrac{B}{A} \leqq 0 \iff AB \leqq 0$ かつ $A \neq 0$

2. 逆関数と合成関数

(1) 逆関数

$y = f(x)$ が **1** 対 **1** 対応の関数のとき，

$y = f(x)$ $\xleftarrow[\substack{\text{直線 } y = x \text{ に関し} \\ \text{て対称なグラフ}}]{\text{逆関数}}$ $x = f(y)$ ←── x と y を入れ替える。

$y = f^{-1}(x)$ ←── $y = (x \text{ の式})$ の形に変形する。

$f(x)$ の逆関数

(2) 合成関数

$\begin{cases} t = f(x) & \cdots ① \\ y = g(t) & \cdots ② \end{cases}$

模式図

$x \xrightarrow{\ f\ } t \xrightarrow{\ g\ } y$

$g \circ f$

合成関数

①を②に代入して，

$y = g(f(x)) = \underset{\text{後}}{g} \circ \underset{\text{先}}{f}(x)$

3. $\dfrac{0}{0}$ の不定形のイメージ

(1) $\dfrac{0.000000001}{0.03} \longrightarrow 0$ （収束）$\left[\dfrac{強い \, 0}{弱い \, 0} \longrightarrow 0 \right]$

(2) $\dfrac{0.03}{0.000000002} \longrightarrow \infty$ （発散）$\left[\dfrac{弱い \, 0}{強い \, 0} \longrightarrow \infty \right]$

(3) $\dfrac{0.00001}{0.00002} \longrightarrow \dfrac{1}{2}$ （収束）$\left[\dfrac{同じ強さの \, 0}{同じ強さの \, 0} \longrightarrow 有限な値 \right]$

> この"強い0"や"弱い0"などの表現はあくまでもイメージをとらえる便宜上の表現で，数学的に正式なものではないので，答案には書いてはいけない。

106

4. 関数の極限の公式

(1) 三角関数の極限 (角度の単位はラジアン)

(i)$\lim_{x \to 0} \dfrac{\sin x}{x} = 1$　　(ii)$\lim_{x \to 0} \dfrac{\tan x}{x} = 1$　　(iii)$\lim_{x \to 0} \dfrac{1 - \cos x}{x^2} = \dfrac{1}{2}$

(i) の証明　　　左図の面積の大小関係より,

$$\frac{1}{2} \cdot 1 \cdot \sin x < \frac{1}{2} \cdot 1^2 \cdot x < \frac{1}{2} \cdot 1 \cdot \tan x$$

$$\left[\quad \triangle \quad < \quad \triangle \quad < \quad \triangle \quad \right]$$

$\therefore \underbrace{\sin x \leqq x}_{(ア)} \leqq \underbrace{\dfrac{\sin x}{\cos x}}_{(イ)}$　　ここで, $0 < x < \dfrac{\pi}{2}$ より, $\cos x > 0$

よって, (ア) から, $\dfrac{\sin x}{x} \leqq 1$　　(イ) から, $\cos x \leqq \dfrac{\sin x}{x}$

以上より, $\underbrace{\cos x \leqq \dfrac{\sin x}{x} \leqq 1}_{①}$

ここで $x \to +0$ のとき, はさみ打ちの原理より,

$\lim_{x \to +0} \dfrac{\sin x}{x} = 1$ となる。(これは $x \to -0$ のときも同様)

(2) 指数関数・対数関数に関連した極限

(i)$\lim_{x \to \pm\infty} \left(1 + \dfrac{1}{x} \right)^x = e$　　　　(ii)$\lim_{h \to 0} (1 + h)^{\frac{1}{h}} = e$

(iii)$\lim_{x \to 0} \dfrac{e^x - 1}{x} = 1$　　　　　(iv)$\lim_{x \to 0} \dfrac{\log(1 + x)}{x} = 1$

5. 関数の連続性

関数 $f(x)$ が $x = a$ で連続 $\Longleftrightarrow \lim_{x \to a-0} f(x) = \lim_{x \to a+0} f(x) = f(a)$

6. 中間値の定理

区間 $[a, b]$ で連続な関数 $f(x)$ について, $f(a) \neq f(b)$ ならば, $f(a)$ と $f(b)$ の間の実数 k に対して, $f(c) = k$ をみたす c が, a と b の間に少なくとも **1** つ存在する。

107

次の問いに答えよ。

(1) 不等式 $\sqrt{7x-3} \le \sqrt{-x^2+5x}$ を解け。　　　　　　（大阪薬大）

(2) $y = ax + 1$ が，$y = -\sqrt{x-1}$ と異なる **2** つの交点をもつような a の値の範囲を求めよ。　　　　　　（札幌大）

> **ヒント！**　**(1)** まず，（根号内の式）≥ 0 の条件を忘れずに求める。**(2)** は，グラフを利用すると，a のとり得る値の範囲が見えてくるはずだ。

(1) $\sqrt{7x-3} \le \sqrt{-x^2+5x}$ ………①

　　　　　　　　　　　　　$\sqrt{\ }$内は 0 以上

（ⅰ）$7x - 3 \ge 0$ より，$\dfrac{3}{7} \le x$

（ⅱ）$-x^2 + 5x \ge 0$ より，$x^2 - 5x \le 0$

　　　$x(x-5) \le 0$　　∴ $0 \le x \le 5$

（ⅲ）①の両辺は 0 以上より，①の両辺を 2 乗しても，大小関係に変化はないので，

　　　　　　　　　　$0 \le A \le B$ ならば，$A^2 \le B^2$

　　　$7x - 3 \le -x^2 + 5x$，

　　　$x^2 + 2x - 3 \le 0$

　　　$(x+3)(x-1) \le 0$　∴ $-3 \le x \le 1$

以上（ⅰ）（ⅱ）（ⅲ）より，
求める x の範囲は，

$\dfrac{3}{7} \le x \le 1$…(答)

(2) $\begin{cases} y = ax + 1 & \text{………②} \\ y = -\sqrt{x-1} & \text{………③} \end{cases}$

$y = -\sqrt{x-1}$ は，$y = \sqrt{x}$ を
（ⅰ）x 軸方向に **1** だけ平行移動して，
（ⅱ）x 軸に関して対称移動したもの。

点 $(0, 1)$ を通る傾き a の直線②と，③の曲線が **2** 点で交わる様子を右図に示す。

（ⅰ）図より明らかに，a_1

　　　$a \le \boxed{-1}$

（ⅱ）②，③が接するときの a の値を a_2 とおく。

②，③より y を消去して，

　　　$ax + 1 = -\sqrt{x-1}$

両辺を 2 乗して，

　　　$a^2x^2 + 2ax + 1 = x - 1$

　　　$a^2x^2 + (2a-1)x + 2 = 0$

この判別式を D とおくと，

　　　$D = \boxed{(2a-1)^2 - 8a^2 = 0}$

　　　$-4a^2 - 4a + 1 = 0$，$4a^2 + 4a - 1 = 0$

　　　$a = \dfrac{-2 \pm \sqrt{8}}{4} = \dfrac{-1 \pm \sqrt{2}}{2}$

∴ $a_2 = \dfrac{-1 - \sqrt{2}}{2}$　　$(\because a_2 < 0)$

以上（ⅰ）（ⅱ）より，求める a の値の範囲は，

　　　$\dfrac{-1 - \sqrt{2}}{2} < a \le -1$　…………(答)

実力アップ問題 72　難易度 ★★　　CHECK 1　CHECK 2　CHECK 3

次の不等式を解け。

(1) $x \leqq \dfrac{x+6}{x}$ 　　　　　　　　　　（大阪女子大）

(2) $x > \dfrac{1}{x-2a}$ 　　$(a：実数)$ 　　　（実践女子大）

> ヒント！ 　(1)(2)共に分数不等式の問題なので，分数不等式の解法のパターンに従って変形すると，3次不等式が導けるよ。

基本事項

分数不等式

(ⅰ) $\dfrac{B}{A} > 0 \Longleftrightarrow AB > 0$ 　　両辺に $A^2(>0)$ をかける

(ⅱ) $\dfrac{B}{A} < 0 \Longleftrightarrow AB < 0$

(ⅲ) $\dfrac{B}{A} \geqq 0 \Longleftrightarrow AB \geqq 0$ かつ $A \neq 0$

(ⅳ) $\dfrac{B}{A} \leqq 0 \Longleftrightarrow AB \leqq 0$ かつ $A \neq 0$

(1) $x \leqq \dfrac{x+6}{x}$ 　　これを変形して，

$x - \dfrac{x+6}{x} \leqq 0$ 　　$\dfrac{B}{A} \leqq 0$ より，$AB \leqq 0$ かつ $A \neq 0$

$\dfrac{x^2 - x - 6}{x} \leqq 0$

(ⅰ) $x(x^2 - x - 6) \leqq 0$ かつ (ⅱ) $x \neq 0$

(ⅰ) より，$x(x-3)(x+2) \leqq 0$

$y = x(x-3)(x+2)$ と考えて，$y \leqq 0$ となる x の範囲が(ⅰ)の解。

$\therefore x \leqq -2, \ 0 \leqq x \leqq 3$

これと(ⅱ)より，求める解は，

$x \leqq -2, \ 0 < x \leqq 3$ ……………(答)

(2) $x > \dfrac{1}{x-2a}$ 　　これを変形して，

$x - \dfrac{1}{x-2a} > 0$

$\dfrac{x^2 - 2ax - 1}{x - 2a} > 0$

$(x-2a)(x^2 - 2ax - 1) > 0$ ……①

ここで，

$(x-2a)(x^2 - 2ax - 1) = 0$ の解は，

$x = 2a, \ a \pm \sqrt{a^2 + 1}$

a の正，負，0 に関わらず，

$\boxed{-\sqrt{a^2+1} < -\sqrt{a^2}}$ 　$\boxed{\sqrt{a^2} < \sqrt{a^2+1}}$

$\boxed{-|a|} \leqq a \leqq \boxed{|a|}$ となる。

$\therefore -\sqrt{a^2+1} < a < \sqrt{a^2+1}$

各辺に a をたして，

$a - \sqrt{a^2+1} < 2a < a + \sqrt{a^2+1}$

ゆえに，①の左辺を $f(x)$ とおくと，

$y = f(x)$ のグラフは，右図のようになる。

これより，求める分数不等式，すなわち①の解は，

$a - \sqrt{a^2+1} < x < 2a, \ a + \sqrt{a^2+1} < x$

…………(答)

不等式 $\sqrt{a^2 - x^2} > ax - a$ …① を解け。ただし，a は定数で，$a \neq 0$ とする。

（旭川医大）

ヒント！　①を分解して，2つの関数 $y = \sqrt{a^2 - x^2}$，$y = ax - a$ とし，グラフを利用して解けばいい。（ここで，円：$x^2 + y^2 = a^2$ を変形して，$y^2 = a^2 - x^2$，$y = \pm\sqrt{a^2 - x^2}$ となるので，$y = \sqrt{a^2 - x^2}$ は上半円（$y = -\sqrt{a^2 - x^2}$ は下半円）を表すんだね。）

①を分解した次の2つの関数

$$\begin{cases} y = f(x) = \sqrt{a^2 - x^2} \quad (y \geqq 0,\ a \neq 0) \\ \boxed{\text{半径}|a|\text{の上半円}} \\ y = g(x) = ax - a \quad (a \neq 0) \\ \boxed{\text{傾き }a,\ y\text{ 切片 }-a\text{ の直線}} \end{cases}$$

のグラフを利用して，①の不等式を解く。

a は 0 ではないが，正・負の値を取り得ることに注意すると，図（ⅰ）〜（ⅳ）の4つに場合分けする必要があることが分かるはずだ。

（ⅰ）$a < -1$ のとき，

図（ⅰ）より，$f(x) > g(x)$ ……①
をみたす x の範囲は，

$0 < x \leqq -a$ …………………………（答）

（ⅱ）$-1 \leqq a < 0$ のとき，

まず，$f(x) = g(x)$，すなわち
$\sqrt{a^2 - x^2} = ax - a$ ……②を解く。
②の両辺を2乗して，

$a^2 - x^2 = (ax - a)^2$

$a^2 - x^2 = a^2 x^2 - 2a^2 x + a^2$

$x\{(a^2 + 1)x - 2a^2\} = 0$

$\therefore x = 0$，または $\dfrac{2a^2}{a^2 + 1}$

$\boxed{y = f(x) \text{ と } y = g(x) \text{ の共有点の }x\text{ 座標}}$

よって，図（ⅱ）より，$f(x) > g(x)$ …①
をみたす x の範囲は，

$0 < x < \dfrac{2a^2}{a^2 + 1}$　…………………（答）

（ⅲ）$0 < a < 1$ のとき，

図（ⅲ）より，$f(x) > g(x)$ ……①
をみたす x の範囲は，

$-a \leqq x \leqq a$ ………………………（答）

（ⅳ）$1 \leqq a$ のとき，

図（ⅳ）より，$f(x) > g(x)$ ……①
をみたす x の範囲は，

$-a \leqq x < \dfrac{2a^2}{a^2 + 1}$　………………（答）

図（ⅰ）$a < -1$

図（ⅱ）$-1 \leqq a < 0$

図（ⅲ）$0 < a < 1$

図（ⅳ）$1 \leqq a$

実力アップ問題74　難易度 ★★　CHECK 1　CHECK 2　CHECK 3

関数 $f(x) = \dfrac{2x+a}{x+1}$, $g(x) = \dfrac{3x+b}{x+c}$ を考える。ただし，a, b, c は定数とする。

関数 $y = f \circ g(x)$ の表す曲線を C とする。曲線 C は，双曲線 $y = \dfrac{9}{x}$ を平行

移動したものであり，2直線 $x = -2$, $y = 3$ を漸近線にもつものとする。

(1) a, b, c の値を求めよ。

(2) 不等式 $g(x) + x + 8 \leqq 0$ を解け。　　　　　　（近畿大＊）

ヒント！ **(1)** 合成関数 $f \circ g(x)$ は，$f(g(x))$ のことだね。

(2) 分数不等式の解法パターンに従って，3次不等式を導こう。

(1) $f(x) = \dfrac{2x+a}{x+1}$, $g(x) = \dfrac{3x+b}{x+c}$

（ i ）合成関数で表される曲線 C は，

$$y = f \circ g(x) = f(g(x))$$

$$= \frac{2g(x)+a}{g(x)+1} = \frac{\dfrac{2(3x+b)}{x+c}+a}{\dfrac{3x+b}{x+c}+1}$$

$$= \frac{6x+2b+a(x+c)}{3x+b+x+c}$$

$$\therefore y = \frac{(a+6)x+2b+ac}{4x+b+c} \quad \cdots\cdots ①$$

（ ii ）曲線 C は，$y = \dfrac{9}{x}$ をベクトル

$(-2, 3)$ だけ平行移動したものより，

$$y - 3 = \frac{9}{x+2}$$

$$y = \frac{9}{x+2} + 3 = \frac{9+3(x+2)}{x+2}$$

$$\therefore y = \frac{12x+60}{4x+8} \quad \cdots\cdots ②$$

①の分母の x の係数 4 に合わせるために，②の分子・分母に 4 をかけた。

①，②の各係数を比較して，

$$\begin{cases} a+6 = 12 \\ 2b+ac = 60 \\ b+c = 8 \end{cases}$$

$$\begin{cases} a = 6 \\ b+3c = 30 \\ b+c = 8 \\ \therefore c = 11, \ b = -3 \end{cases}$$

これを解いて，

$$a = 6, \ b = -3, \ c = 11 \quad \cdots\cdots（答）$$

(2) このとき，

$$g(x) + x + 8 \leqq 0, \ \frac{3x-3}{x+11} + x + 8 \leqq 0$$

$$\frac{3x-3+(x+11)(x+8)}{x+11} \leqq 0$$

$$\boxed{\frac{x^2+22x+85}{x+11}} \leqq 0 \quad \overset{(x+5)(x+17)}{\qquad} \quad \left[\frac{B}{A} \leqq 0\right]$$

$$\begin{cases} (x+11)(x+5)(x+17) \leqq 0 \\ \text{かつ } x+11 \neq 0 \end{cases} \begin{bmatrix} AB \leqq 0 \\ \text{かつ } A \neq 0 \end{bmatrix}$$

以上より，

$$x \leqq -17,$$

$$-11 < x \leqq -5$$

$\cdots\cdots$（答）

$y = (x+17)(x+11)(x+5)$

$0 \leqq x \leqq 1$ で定義された関数 $f(x) = |2x - 1|$ について，次の問いに答えよ。

(1) $y = f(f(x))$ のグラフをかけ。

(2) $f(f(f(x))) = x$ となる x の個数を求めよ。 　　　　（北海道大）

ヒント！ (1) $y = g(x) = f(f(x))$ とおいて，場合分けにより，グラフを求める。

(2) $f(g(x)) = x$ と考えるといい。

(1) $f(x) = |2x - 1|$ $(0 \leqq x \leqq 1)$

$y = g(x) = f(f(x))$ $(0 \leqq x \leqq 1)$ とおく。

$g(x) = |2 \underline{f(x)} - 1|$

（i）0以下（ii）0以上

$= \left| 2 \boxed{|2x - 1|} - 1 \right|$

$= \begin{cases} |2(2x - 1) - 1| & (2x - 1 \geqq 0) \\ |-2(2x - 1) - 1| & (2x - 1 \leqq 0) \end{cases}$

$= \begin{cases} |4x - 3| & \left((\text{ii}) \dfrac{1}{2} \leqq x \right) \\ |4x - 1| & \left((\text{i}) x \leqq \dfrac{1}{2} \right) \end{cases}$

$\boxed{|-4x+1| \text{のこと}}$

$|-3| = |3|$ のように，絶対値内の符号は変えてもかまわない。

（i）$0 \leqq x \leqq \dfrac{1}{2}$ のとき，

0以下か，0以上

$g(x) = |\boxed{4x - 1}|$

$= \begin{cases} -4x + 1 & \left(0 \leqq x \leqq \dfrac{1}{4} \right) \\ 4x - 1 & \left(\dfrac{1}{4} \leqq x \leqq \dfrac{1}{2} \right) \end{cases}$

（ii）$\dfrac{1}{2} \leqq x \leqq 1$ のとき，

0以下か，0以上

$g(x) = |\boxed{4x - 3}|$

$= \begin{cases} -4x + 3 & \left(\dfrac{1}{2} \leqq x \leqq \dfrac{3}{4} \right) \\ 4x - 3 & \left(\dfrac{3}{4} \leqq x \leqq 1 \right) \end{cases}$

以上（i）（ii）より，

$y = g(x)$ のグラフは，右図のようになる。

………（答）

(2) 方程式 $f(\boxed{f(f(x))}) = x$ …①

　　　　　　　　　　　$g(x)$

①を変形して，

$f(g(x)) = x$, 　$|2g(x) - 1| = x$

$2g(x) - 1 = \pm x$, 　$g(x) = \pm \dfrac{1}{2} x + \dfrac{1}{2}$

これを分解して，

$\begin{cases} y = g(x) \\ y = \pm \dfrac{1}{2} x + \dfrac{1}{2} \end{cases}$

$(0 \leqq x \leqq 1)$

この 2 つのグラフの共有点の x 座標が，①をみたす実数解 x より，グラフから，求める実数解の個数は，8 個である。 ………………（答）

実力アップ問題76　難易度 ★☆　CHECK1　CHECK2　CHECK3

次の各極限の式をみたすような a, b の値を求めよ。

(1) $\displaystyle\lim_{x\to 1}\frac{a\sqrt{x}-b}{x-1}=2$ ·················① （摂南大）

(2) $\displaystyle\lim_{x\to 8}\frac{ax^2+bx+8}{\sqrt[3]{x}-2}=84$ ·········② （東北学院大）

ヒント! (1)(2) 共に，分母 → 0 となるにも関わらず，右辺の極限値が存在する。よって，分子 → 0 となる。

(1) $x \to 1$ のとき，①の左辺は，

$\begin{cases}分母：x-1 \to 1-1=0 \text{ より，}\\ 分子：a\sqrt{x}-b \to a\sqrt{1}-b=0\end{cases}$

分母→0のとき，分子が0以外のものに近づくと，極限は発散して，2に収束することはない。

$\therefore b=a$ ············③

③を①の左辺に代入して，

左辺 $=\displaystyle\lim_{x\to 1}\frac{a\sqrt{x}-a}{x-1}$

$=\displaystyle\lim_{x\to 1}\frac{a(\sqrt{x}-1)}{(\sqrt{x}-1)(\sqrt{x}+1)}$ ← $\frac{0}{0}$の要素が消えた！

$=\displaystyle\lim_{x\to 1}\frac{a}{\sqrt{x}+1}$

$=\boxed{\dfrac{a}{2}=2}=$ 右辺

$\therefore a=4$　③より，$b=4$

以上より，$a=4, b=4$ ···········(答)

(2) $x \to 8$ のとき，②の左辺は，

$\begin{cases}分母：\sqrt[3]{x}-2 \to \sqrt[3]{8}-2=0 \text{ より，}\\ 分子：ax^2+bx+8 \to 64a+8b+8=0\end{cases}$

$\therefore 8(8a+b+1)=0$ より，

$b=-8a-1$ ···········④

④を②の左辺に代入して，

左辺 $=\displaystyle\lim_{x\to 8}\frac{ax^2-(8a+1)x+8}{\sqrt[3]{x}-2}$

注意!

分子 $=ax^2-(8a+1)x+8$

$=(ax-1)(x-8)$

$=(ax-1)\{(x^{\frac13})^3-2^3\}$

$=(ax-1)(x^{\frac13}-2)$
$\quad\times(x^{\frac23}+2x^{\frac13}+4)$

$=\displaystyle\lim_{x\to 8}\frac{(ax-1)(\sqrt[3]{x}-2)(x^{\frac23}+2x^{\frac13}+4)}{\sqrt[3]{x}-2}$

$=\displaystyle\lim_{x\to 8}(ax-1)(x^{\frac23}+2x^{\frac13}+4)$

$=(8a-1)(\boxed{8^{\frac23}}+2\cdot\boxed{8^{\frac13}}+4)$　$(2^3)^{\frac23}=2^2=4$

$=\boxed{12(8a-1)=84}=$ 右辺

$\therefore 8a-1=7$ より，$a=1$

これを④に代入して，

$b=-8-1=-9$

以上より，$a=1, b=-9$ ·········(答)

次の極限を求めよ。

(1) $\displaystyle\lim_{x \to 0}\frac{\sin(2\sin x)}{3x\cdot(1+2x)}$　　（九州歯大）　(2) $\displaystyle\lim_{x \to \pi}\frac{x-\pi}{\tan x}$

(3) $\displaystyle\lim_{x \to 0}\frac{\tan x}{2x+x^3}$　　　　　　　　(4) $\displaystyle\lim_{x \to 0}\frac{1-\cos 4x}{x^2}$　　（防衛大）

(5) $\displaystyle\lim_{x \to \infty}\left(1+\frac{4}{x}\right)^{\frac{x}{2}}$　　　　　　　　　(6) $\displaystyle\lim_{x \to 0}\frac{\log(1+2x)}{x}$

ヒント！　関数の極限の基本問題。公式を利用して解く。

基本事項

関数の極限の基本公式

(ⅰ) $\displaystyle\lim_{x \to 0}\frac{\sin x}{x}=1$　　　(ⅱ) $\displaystyle\lim_{x \to 0}\frac{\tan x}{x}=1$

(ⅲ) $\displaystyle\lim_{x \to 0}\frac{1-\cos x}{x^2}=\frac{1}{2}$　(ⅳ) $\displaystyle\lim_{x \to \pm\infty}\left(1+\frac{1}{x}\right)^x=e$

(ⅴ) $\displaystyle\lim_{x \to 0}\frac{\log(1+x)}{x}=1$

(1) $\displaystyle\lim_{x \to 0}\frac{\sin(2\sin x)}{3x\cdot(1+2x)}$

$$=\lim_{x \to 0}\frac{\sin(\boxed{2\sin x})}{\boxed{2\sin x}}\cdot\frac{\sin x}{x}\cdot\frac{2}{3(1+2\boxed{x})}$$

$\boxed{2\sin x = t \text{ とおくと，} x \to 0 \text{ のとき } t \to 0}$

$$=1\times 1\times\frac{2}{3\cdot(1+0)}=\frac{2}{3}\quad\cdots\cdots\text{（答）}$$

(2) $x-\pi=t$ とおくと，$[x=\pi+t]$

$x \to \pi$ のとき $t \to 0$ より，

$$\lim_{x \to \pi}\frac{x-\pi}{\tan x}=\lim_{t \to 0}\frac{t}{\boxed{\tan(\pi+t)}}$$

$$=\lim_{t \to 0}\boxed{\frac{t}{\tan t}}=1\quad\cdots\cdots\text{（答）}$$

(3) $\displaystyle\lim_{x \to 0}\frac{\tan x}{x(2+x^2)}=\lim_{x \to 0}\boxed{\frac{\tan x}{x}}\cdot\frac{1}{2+\boxed{x^2}}$

$$=1\times\frac{1}{2+0}=\frac{1}{2}\quad\cdots\cdots\cdots\text{（答）}$$

(4) $\displaystyle\lim_{x \to 0}\frac{1-\cos 4x}{x^2}=\lim_{x \to 0}\boxed{\frac{1-\cos\boxed{4x}}{(\boxed{4x})^2}}\times 16$

$\boxed{4x=t \text{ とおくと，} x \to 0 \text{ のとき } t \to 0}$

$$=\frac{1}{2}\times 16=8\quad\cdots\cdots\cdots\text{（答）}$$

(5) $\displaystyle\lim_{x \to \infty}\left(1+\frac{4}{x}\right)^{\frac{x}{2}}=\lim_{x \to \infty}\left\{\left(1+\frac{1}{\boxed{\frac{x}{4}}}\right)^{\boxed{\frac{x}{4}}}\right\}^2$

$\boxed{\frac{x}{4}=t \text{ とおくと，} x \to \infty \text{ のとき } t \to \infty}$

$$=e^2\quad\cdots\cdots\cdots\cdots\cdots\text{（答）}$$

(6) $\displaystyle\lim_{x \to 0}\frac{\log(1+2x)}{x}$　$\boxed{2x=t \text{ とおくと，} x \to 0 \text{ のとき } t \to 0}$

$$=\lim_{x \to 0}\frac{\log(1+\boxed{2x})}{\boxed{2x}}\cdot 2$$

$$=1\times 2=2\quad\cdots\cdots\cdots\cdots\text{（答）}$$

114

実力アップ問題78　　難易度 ★☆☆　　CHECK 1　CHECK 2　CHECK 3

$\lim\limits_{x \to 0} \dfrac{a\cos^2 x + (3b+2)\sin x - 2a + b + 1}{\sin^3 x + a\cos^2 x - a} = c$　となるように実数の定数

a, b, c の値を定めよ。

（東京理科大）

ヒント！　$x \to 0$ のとき，分母 → 0 となるにも関わらず，この極限が c に収束するので，当然，分子 → 0 とならなければならない。

$x \to 0$ のとき，与式の左辺は，

分母：$\sin^3 x + a\cos^2 x - a \to 0^3 + a \cdot 1^2 - a$
$= a - a = 0$

よって，

分子：$a\cos^2 x + (3b+2)\sin x - 2a + b + 1$
$\to a \cdot 1^2 + \underline{(3b+2) \cdot 0} - 2a + b + 1$
$= \boxed{-a + b + 1 = 0}$

$\therefore b = a - 1$ ……①

①を与式の左辺に代入して，

$\lim\limits_{x \to 0} \dfrac{a\cos^2 x + (\boxed{3a-1}^{\overset{(3b+2)}{}})\sin x \boxed{-a}^{\overset{(-2a+b+1)}{}}}{\sin^3 x + a\cos^2 x - a}$

$= \lim\limits_{x \to 0} \dfrac{-a(\boxed{1 - \cos^2 x}^{\overset{\sin^2 x}{}}) + (3a-1)\sin x}{\sin^3 x - a(\boxed{1 - \cos^2 x}^{\overset{\sin^2 x}{}})}$

$= \lim\limits_{x \to 0} \dfrac{-a\sin^2 x + (3a-1)\sin x}{\sin^3 x - a\sin^2 x}$

$= \lim\limits_{x \to 0} \dfrac{\sin x (3a - 1 - a\sin x)}{\sin^2 x (\sin x - a)}$

$= \lim\limits_{x \to 0} \dfrac{3a - 1 - a\sin x}{\sin x(\sin x - a)}$ ……②

$x \to 0$ のとき，②は，

分母：$\sin x \cdot (\sin x - a) \to 0 \cdot (0 - a) = 0$
よって，

分子：$3a - 1 - a\sin x \to \boxed{3a - 1 - a \cdot 0 = 0}$

$3a - 1 = 0$　$\therefore a = \dfrac{1}{3}$ ……③

③を①に代入して，

$b = \dfrac{1}{3} - 1 = -\dfrac{2}{3}$

このとき，②の極限値，すなわち c の値は，

$c = \lim\limits_{x \to 0} \dfrac{\overset{0}{\boxed{3a - 1}} - a\sin x}{\sin x(\sin x - a)}$

$= \lim\limits_{x \to 0} \dfrac{-\dfrac{1}{3}\sin x}{\sin x\left(\sin x - \dfrac{1}{3}\right)}$

$= \lim\limits_{x \to 0} \dfrac{-1}{3\boxed{\sin x} - 1}$
分子・分母に 3 をかけた！

$= \dfrac{-1}{3 \times 0 - 1} = \dfrac{-1}{-1} = 1$

以上より，$a = \dfrac{1}{3}$，$b = -\dfrac{2}{3}$，$c = 1$

…………(答)

次の問いに答えよ。

(1) $f(x) = \lim\limits_{n \to \infty} \dfrac{x^{2n} - x^{2n-1} + ax^2 + bx}{x^{2n} + 1}$ を求めよ。

(2) 関数 $f(x)$ がすべての x で連続であるように a, b の値を定めよ。

ヒント！　**(1)** x の範囲を **4** 通りに場合分けして，$f(x)$ を求める。
(2) $x = 1, -1$ で $f(x)$ が連続となるようにする。

基本事項

$\lim\limits_{n \to \infty} r^n$ の問題の **4** つの場合分け

（ⅰ）$-1 < r < 1$ のとき，$\lim\limits_{n \to \infty} r^n = 0$

（ⅱ）$r = 1$ のとき，　　$\lim\limits_{n \to \infty} 1^n = 1$

（ⅲ）$r = -1$ のとき，$\lim\limits_{n \to \infty} (-1)^n$ は発散する。

（ⅳ）$r < -1,\ 1 < r$ のとき，$\lim\limits_{n \to \infty} \left(\dfrac{1}{r}\right)^n = 0$

(1) $f(x) = \lim\limits_{n \to \infty} \dfrac{x^{2n} - x^{2n-1} + ax^2 + bx}{x^{2n} + 1}$

について，

（ⅰ）$-1 < x < 1$ のとき，

$$f(x) = \lim_{n \to \infty} \frac{\boxed{x^{2n}}^{\,0} - \boxed{x^{2n-1}}^{\,0} + ax^2 + bx}{\boxed{x^{2n}}_{\,0} + 1}$$

$$= \frac{ax^2 + bx}{1} = ax^2 + bx$$

（ⅱ）$x = 1$ のとき，

$$f(1) = \lim_{n \to \infty} \frac{\boxed{1^{2n}}^{\,1} - \boxed{1^{2n-1}}^{\,1} + a \cdot 1^2 + b \cdot 1}{\boxed{1^{2n}}_{\,1} + 1}$$

$$= \frac{\cancel{1} - \cancel{1} + a + b}{1 + 1} = \frac{a + b}{2}$$

（ⅲ）$x = -1$ のとき，

$$f(-1) = \lim_{n \to \infty} \frac{\boxed{(-1)^{2n}}^{\,1} - \boxed{(-1)^{2n-1}}^{\,-1} + a(-1)^2 + b(-1)}{\boxed{(-1)^{2n}}_{\,1} + 1}$$

$$= \frac{1 + 1 + a - b}{1 + 1} = \frac{a - b + 2}{2}$$

注意！

$\lim\limits_{n \to \infty} (-1)^n$ は **1** と **-1** の値を交互に
とって振動し続けて，発散するが，
$(-1)^{2n}$ と $(-1)^{2n-1}$ はそれぞれ
$(-1)^{(偶数)},\ (-1)^{(奇数)}$ となるので，
$n \to \infty$ のとき，それぞれ $1, -1$ に
収束する。

（ⅳ）$x < -1,\ 1 < x$ のとき，

$$f(x) = \lim_{n \to \infty} \frac{1 - x^{-1} + a \boxed{\left(\dfrac{1}{x}\right)^{2n-2}}^{\,0} + b \boxed{\left(\dfrac{1}{x}\right)^{2n-1}}^{\,0}}{1 + \boxed{\left(\dfrac{1}{x}\right)^{2n}}_{\,0}}$$

分子・分母を x^{2n} で割った！

$$= \frac{1 - x^{-1}}{1} = 1 - \frac{1}{x}$$

以上 (i)〜(iv)より,

$$f(x) = \begin{cases} ax^2 + bx & (-1 < x < 1) \\ \dfrac{a+b}{2} & (x = 1) \\ \dfrac{a-b+2}{2} & (x = -1) \\ 1 - \dfrac{1}{x} & (x < -1,\ 1 < x) \end{cases} \quad \cdots\cdots(答)$$

基本事項

関数の連続性

関数 $y = f(x)$ が $x = a$ で連続となるための条件は

$$\lim_{x \to a-0} f(x)$$
$$= \lim_{x \to a+0} f(x) = f(a)$$

(2)

$$f(-1) = \dfrac{a-b+2}{2}$$

$$y = 1 - \dfrac{1}{x}$$

$$y = ax^2 + bx \quad y = 1 - \dfrac{1}{x}$$

$$f(1) = \dfrac{a+b}{2}$$

(1) の結果より,関数 $y = f(x)$ がすべての x で連続となるためには,上図に示すように,

$$\begin{cases} (i)\ x = -1\ で連続,\ かつ \\ (ii)\ x = 1\ で連続,\ となればよい。 \end{cases}$$

(i) $x = -1$ で $y = f(x)$ が連続となるための条件は,

$$\lim_{x \to 1-0} \boxed{f(x)} = \lim_{x \to 1+0} \boxed{f(x)} = \boxed{f(-1)}$$
$$\boxed{1 - \dfrac{1}{x}} \qquad \boxed{ax^2 + bx} \quad \boxed{\dfrac{a-b+2}{2}}$$

$$\lim_{x \to 1-0}\left(1 - \boxed{\dfrac{1}{x}}^{-1}\right) = \lim_{x \to 1+0}(a\boxed{x^2}^{1} + b\boxed{x}^{-1})$$

$$= \dfrac{a - b + 2}{2}$$

$$2 = a - b = \dfrac{a - b + 2}{2}$$

$$\therefore\ a - b = 2 \cdots\cdots\cdots① $$

(ii) $x = 1$ で $y = f(x)$ が連続となるための条件は,

$$\lim_{x \to 1-0} \boxed{f(x)} = \lim_{x \to 1+0} \boxed{f(x)} = \boxed{f(1)}$$
$$\boxed{ax^2 + bx} \qquad \boxed{1 - \dfrac{1}{x}} \quad \boxed{\dfrac{a+b}{2}}$$

$$\lim_{x \to 1-0}(a\boxed{x^2}^{1} + b\boxed{x}^{1}) = \lim_{x \to 1+0}\left(1 - \boxed{\dfrac{1}{x}}^{1}\right)$$

$$= \dfrac{a + b}{2}$$

$$a + b = 0 = \dfrac{a + b}{2}$$

$$\therefore\ a + b = 0 \cdots\cdots\cdots② $$

①+②より,$2a = 2$ $\therefore a = 1$

これを②に代入して,

$$1 + b = 0 \quad \therefore\ b = -1$$

以上より,求める a, b の値は,

$$a = 1,\ b = -1 \quad \cdots\cdots\cdots\cdots\cdots(答)$$

無限級数の和として，次の関数を定義する。

$$f(x) = \cos^2 x + \frac{\cos^2 x}{1+\cos^2 x} + \frac{\cos^2 x}{(1+\cos^2 x)^2} + \frac{\cos^2 x}{(1+\cos^2 x)^3} + \cdots\cdots \quad (0 \leq x \leq 2\pi)$$

この $f(x)$ の連続性を調べ，$y = f(x)$ のグラフの概形を描け。

ヒント！ $f(x)$ は初項 $a = \cos^2 x$，公比 $r = \dfrac{1}{1+\cos^2 x}$ の無限等比級数として定義される関数なので，まず，(ⅰ) $a = 0$ と (ⅱ) $a \neq 0$ の場合分けが必要となる。

$f(x)$ は，区間 $0 \leq x \leq 2\pi$ で定義される初項 $a = \cos^2 x$，公比 $r = \dfrac{1}{1+\cos^2 x}$ の無限等比級数である。よって，

(ⅰ) $a = \cos^2 x = 0$ の場合，

　$\cos x = 0 \quad (0 \leq x \leq 2\pi)$

　よって，$x = \dfrac{\pi}{2}, \dfrac{3}{2}\pi$

　このとき，$f(x) = 0$ である。

$\boxed{f(x) = 0 + \dfrac{0}{1+0} + \dfrac{0}{(1+0)^2} + \cdots\cdots \text{だからね。}}$

(ⅱ) $a = \cos^2 x \neq 0$ の場合，

　$0 \leq x \leq 2\pi \left(x = \dfrac{\pi}{2} \text{と} \dfrac{3}{2}\pi \text{を除く} \right)$

　$0 < \cos^2 x \leq 1$ より，公比 $r = \dfrac{1}{1+\cos^2 x}$ は収束条件：$-1 < r < 1$ をみたす。

　よって，

$$f(x) = \frac{a}{1-r} = \frac{\cos^2 x}{1 - \dfrac{1}{1+\cos^2 x}} \text{ より}$$

$\boxed{\text{無限等比級数 } a + ar + ar^2 + \cdots\cdots}$

$$= \frac{\cos^2 x}{\dfrac{1+\cos^2 x - 1}{1+\cos^2 x}} = 1 + \underbrace{\cos^2 x}_{\boxed{\frac{1}{2}(1+\cos 2x)}}$$

$$\therefore f(x) = \frac{1}{2}\cos 2x + \frac{3}{2}$$

$$\left(0 \leq x \leq 2\pi, \quad x = \frac{\pi}{2} \text{と} \frac{3}{2}\pi \text{を除く} \right)$$

以上 (ⅰ)(ⅱ) より，関数 $f(x)$ は

$x = \dfrac{\pi}{2}$ と $\dfrac{3}{2}\pi$ で不連続で，その他の $0 \leq x \leq 2\pi$ の範囲の x では連続な関数である。……………………………………(答)

また，$y = f(x)$ のグラフの概形を下に示す。
…………(答)

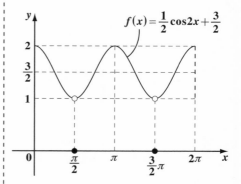

実力アップ問題81　難易度 ★ ★　CHECK **1**　CHECK**2**　CHECK**3**

$f(x)$ は $0 \le x \le 2$ で定義された連続な関数で，この区間で $0 < f(x) < 4$ をみたす。このとき，方程式 $f(x) = 4 - 2x$ の解が，$0 < x < 2$ の範囲に少なくとも 1 つ存在することを示せ。

ヒント！　中間値の定理の問題だね。したがって，$g(x) = f(x) + 2x - 4$ とおいて，$g(0)$ と $g(2)$ の符号を調べればいいんだね。

基本事項

中間値の定理

$a \le x \le b$ で連続な関数 $f(x)$ について，$f(a) \ne f(b)$ ならば，$f(a)$ と $f(b)$ の間の実数 k に対して，

$$f(c) = k$$

をみたす c が，a と b の間に少なくとも 1 つ存在する。

この中間値の定理を用いると，方程式 $g(x) = 0$ について，

$a \le x \le b$ で $y = g(x)$ が連続で，たとえば，$g(a) < 0 < g(b)$ ならば，$g(x) = 0$ をみたす解 $x = c$ が，$a < x < b$ の間に少なくとも 1 つ存在することが示せる。

$f(x)$ は，閉区間 $[0, 2]$ で連続で，この区間内で $0 < f(x) < 4$ をみたす。ここで，方程式 $f(x) = 4 - 2x \cdots ①$ が $0 < x < 2$ の範囲に少なくとも 1 つの実数解をもつことを示す。

①より，新たな関数 $g(x)$ を次のように定義する。

$$g(x) = f(x) + 2x - 4$$

$f(x)$ と $2x - 4$ は共に閉区間 $[0, 2]$ で連続なので，関数 $g(x)$ もこの区間で連続な関数である。

ここで，

(ⅰ) $g(0) = f(0) + 2 \times 0 - 4$

$\qquad = \underline{f(0)} - 4 < 0$

　　　　（4 より小）

(ⅱ) $g(2) = f(2) + 2 \times 2 - 4$

$\qquad = \underline{f(2)} > 0$

　　　　（0 より大）

以上 (ⅰ)(ⅱ) より，中間値の定理から開区間 $(0, 2)$ の範囲に方程式 $\underline{g(x) = 0}$ をみたす解が少なくとも

（$f(x) + 2x - 4 = 0$，つまり①のこと）

1 つ存在する。

よって，方程式 $f(x) = 4 - 2x \cdots ①$ の解が，$0 < x < 2$ の範囲に少なくとも 1 つ存在する。‥‥‥‥‥‥‥‥‥(終)

すべての自然数 n について $0 < a_n < 1$ となる数列 $\{a_n\}$ が，

$a_1 = \dfrac{3}{4}$，$a_{n+1} = \dfrac{1 - \sqrt{1 - a_n}}{2}$ $(n = 1, 2, 3, \cdots)$ を満たしている。

(1) $a_n = \sin^2\theta_n$ $\left(0 < \theta_n < \dfrac{\pi}{2}, \ n \geqq 1\right)$ とおいて，θ_1 と数列 $\{\theta_n\}$ の漸化式

　　を求め，数列 $\{\theta_n\}$ の一般項を求めよ。

(2) $\displaystyle\lim_{n \to \infty} 2^{2n} a_n$ を求めよ。 　　　　　　　　　　　　　　（関西大＊）

ヒント！ 数列の極限と関数の極限の融合問題だね。(1)は $a_n = \sin^2\theta_n$ と $a_{n+1} = \sin^2\theta_{n+1}$ を与えられた漸化式に代入して，θ_n と θ_{n+1} の関係式を導けばいい。
(2)の極限では，公式 $\displaystyle\lim_{x \to 0} \dfrac{\sin x}{x} = 1$ を利用する。頑張ろう！

(1) $\begin{cases} a_1 = \dfrac{3}{4} & \cdots\cdots\cdots\cdots ① \\[2mm] a_{n+1} = \dfrac{1 - \sqrt{1 - a_n}}{2} & \cdots ② \ (n = 1, 2, \cdots) \end{cases}$

$\qquad\qquad (0 < a_n < 1)$

ここで $a_n = \sin^2\theta_n$ $\cdots③$ $(n = 1, 2, \cdots)$

$\left(0 < \theta_n < \dfrac{\pi}{2}\right)$ とおくと，

①より，

$a_1 = \sin^2\theta_1 = \dfrac{3}{4}$ 　$\boxed{0 < \theta_1 < \dfrac{\pi}{2} \text{ より}}$

$\sin\theta_1 = \dfrac{\sqrt{3}}{2}$ 　$(\because \sin\theta_1 > 0)$

$0 < \theta_1 < \dfrac{\pi}{2}$ より，$\theta_1 = \dfrac{\pi}{3}$ $\cdots\cdots$(答)

③より，$a_{n+1} = \sin^2\theta_{n+1}$ $\cdots\cdots③'$

③と③′を②に代入して変形すると，

$\sin^2\theta_{n+1} = \dfrac{1 - \sqrt{1 - \sin^2\theta_n}}{2}$

$\boxed{|\cos\theta_n| = \cos\theta_n \ \left(\because 0 < \theta_n < \dfrac{\pi}{2}\right)}$
$\qquad\qquad\qquad \|$
$= \dfrac{1 - \overbrace{\sqrt{\cos^2\theta_n}}}{2}$

$= \dfrac{1 - \cos\theta_n}{2}$ 　$\left(\because 0 < \theta_n < \dfrac{\pi}{2}\right)$

$= \sin^2\dfrac{\theta_n}{2}$ 　$\boxed{\begin{array}{l}\text{半角の公式：}\\ \dfrac{1 - \cos x}{2} = \sin^2\dfrac{x}{2}\end{array}}$

$\therefore \sin^2\theta_{n+1} = \sin^2\dfrac{\theta_n}{2}$

ここで，$0 < \theta_n < \dfrac{\pi}{2}$ $(n = 1, 2, \cdots)$ より

$\sin\theta_{n+1} > 0$, 　$\sin\dfrac{\theta_n}{2} > 0$

よって，

$\sin\theta_{n+1} = \sin\dfrac{\theta_n}{2}$

さらに，θ_{n+1}，$\dfrac{\theta_n}{2}$ は共に第 1 象限の

角より，数列 $\{\theta_n\}$ の漸化式

$\theta_{n+1} = \dfrac{1}{2}\theta_n$ …④ （$n = 1, 2, \cdots$）

が導ける。 ……………………(答)

注意！

一般は $\sin\alpha = \sin\beta$ の場合，
右図のような
場合もあり得
るので，一般
解も考慮に入
れて，

$\beta = \alpha + 2n\pi$ または $\pi - \alpha + 2n\pi$

$\boxed{-\alpha + (2n+1)\pi}$

となる。

今回は，θ_{n+1}，$\dfrac{\theta_n}{2}$ 共に第 1 象限の角で

あることがわかっていたので，④となった

んだね。

以上より，

$$\begin{cases} \theta_1 = \dfrac{\pi}{3} \\ \theta_{n+1} = \dfrac{1}{2}\theta_n \ \cdots④ \quad (n = 1, 2, \cdots) \end{cases}$$

よって，数列 $\{\theta_n\}$ は初項 $\theta_1 = \dfrac{\pi}{3}$，

公比 $\dfrac{1}{2}$ の等比数列より，

一般項 $\theta_n = \theta_1 \left(\dfrac{1}{2}\right)^{n-1} = \dfrac{\pi}{3} \cdot \left(\dfrac{1}{2}\right)^{n-1}$

（$n = 1, 2, \cdots$）となる。 ………(答)

(2)(1) の結果より，まず $\displaystyle\lim_{n \to \infty}\theta_n$ を求めると，

$$\lim_{n \to \infty}\theta_n = \lim_{n \to \infty}\dfrac{\pi}{3}\boxed{\left(\dfrac{1}{2}\right)^{n-1}}_{0} = 0$$

また，$\theta_n = \dfrac{\pi}{3} \cdot \dfrac{1}{2^{n-1}} = \dfrac{2\pi}{3} \cdot \dfrac{1}{2^n}$ より，

$2^n = \dfrac{2\pi}{3\theta_n}$ ……⑤

以上より，求める極限は，

$$\lim_{n \to \infty}2^{2n}a_n = \lim_{n \to \infty}2^{2n}\sin^2\theta_n$$

$$\left(\left(\dfrac{2\pi}{3\theta_n}\right)^2 \text{（⑤より）}\right)$$

$$= \lim_{n \to \infty}\dfrac{4\pi^2}{9} \cdot \dfrac{\sin^2\theta_n}{\theta_n^2} \quad \text{（⑤より）}$$

$$= \lim_{\substack{n \to \infty \\ (\theta_n \to 0)}}\dfrac{4\pi^2}{9}\boxed{\left(\dfrac{\sin\theta_n}{\theta_n}\right)^2}_{1}$$

$$= \dfrac{4\pi^2}{9} \quad \cdots\cdots\cdots\cdots\cdots\cdots(答)$$

$\boxed{\text{公式} : \displaystyle\lim_{x \to 0}\dfrac{\sin x}{x} = 1}$

実数全体で定義された関数 $f(x)$ は常に正の値をとり，すべての実数 x, y に対し $3f(x + y) = f(x)f(y)$ を満たすとする。また $f(1) = 6$ であるとする。

(1) $f(0)$ の値を求めよ。

(2) 自然数 n に対して $f\left(\dfrac{1}{n}\right)$ の値を n を用いて表せ。

(3) 自然数 n に対して $a_n = n\left(f\left(1 + \dfrac{1}{n}\right) - f(1)\right)$ とおく。$\displaystyle\lim_{n \to \infty} a_n$ の値を求めよ。

(東京理科大 *)

ヒント!　**(1)** $x = 0, y = 1$ を与式に代入する。**(2)** $f(nx)$ を求めて，x に $\dfrac{1}{n}$ を代入する。**(3)** 公式 $\displaystyle\lim_{x \to 0}\dfrac{e^x - 1}{x} = 1$ を利用する。かなり難しいけれど頑張ろう！

すべての実数 x, y に対して，関数 $f(x)$ は
$$3f(x + y) = f(x)f(y) \quad \cdots\cdots\cdots ①$$
$f(x) > 0$ をみたし，
$f(1) = 6$ となる。

(1) ①は，すべての実数 x, y について成り立つので，$x = 0, y = 1$ を代入しても成り立つ。

よって，$3f(0 + 1) = f(0) \cdot f(1)$

$3\underset{6}{\boxed{f(1)}} = f(0) \cdot \underset{6}{\boxed{f(1)}}$

$\therefore \cancel{6} \cdot f(0) = 3 \times \cancel{6}$ より，

$\qquad f(0) = 3 \quad \cdots\cdots\cdots\cdots\cdots$(答)

参考

①より，$f(x + y) = \dfrac{1}{3}f(x) \cdot f(y)$

y に x を代入して，

$$f(2x) = \dfrac{1}{3}f(x) \cdot f(x) = \dfrac{1}{3}\{f(x)\}^2$$

同様に，

$$f(3x) = f(x + 2x) = \dfrac{1}{3}f(x) \cdot \overset{\frac{1}{3}\{f(x)\}^2}{\boxed{f(2x)}}$$

$$= \dfrac{1}{3^2}\{f(x)\}^3$$

となる。

以下同様にすると，

$$f(nx) = \dfrac{1}{3^{n-1}}\{f(x)\}^n \quad (n = 1, 2, \cdots)$$

が成り立つと推定できる。

これを数学的帰納法で示した後，x に $\dfrac{1}{n}$ を代入すれば，$f\left(\dfrac{1}{n}\right)$ が求まる。

(2) $f(nx) = \dfrac{1}{3^{n-1}}\{f(x)\}^n \quad \cdots\cdots\cdots (*)$

$(n = 1, 2, \cdots)$

$(*)$ が成り立つことを数学的帰納法により示す。

(ⅰ) $n = 1$ のとき, $f(x) = f(x)$ となって, 明らかに成り立つ。

(ⅱ) $n = k$ のとき (*), すなわち

$$f(kx) = \frac{1}{3^{k-1}} \{f(x)\}^k \quad \cdots\cdots ②$$

が成り立つと仮定して, $n = k + 1$ のときについて調べる。

①より,

$$f(x + y) = \frac{1}{3} f(x) \cdot f(y) \quad \cdots\cdots ①'$$

①′ の両辺の y に kx を代入して,

$$f(x + kx) = \frac{1}{3} f(x) \cdot \boxed{f(kx)}$$

$$\boxed{\frac{1}{3^{k-1}} \{f(x)\}^k}$$

$$\therefore f((k+1)x) = \frac{1}{3^k} \{f(x)\}^{k+1} \quad (\because ②)$$

となり, $n = k + 1$ のときも成り立つ。

(ⅰ)(ⅱ)より, 任意の自然数 n に対して,

$$f(nx) = \frac{1}{3^{n-1}} \{f(x)\}^n \cdots (*) \text{ は成り立つ。}$$

(*)より,

$$\{f(x)\}^n = 3^{n-1} f(nx)$$

この x に $\frac{1}{n}$ を代入して,

$$\left\{f\left(\frac{1}{n}\right)\right\}^n = 3^{n-1} \cdot \boxed{f(1)}_{6}$$

$$\left\{f\left(\frac{1}{n}\right)\right\}^n = 2 \cdot 3^n$$

$\therefore$ この両辺の n 乗根をとって,

$$f\left(\frac{1}{n}\right) = (2 \cdot 3^n)^{\frac{1}{n}} = 3 \cdot 2^{\frac{1}{n}} \quad \cdots\cdots\cdots(答)$$

(3) $a_n = n\left\{\boxed{f\left(1 + \frac{1}{n}\right)} - \boxed{f(1)}^{6}\right\}$

$$\boxed{\frac{1}{3}f(1) \cdot f\left(\frac{1}{n}\right) = \frac{1}{3} \cdot 6 \cdot 3 \cdot 2^{\frac{1}{n}}}$$

$$= n(6 \cdot 2^{\frac{1}{n}} - 6)$$

$$= 6n(2^{\frac{1}{n}} - 1)$$

$$\lim_{n \to \infty} a_n = \lim_{n \to \infty} 6n(2^{\frac{1}{n}} - 1) \text{ について,}$$

$\frac{1}{n} = t$ とおくと, $n = \frac{1}{t}$

$n \to \infty$ のとき, $t \to 0$ より,

$$\lim_{n \to \infty} a_n = \lim_{t \to 0} 6 \cdot \frac{1}{t} \cdot (2^t - 1)$$

$$= \lim_{t \to 0} 6 \cdot \frac{2^t - 1}{t} \leftarrow \boxed{\frac{0}{0} \text{ の不定形}}$$

参考

ここで, 公式 $\lim_{x \to 0} \frac{e^x - 1}{x} = 1$ を使うことを考える。

$2^t = e^x$ とおくと, $x = \log 2^t = t \cdot \boxed{\log 2}_{0.7}$

$\therefore t = \frac{x}{\log 2}$ となる。

ここで, $2^t = e^x$ とおくと,

$$x = \log 2^t = t \cdot \log 2$$

$$\therefore t = \frac{x}{\log 2}$$

$t \to 0$ のとき, $x \to 0$

$$\therefore \lim_{n \to \infty} a_n = \lim_{t \to 0} 6 \cdot \frac{\overset{e^x}{2^t} - 1}{\underset{\frac{x}{\log 2}}{t}}$$

$$= \lim_{x \to 0} 6 \cdot \log 2 \cdot \boxed{\frac{e^x - 1}{x}}_{1}$$

$$= 6 \cdot \log 2 \quad \cdots\cdots\cdots\cdots(答)$$

実数 x に対し，$n \leqq x$ をみたす最大の整数 n を $[x]$ で表す。このとき，

(1) $\displaystyle\lim_{n \to \infty} \frac{[e^n]}{e^n}$ を求めよ。（ e : 自然対数の底 ）

(2) 自然数 n に対して，等式 $[\log k] = n$ が成立するような整数 k の個数

　　を $f(n)$ とする。このとき，$\displaystyle\lim_{n \to \infty} \frac{f(n)}{e^n}$ を求めよ。　　　（ 東京都市大 ＊）

ヒント！　実力アップ問題 59, 60(P88 ～ P91) と同様に，ガウス記号と関連した極限の問題だ。(1) 一般に $x - 1 < [x] \leqq x$ が成り立つので，$e^n - 1 < [e^n] \leqq e^n$ が成り立つ。

(1) 一般に，実数 x に対して
$x - 1 < [x] \leqq x$ が成り立つので，
$x = e^n$ とおくと，
$e^n - 1 < [e^n] \leqq e^n$ ……①
（ n : 整数，e : 自然対数の底 ）
$e^n (>0)$ で①の各辺を割り，$n \to \infty$
の極限をとると，

$$\frac{e^n - 1}{e^n} \leqq \frac{[e^n]}{e^n} \leqq \frac{e^n}{e^n}$$

等号を付けて範囲を広げることは許される。はさみ打ちで極限を調べるときは，このように等号を付けた方がいい。

$$\lim_{n \to \infty}\left(1 - \frac{1}{e^n}\right) \leqq \lim_{n \to \infty} \frac{[e^n]}{e^n} \leqq 1$$
　　　　　　　　　　　　　　　　０

ここで，$\displaystyle\lim_{n \to \infty}\left(1 - \frac{1}{e^n}\right) = 1$ より，

はさみ打ちの原理を用いて，

$\displaystyle\lim_{n \to \infty} \frac{[e^n]}{e^n} = 1$ である。……② ……(答)

$\Bigg[$ 一般に $\displaystyle\lim_{n \to \infty} a_n = \alpha$ のとき $\displaystyle\lim_{n \to \infty} a_{n+1} = \alpha$
となるので，②より，
$\displaystyle\lim_{n \to \infty} \frac{[e^{n+1}]}{e^{n+1}} = 1$ …②′ も成り立つ。$\Bigg]$

(2) 一般に実数 x に対して $[x] = n$ のとき
$n \leqq x < n + 1$ が成り立つので，
$x = \log k$ とおくと，
$n \leqq \log k < n + 1$ となる。よって，
$\boxed{\log e^n}$　　$\boxed{\log e^{n+1}}$
$e^n \leqq k < e^{n+1}$ ……③
$\boxed{\text{自然数}}$
$\therefore k = [e^n] + 1,\ [e^n] + 2,\ \cdots,\ [e^{n+1}]$
$\boxed{\text{最初の数}}$　　　　　　　$\boxed{\text{最後の数}}$
よって，③をみたす自然数 k の個数
$f(n)$ は，
$f(n) = [e^{n+1}] - ([e^n] + 1) + 1$
$\boxed{\text{最後の数}}\ \boxed{\text{最初の数}}$
$\therefore f(n) = [e^{n+1}] - [e^n]$ ……④
となる。④の両辺を e^n で割って，
$n \to \infty$ の極限をとると，

$$\lim_{n \to \infty} \frac{f(n)}{e^n} = \lim_{n \to \infty} \frac{[e^{n+1}] - [e^n]}{e^n}$$

$$= \lim_{n \to \infty}\left(e \cdot \boxed{\frac{[e^{n+1}]}{e^{n+1}}} - \boxed{\frac{[e^n]}{e^n}}\right)$$
　　　　　　$\boxed{1\,（②′ より）}$　$\boxed{1\,（② より）}$

$$= e \cdot 1 - 1 = e - 1 \quad\cdots\cdots\cdots(答)$$

演習 exercise ⑦ 微分法とその応用

テーマ

▶ **導関数の定義式と計算**
$$\left(f'(x) = \lim_{h \to 0} \frac{f(x+h)-f(x)}{h}\right)$$

▶ **接線・法線と関数のグラフ**
(接線：$y = f'(t)(x-t) + f(t)$)

▶ **微分法の方程式・不等式への応用**
($f(x) = k$ は，$y = f(x)$ と $y = k$ に分解する)

▶ **速度・加速度，近似式**

1. 微分係数の定義式

$$f'(a) = \lim_{h \to 0} \frac{f(a+h) - f(a)}{h} = \lim_{h \to 0} \frac{f(a) - f(a-h)}{h} = \lim_{b \to a} \frac{f(b) - f(a)}{b - a}$$

> 極限はすべて $\dfrac{0}{0}$ の不定形だけれど，これがある極限値に収束するとき，その値を微分係数 $f'(a)$ とおくんだね。これは曲線上の点 $(a,\ f(a))$ における接線の傾きのことだ。

2. 導関数の定義式

$$f'(x) = \lim_{h \to 0} \frac{f(x+h) - f(x)}{h} = \lim_{h \to 0} \frac{f(x) - f(x-h)}{h}$$

> この極限も $\dfrac{0}{0}$ の不定形だけれど，これがある関数に収束するとき，その関数を導関数 $f'(x)$ とおく。

3. 微分計算の公式（Ⅰ）

$(1)(x^{\alpha})' = \alpha x^{\alpha - 1}$　　　　$(2)(\sin x)' = \cos x$　　　$(3)(\cos x)' = -\sin x$

$(4)(\tan x)' = \dfrac{1}{\cos^2 x}$　　　　$(5)(e^x)' = e^x$　　　　　$(6)(a^x)' = a^x \log a$

$(7)(\log x)' = \dfrac{1}{x}$　$(x > 0)$　　$(8)(\log f(x))' = \dfrac{f'(x)}{f(x)}$　$(f(x) > 0)$

（対数はすべて自然対数を表す。また，$a > 0$ かつ $a \neq 1$）

4. 微分計算の公式（Ⅱ）

$(1)(f \cdot g)' = f' \cdot g + f \cdot g'$　　　$(2)\left(\dfrac{g}{f}\right)' = \dfrac{g' \cdot f - g \cdot f'}{f^2}$

（ただし，f，g はそれぞれ $f(x)$，$g(x)$ を表す。）

$(3) \dfrac{dy}{dx} = \dfrac{dy}{dt} \cdot \dfrac{dt}{dx}$　　　　　$(4) \dfrac{dy}{dx} = \dfrac{\dfrac{dy}{d\theta}}{\dfrac{dx}{d\theta}}$

合成関数の微分

> $x = x(\theta)$，$y = y(\theta)$ と媒介変数表示された関数の微分

5. 平均値の定理

関数 $f(x)$ が微分可能のとき，

$$\frac{f(b) - f(a)}{b - a} = f'(c) \text{ をみたす } c \text{ が，} a < x < b \text{ の範囲に少なくとも } 1 \text{ つ存在する。}$$

6. 接線と法線の公式

(1) 接線の方程式：$y = f'(t)(x - t) + f(t)$

(2) 法線の方程式：$y = -\dfrac{1}{f'(t)}(x - t) + f(t) \quad (f'(t) \neq 0)$

7. 2曲線 $y = f(x)$ と $y = g(x)$ の共接条件

(i) $f(t) = g(t)$　　かつ　　(ii) $f'(t) = g'(t)$

8. 関数のグラフを描く上で役に立つ極限の知識 (α : 正の定数)

(1) $\displaystyle\lim_{x \to \infty} \frac{x^\alpha}{e^x} = 0 \qquad \left[\frac{(中位の \infty)}{(強い \infty)} = 0 \right]$

(2) $\displaystyle\lim_{x \to \infty} \frac{e^x}{x^\alpha} = \infty \qquad \left[\frac{(強い \infty)}{(中位の \infty)} = \infty \right]$

(3) $\displaystyle\lim_{x \to \infty} \frac{\log x}{x^\alpha} = 0 \qquad \left[\frac{(弱い \infty)}{(中位の \infty)} = 0 \right]$

(4) $\displaystyle\lim_{x \to \infty} \frac{x^\alpha}{\log x} = \infty \qquad \left[\frac{(中位の \infty)}{(弱い \infty)} = \infty \right]$

この (強い ∞), (中位の ∞), (弱い ∞) というのは，あくまでも便宜上の表現で，
正式なものではないので，答案には書いてはいけない。

9. $f'(x)$, $f''(x)$ の符号と曲線 $y = f(x)$ の関係

(1) $\begin{cases} f'(x) > 0 \text{ のとき，増加} \\ f'(x) < 0 \text{ のとき，減少} \end{cases}$ 　(2) $\begin{cases} f''(x) > 0 \text{ のとき，下に凸} \\ f''(x) < 0 \text{ のとき，上に凸} \end{cases}$

10. 方程式 $f(x) = k$ (k : 定数) の実数解の個数

$y = f(x)$ と $y = k$ に分解して，曲線 $y = f(x)$ と直線 $y = k$ との共有点の個数
を調べる。

127

11. $a \leqq x \leqq b$ における不等式 $f(x) \geqq g(x)$ の証明

差関数 $y = h(x) = f(x) - g(x)$ $(a \leqq x \leqq b)$ をとって，$a \leqq x \leqq b$ の範囲において $y = h(x) \geqq 0$ であることを示す。

12. 文字定数 k と不等式

(1) $f(x) \leqq k$ を示すには，$y = f(x)$ と $y = k$ に分解して，$f(x)$ の最大値 $M \leqq k$ を示せばいい。

(2) $f(x) \geqq k$ を示すには，$y = f(x)$ と $y = k$ に分解して，$f(x)$ の最小値 $m \geqq k$ を示せばいい。

(1)のイメージ

(2)のイメージ

(ex) 試験でよく出題されるものとして「$x \geqq 0$ のとき $f(x) \geqq 0$」を示すパターンを 2 つ下に示しておこう。

（ i ）$x \geqq 0$ のとき，$f'(x) \geqq 0$ を示し，$f(0) = 0$ を示す。

よって右図のように，$y = f(x)$ は原点から単調に増加するので，$f(x) \geqq 0$ が示せる。

（ ii ）$x \geqq 0$ のとき，$f'(x) \leqq 0$ を示し，$f(0) > 0$ かつ $\lim_{x \to \infty} f(x) = 0$ を示す。

$y = f(x)$ は，点 $(0, \underset{\oplus}{f(0)})$ から

単調に減少するが，$\lim_{x \to \infty} f(x) = 0$ より，$x \geqq 0$ のとき $f(x) > 0$，つまり $f(x) \geqq 0$ が示せる。

13. 速度と加速度 (t：時刻)

(1) x 軸上を運動する動点 $\mathbf{P}(\underline{x(t)})$ について，

> x は，時刻 t の関数という意味

(i) $\begin{cases} \text{速度 } v = \dfrac{dx}{dt} \\[2mm] \text{速さ } |v| = \left| \dfrac{dx}{dt} \right| \end{cases}$　　(ii) $\begin{cases} \text{加速度 } a = \dfrac{dv}{dt} = \dfrac{d^2x}{dt^2} \\[2mm] \text{加速度の大きさ } |a| = \left| \dfrac{d^2x}{dt^2} \right| \end{cases}$

(2) xy 座標平面上を運動する動点 $\mathbf{P}(x(t),\ y(t))$ について，

(i) $\begin{cases} \text{速度 } \vec{v} = \left(\dfrac{dx}{dt},\ \dfrac{dy}{dt} \right) \\[3mm] \text{速さ } |\vec{v}| = \sqrt{\left(\dfrac{dx}{dt}\right)^2 + \left(\dfrac{dy}{dt}\right)^2} \end{cases}$

(ii) $\begin{cases} \text{加速度 } \vec{a} = \left(\dfrac{d^2x}{dt^2},\ \dfrac{d^2y}{dt^2} \right) \\[3mm] \text{加速度の大きさ } |\vec{a}| = \sqrt{\left(\dfrac{d^2x}{dt^2}\right)^2 + \left(\dfrac{d^2y}{dt^2}\right)^2} \end{cases}$

> 速度ベクトル $\vec{v}$ の向きは，動点 $\mathbf{P}$ の描く曲線の接線方向と一致する。

14. 第1次近似式

(i) $x \fallingdotseq 0$ のとき，$f(x) \fallingdotseq f'(0) \cdot x + f(0)$

(ii) $h \fallingdotseq 0$ のとき，$f(a+h) \fallingdotseq f'(a) \cdot h + f(a)$

> 近似式は極限の式から導ける。たとえば，微分係数 $f'(a)$ の定義式：
> $$\lim_{h \to 0} \frac{f(a+h) - f(a)}{h} = f'(a) \text{ より，} h \fallingdotseq 0 \text{ のとき，} \frac{f(a+h) - f(a)}{h} \fallingdotseq f'(a)$$
> よって (ii) $h \fallingdotseq 0$ のとき，$f(a+h) \fallingdotseq f'(a) \cdot h + f(a)$ が導ける。

$(ex)\ f(x) = e^x$ とおくと，$f'(x) = e^x$

∴ $x \fallingdotseq 0$ のとき，次の近似式が成り立つ。

$e^x \fallingdotseq 1 \cdot x + 1$　　$\Big[f(x) \fallingdotseq f'(0) \cdot x + f(0) \Big]$

$(ex)\ f(x) = (x+1)^\alpha$ とおくと，$f'(x) = \alpha(x+1)^{\alpha-1}$

∴ $x \fallingdotseq 0$ のとき，次の近似式が成り立つ。

$(x+1)^\alpha \fallingdotseq \alpha \cdot x + 1$　　$\Big[f(x) \fallingdotseq f'(0) \cdot x + f(0) \Big]$

難易度 ⚫⚫⚫

関数 $f(x)$ は，$x=0$ で微分可能で $f'(0)=1$ とする。このとき，次の極限値を求めよ。

(1) $\displaystyle\lim_{x \to 0} \frac{f(2x)-f(-x)}{x}$

(福岡大 ＊)

(2) $\displaystyle\lim_{x \to 0} \frac{f(\sin 8x)-f(\tan x)}{x}$

(日本大)

>[!NOTE] ヒント！
> 微分係数の定義式に従って，極限を求めればいい。

基本事項

微分係数 $f'(a)$ の定義式

$$f'(a) = \lim_{h \to 0} \frac{f(a+h)-f(a)}{h}$$
$$= \lim_{h \to 0} \frac{f(a)-f(a-h)}{h}$$
$$= \lim_{b \to a} \frac{f(b)-f(a)}{b-a}$$

(1) $\displaystyle\lim_{x \to 0} \frac{f(2x)-f(-x)}{x}$ ← $\frac{0}{0}$ の不定形

同じものを引いて足す！

$$= \lim_{x \to 0} \frac{\{f(0+2x)-f(0)\}+\{f(0)-f(0-x)\}}{x}$$

$$= \lim_{x \to 0} \left\{ \frac{f(0+\boxed{2x})-f(0)}{\boxed{2x}} \times 2 \right.$$

$$\left. + \frac{f(0)-f(0-\boxed{x})}{\boxed{x}} \right\}$$

$2x=h_1$，$x=h_2$ とおくと，
$x \to 0$ のとき，$h_1 \to 0$，$h_2 \to 0$ より，
微分係数 $f'(0)$ の定義式が 2 つできる。

$$= 2 \cdot \boxed{f'(0)} + \boxed{f'(0)} = 3 \quad \cdots\cdots (答)$$

(2) $\displaystyle\lim_{x \to 0} \frac{f(\sin 8x)-f(\tan x)}{x}$ ← $\frac{0}{0}$ の不定形

同じ $f(0)$ を引いて足す！

$$= \lim_{x \to 0} \left\{ \frac{f(0+\sin 8x)-f(0)}{x} \right.$$

$+f(0)$ のこと

$$\left. - \frac{f(0+\tan x)-f(0)}{x} \right\}$$

$$= \lim_{x \to 0} \left\{ \frac{f(0+\boxed{\sin 8x})-f(0)}{\boxed{\sin 8x}} \cdot \boxed{\frac{\sin 8x}{8x}} \cdot 8 \right.$$

$$\left. - \frac{f(0+\boxed{\tan x})-f(0)}{\boxed{\tan x}} \cdot \boxed{\frac{\tan x}{x}} \right\}$$

$\sin 8x = h_1$，$\tan x = h_2$ とおくと，
$x \to 0$ のとき，$h_1 \to 0$，$h_2 \to 0$ より，
微分係数 $f'(0)$ の定義式が 2 つできる。

$$= f'(0) \times 1 \times 8 - f'(0) \times 1$$

$$= 7 \cdot \boxed{f'(0)} = 7 \quad \cdots\cdots\cdots (答)$$

実力アップ問題86　難易度 ★☆　CHECK 1　CHECK2　CHECK3

関数 $f(x) = \dfrac{\sin x}{x}$ $(x \neq 0)$ の $x = a$ $(\neq 0)$ における微分係数 $f'(a)$ を，定義式

$f'(a) = \lim\limits_{h \to 0} \dfrac{f(a+h) - f(a)}{h}$ を使って求めよ。

ただし，$\lim\limits_{h \to 0} \dfrac{\sin h}{h} = 1$ は利用してもよい。 （富山大＊）

ヒント！

分数関数の微分公式：$\left(\dfrac{g}{f}\right)' = \dfrac{g' \cdot f - g \cdot f'}{f^2}$ を用いれば，導関数 $f'(x)$

が求まり，$x = a$ のときの微分係数 $f'(a) = \dfrac{a\cos a - \sin a}{a^2}$ であることがすぐに

わかると思う。今回は，これを定義式から求めないといけないんだね。

関数 $f(x) = \dfrac{\sin x}{x}$ $(x \neq 0)$ の $x = a$
$(\neq 0)$ における微分係数 $f'(a)$ は，次の
定義式により求められる。

$f'(a) = \lim\limits_{h \to 0} \dfrac{f(a+h) - f(a)}{h}$

$= \lim\limits_{h \to 0} \dfrac{\dfrac{\sin(a+h)}{a+h} - \dfrac{\sin a}{a}}{h}$

加法定理

$\boxed{\sin a \cdot \cos h + \cos a \cdot \sin h}$

$= \lim\limits_{h \to 0} \dfrac{a\,\boxed{\sin(a+h)} - (a+h)\sin a}{ha(a+h)}$

この分子をまとめると，

分子 $= a(\sin a \cdot \cos h + \cos a \cdot \sin h)$
$\qquad - a\sin a - h\sin a$

$= -a\sin a \cdot (1 - \cos h) + a\cos a \cdot \sin h$
$\qquad - h\sin a$ となる。

よって，求める微分係数 $f'(a)$ は，

$f'(a) = \lim\limits_{h \to 0} \Big\{ -\dfrac{a\sin a}{a(a+h)} \cdot \dfrac{1 - \cos h}{h}$

$\qquad + \dfrac{a\cos a}{a(a+h)} \cdot \dfrac{\sin h}{h} - \dfrac{h \cdot \sin a}{ha(a+h)} \Big\}$

$\boxed{1 - \cos^2 h = \sin^2 h}$

$= \lim\limits_{h \to 0} \Big\{ -\dfrac{\sin a}{a+h} \cdot \dfrac{(1-\cos h)(1+\cos h)}{h(1+\cos h)}$

$\qquad + \dfrac{\cos a}{a+h} \cdot \dfrac{\sin h}{h} - \dfrac{\sin a}{a(a+h)} \Big\}$

$= \lim\limits_{h \to 0} \Big\{ -\dfrac{\sin a}{a+\boxed{h}} \cdot \boxed{\dfrac{\sin h}{h}} \cdot \dfrac{\boxed{\sin h}}{1+\boxed{\cos h}}$

$\qquad + \dfrac{\cos a}{a+\boxed{h}} \cdot \boxed{\dfrac{\sin h}{h}} - \dfrac{\sin a}{a(a+\boxed{h})} \Big\}$

$= -\dfrac{\sin a}{a} \cdot 1 \cdot \dfrac{0}{1+1} + \dfrac{\cos a}{a} \cdot 1 - \dfrac{\sin a}{a \cdot a}$

$= \dfrac{a\cos a - \sin a}{a^2}$ ……………(答)

次の関数を微分せよ。

(1) $y = \sin^2 2x$

(2) $y = e^{2x} \cdot \cos 2x$

(3) $y = \dfrac{x}{\sqrt{x^2+1}}$

(4) $y = x\sqrt{x^2+1} + \log(x + \sqrt{x^2+1})$

ヒント！　微分計算の標準問題。3つの微分公式(積・商・合成関数)を連続的に使いこなすことによって，解くんだね。

(1) $y = \sin^2 2x$ について，$\sin 2x = t$ とおくと，

$$y' = \frac{dy}{dx} = \frac{d\overset{(t^2)}{\boxed{y}}}{dt} \cdot \frac{d\overset{(\sin 2x)}{\boxed{t}}}{dx}$$

（これを u とおくと）

$$= 2 \cdot \sin 2x \cdot (\sin \boxed{2x})'$$

$$\left(\frac{d(\sin u)}{du} \cdot \frac{d(2x)}{dx} \right)$$

$$= 2\sin 2x \cdot \cos 2x \cdot 2$$

$$= 2 \cdot 2\sin 2x \cos 2x$$

$$= 2\sin 4x \quad \cdots\cdots\cdots\cdots\cdots (答)$$

(2) $y' = (e^{2x} \cdot \cos 2x)' \longrightarrow$ （$(f \cdot g)'$ の公式）

（t とおく）　（u とおく）

$$= (e^{\boxed{2x}})' \cdot \cos 2x + e^{2x} \cdot (\cos \boxed{2x})'$$

$$\left(\frac{d(e^t)}{dt} \cdot \frac{d(2x)}{dx} \right) \quad \left(\frac{d(\cos u)}{du} \cdot \frac{d(2x)}{dx} \right)$$

$$= e^{2x} \cdot 2 \cdot \cos 2x + e^{2x} \cdot (-\sin 2x) \cdot 2$$

$$= 2e^{2x} \cdot (\cos 2x - \sin 2x) \quad \cdots\cdots (答)$$

(3) $y' = \left(\dfrac{x}{\sqrt{x^2+1}} \right)' \longrightarrow$ （$\left(\dfrac{g}{f}\right)'$ の公式）

（t とおく）

$$= \frac{\overset{1}{(x)'} \cdot \sqrt{x^2+1} - x\left\{ (\boxed{(x^2+1)})^{\frac{1}{2}} \right\}'}{x^2+1}$$

$$= \frac{\sqrt{x^2+1} - x \cdot \frac{1}{2}(x^2+1)^{-\frac{1}{2}} \cdot 2x}{x^2+1}$$

$$= \frac{x^2+1 - x^2}{(x^2+1)\sqrt{x^2+1}} \quad \left(\begin{array}{c} \text{分子・分母に} \\ \sqrt{x^2+1}\text{をかけた} \end{array} \right)$$

$$= \frac{1}{(x^2+1)\sqrt{x^2+1}} \quad \cdots\cdots\cdots\cdots (答)$$

(4) $y' = \left\{ x \cdot (x^2+1)^{\frac{1}{2}} \right\}' + \left\{ \log(x + \sqrt{x^2+1}) \right\}'$

（t とおく）

$$= 1 \cdot (x^2+1)^{\frac{1}{2}} + x \cdot \left\{ (\boxed{(x^2+1)})^{\frac{1}{2}} \right\}'$$

（t とおく）

$$+ \frac{1 + \left\{ (\boxed{(x^2+1)})^{\frac{1}{2}} \right\}'}{x + \sqrt{x^2+1}}$$

$$= \sqrt{x^2+1} + x \cdot \frac{1}{2}(x^2+1)^{-\frac{1}{2}} \cdot 2x$$

$$+ \frac{1 + \frac{1}{2}(x^2+1)^{-\frac{1}{2}} \cdot 2x}{x + \sqrt{x^2+1}}$$

$$= \sqrt{x^2+1} + \frac{x^2}{\sqrt{x^2+1}}$$

$$+ \frac{\sqrt{x^2+1} + x}{(x + \sqrt{x^2+1})\sqrt{x^2+1}} \quad \left(\begin{array}{c} \text{分子・分母} \\ \text{に} \sqrt{x^2+1} \text{を} \\ \text{かけた！} \end{array} \right)$$

$$= \sqrt{x^2+1} + \frac{x^2}{\sqrt{x^2+1}} + \frac{1}{\sqrt{x^2+1}}$$

$$= \sqrt{x^2+1} + \frac{x^2+1}{\sqrt{x^2+1}} = 2\sqrt{x^2+1}$$

$$\cdots\cdots\cdots (答)$$

実力アップ問題88　難易度　CHECK 1　CHECK 2　CHECK 3

次の問いに答えよ。

(1) $y = (x^2 + x + 1)^x$ を微分せよ。 (小樽商科大)

(2) $\tan y = x$ が与えられたとき，$y = \dfrac{\pi}{4}$ における $\dfrac{d^2 y}{dx^2}$ の値を求めよ。(信州大)

ヒント！ (1) $y = (x\,の式)^{(x\,の式)}$ では，両辺の自然対数をとって微分する。
(2) 逆関数の微分では，まず $\dfrac{dx}{dy}$ を求めて，逆数をとるんだね。

(1) $y = (x^2 + x + 1)^x$ ……①

$x^2 + x + 1 > 0$ より，①の両辺は正。 （真数条件）

$x^2 + x + 1 = \left(x + \dfrac{1}{2}\right)^2 + \dfrac{3}{4} > 0$

よって①の両辺の自然対数をとると，

$\log y = \log (x^2 + x + 1)^x$

$\log y = x \cdot \log (x^2 + x + 1)$

この両辺を x で微分して，

$(\log y)' = \overset{1}{\cancel{x'}} \cdot \log(x^2+x+1) + x \cdot \{\log(x^2+x+1)\}'$

$\dfrac{d(\log y)}{dx} = \dfrac{d(\log y)}{dy} \cdot \dfrac{dy}{dx}$ 　　$\dfrac{(x^2+x+1)'}{x^2+x+1}$

（合成関数の微分）

$\dfrac{1}{y} \cdot \dfrac{dy}{dx} = \log(x^2+x+1) + \dfrac{x(2x+1)}{x^2+x+1}$

∴求める導関数は，

$\dfrac{dy}{dx} = y \cdot \left\{ \log(x^2+x+1) + \dfrac{2x^2+x}{x^2+x+1} \right\}$

$= (x^2+x+1)^x \cdot \left\{ \log(x^2+x+1) \right.$

$\left. + \dfrac{2x^2+x}{x^2+x+1} \right\}$ ……(答)

（①より）

(2) $x = \tan y$ ……② ← x は，y の関数

x を y で微分して，

$\dfrac{dx}{dy} = (\tan y)' = \dfrac{1}{\cos^2 y}$

公式：
$1 + \tan^2\theta = \dfrac{1}{\cos^2\theta}$
を使った！

$= 1 + \tan^2 y$

$\therefore \dfrac{dx}{dy} = 1 + x^2$ （∵②）

この逆数をとって，

$\dfrac{dy}{dx} = \dfrac{1}{1+x^2} = (1+x^2)^{-1}$

この両辺をさらに x で微分して，

（t とおく）

$\dfrac{d^2 y}{dx^2} = \{((1+x^2)^{-1}\}' = -(1+x^2)^{-2} \cdot 2x$

（2回微分）　　　　　　（合成関数の微分）

$= -\dfrac{2x}{(1+x^2)^2}$ ……③

ここで，$y = \dfrac{\pi}{4}$ のとき，②より，

$x = \tan\dfrac{\pi}{4} = 1$

これを③に代入して，

$\dfrac{d^2 y}{dx^2} = -\dfrac{2 \cdot 1}{(1+1^2)^2} = -\dfrac{1}{2}$ ………(答)

(1) $f(x) = (x-1)^2 Q(x)$ ($Q(x)$ は整式) のとき，$f'(x)$ が $x-1$ で割り切れる
　　ことを示せ。

(2) $g(x) = ax^{n+1} + bx^n + 1$ (n は 2 以上の自然数) が $(x-1)^2$ で割り切れる
　　とき，a, b を n で表せ。　　　　　　　　　　　　　　（岡山理科大）

ヒント！ (1) 因数定理と微分法の融合問題だ。この結果は様々な問題を解く
上で役に立つので覚えておこう。(2) は (1) の結果より，$g(1) = 0$, $g'(1) = 0$ を
解いて a, b を求めればいいんだね。

基本事項

(ⅰ) 因数定理

$f(x)$ が $x-a$
で割り切れる $\iff$ $f(a) = 0$

(ⅱ) 因数定理の応用

$f(x)$ が $(x-a)^2$
で割り切れる $\iff$ $f(a) = 0$ かつ $f'(a) = 0$

今回の問題は，この (ⅱ) に関連した問題なんだね。

(1) $f(x) = (x-1)^2 Q(x)$ ……①
　　　　　($Q(x)$：整式)

すなわち，$f(x)$ が $(x-1)^2$ で割り切れるとき，この導関数 $f'(x)$ が $x-1$ で割り切れることを示す。

①の両辺を x で微分して，

$f'(x) = \{(x-1)^2\}' Q(x) + (x-1)^2 Q'(x)$

公式：$(f \cdot g)' = f' \cdot g + f \cdot g'$

$= 2(x-1) \cdot Q(x) + (x-1)^2 \cdot Q'(x)$
$= (x-1)\{2Q(x) + (x-1)Q'(x)\}$

これを整式 $\widetilde{Q}$ とおく。

$\therefore f'(x) = (x-1)\widetilde{Q}(x)$
(整式 $\widetilde{Q}(x) = 2Q(x) + (x-1)Q'(x)$)

となるので，$f'(x)$ は $x-1$ で割り切れる。……………………(終)

(2) (1) の結果より，整式 $f(x)$ が $(x-1)^2$
で割り切れる，すなわち

$f(x) = (x-1)^2 Q(x)$　　($Q(x)$：整式)
と表されるならば，

$f'(x) = (x-1)\widetilde{Q}(x)$　　($\widetilde{Q}(x)$：整式)
となるので，一般に次の命題

$f(x)$ が $(x-1)^2$
で割り切れる $\iff$ $f(1) = 0$ かつ $f'(1) = 0$

が成り立つ。

よって，整式 $g(x) = ax^{n+1} + bx^n + 1$
が $(x-1)^2$ で割り切れるとき，その
導関数 $g'(x) = a(n+1)x^n + bnx^{n-1}$
も $(x-1)$ で割り切れる。よって，

$\begin{cases} g(1) = a + b + 1 = 0 & \cdots\cdots\cdots② \\ \text{かつ} \\ g'(1) = (n+1)a + bn = 0 & \cdots\cdots③ \end{cases}$

が成り立つ。

③$-n \times$②より，$a - n = 0$

$\therefore a = n$

これを②に代入して，

$b = -n-1$

以上より，

$a = n$, $b = -n-1$ ………………(答)

実力アップ問題90　難易度 ★☆☆　CHECK 1　CHECK 2　CHECK 3

連続な関数 $f(x)$ が，任意の実数 x, y に対して，

$$f(y) - f(x) = (y - x)f(x)f(y) \quad \cdots\cdots ① \quad をみたす。$$

(1) $f'(x)$ を $f(x)$ を用いて表せ。

(2) 第 n 次導関数 $f^{(n)}(x)$ を $f(x)$ と n を用いて表せ。

ヒント！
(1) y に $x + h$ $(h \neq 0)$ を代入すると，導関数の定義式の形が見えてくるはずだ。**(2)** 数学的帰納法を利用するといい。

基本事項

導関数 $f'(x)$ の定義式

$$f'(x) = \lim_{h \to 0} \frac{f(x+h) - f(x)}{h}$$
$$= \lim_{h \to 0} \frac{f(x) - f(x-h)}{h}$$

(1) $f(y) - f(x) = (y - x)f(x)f(y)$ ……①

①の y に $x + h$ $(h \neq 0)$ を代入して，

$$f(x+h) - f(x) = hf(x)f(x+h)$$

両辺を h $(\neq 0)$ で割って，$h \to 0$ とすると，

$$\lim_{h \to 0} \boxed{\frac{f(x+h) - f(x)}{h}}_{f'(x)} = \lim_{h \to 0} f(x) \cdot f(x + \boxed{h}^{0})_{f(x)}$$

$f(x)$ は連続関数より，この右辺の極限が $f(x) \cdot f(x)$ に収束するので，左辺の $\frac{0}{0}$ の不定形の極限もこれに収束して，$f'(x)$ になる。

$$\therefore f'(x) = \{f(x)\}^2 \quad \cdots\cdots ② \cdots (答)$$

参考

②を略記して，$f' = f^2$ と書く。

この両辺を x で微分して，

$$f'' = (f^2)' = 2f \cdot f' = 2f \cdot f^2 = \overset{2!}{②} f^3$$

さらに微分して，

$$\overset{f''''}{\boxed{f^{(3)}}} = (2f^3)' = 2 \cdot 3 \cdot f^2 \cdot f' = 3 \cdot 2 \cdot f^2 \cdot f^2 = 3!f^4$$

これより，

$$f^{(n)} = n!f^{n+1} \quad と推定できる。$$

(2) ②より，

$$f'(x) = 1!\{f(x)\}^2, \quad f^{(2)}(x) = 2!\{f(x)\}^3,$$
$$f^{(3)}(x) = 3!\{f(x)\}^4, \quad \cdots\cdots$$

以上より，$n = 1, 2, \cdots$ に対して，

$$f^{(n)}(x) = n!\{f(x)\}^{n+1} \quad \cdots\cdots(*)$$

と予想される。これを数学的帰納法により証明する。

(i) $n = 1$ のとき，明らかに成り立つ。

(ii) $n = k$ のとき，

$$f^{(k)}(x) = k!\{f(x)\}^{k+1} \quad \cdots\cdots ③ が$$

成り立つと仮定して，$n = k+1$ のときについて調べる。

③の両辺を x で微分して，

$$f^{(k+1)}(x) = k! \left[\{f(x)\}^{k+1} \right]'$$
$$= k! \cdot (k+1) \cdot \{f(x)\}^k \cdot f'(x)$$
$$= (k+1) \cdot k! \cdot \{f(x)\}^k \cdot \{f(x)\}^2$$
$$= (k+1)! \cdot \{f(x)\}^{k+2} \quad (\because ②)$$

$\therefore n = k+1$ のときも成り立つ。

以上(i)(ii)より，$n = 1, 2, \cdots$ のとき

$$f^{(n)}(x) = n!\{f(x)\}^{n+1} \quad \cdots\cdots(*)$$

が成り立つ。 $\cdots\cdots\cdots\cdots\cdots$(答)

関数 $f(x)$ はすべての実数 s, t に対して

$$f(s+t) = f(s)e^t + f(t)e^s \quad \cdots\cdots①$$

を満たし，さらに $x = 0$ では微分可能で $f'(0) = 1$ とする。

(1) $f(0)$ を求めよ。

(2) $\displaystyle\lim_{h \to 0} \frac{f(h)}{h}$ を求めよ。

(3) 関数 $f(x)$ はすべての x で微分可能であることを，微分の定義に従って示せ。さらに $f'(x)$ を $f(x)$ を用いて表せ。　　　（東京理科大 *）

ヒント！ **(1)** $s = t = 0$ を代入する。**(2)** $f(h) = f(0+h) - f(0)$ と変形する。
(3) 導関数の定義式にもち込むように変形するといいよ。

$$f(s+t) = f(s)e^t + f(t)e^s \quad \cdots\cdots①$$

（s, t : すべての実数）

$$f'(0) = 1 \quad \cdots\cdots\cdots\cdots\cdots②$$

(1) ①に $s = t = 0$ を代入して，

$$f(0) = f(0) \cdot \overset{1}{\underbrace{e^0}} + f(0) \cdot \overset{1}{\underbrace{e^0}}$$

$$\therefore f(0) = 0 \quad \cdots\cdots\cdots\cdots③\cdots\cdots（答）$$

(2) $f(h) = f(0+h) - \overset{0（③より）}{\underbrace{f(0)}}$ より，

$$\lim_{h \to 0} \frac{f(h)}{h} = \lim_{h \to 0} \frac{f(0+h) - f(0)}{h}$$

これは，微分係数 $f'(0)$ の定義式で，
②より，$f'(0) = 1$ は存在する。

$$\therefore \lim_{h \to 0} \frac{f(h)}{h} = f'(0) = 1 \cdots④\cdots\cdots（答）$$

(3) ①の s に x, t に h $(h \neq 0)$ を代入して，①の両辺から $f(x)$ を引くと，

$$f(x+h) - f(x)$$
$$= f(x)e^h + f(h)e^x - f(x)$$

$$f(x+h) - f(x) = f(x)(e^h - 1) + f(h) \cdot e^x$$

この両辺を h $(\neq 0)$ で割って，

$$\frac{f(x+h) - f(x)}{h} = f(x) \cdot \frac{e^h - 1}{h} + \frac{f(h)}{h} \cdot e^x$$

この両辺の $h \to 0$ の極限をとると，

$$\lim_{h \to 0} \frac{f(x+h) - f(x)}{h}$$

$$= \lim_{h \to 0} \left\{ f(x) \cdot \boxed{\frac{e^h - 1}{h}} + \boxed{\frac{f(h)}{h}} \cdot e^x \right\}$$

ここで上に $\boxed{1 \text{(公式)}}$ $\boxed{1 \text{(④より)}}$

注意！

この左辺は，$f'(x)$ の定義式だが，$\dfrac{0}{0}$ の不定形なので，収束するかどうかわからない。しかし，右辺は，$f(x) \times 1 + 1 \times e^x$ に収束するので，左辺もこれに収束して，$f'(x)$ になる。

ここで $\displaystyle\lim_{h \to 0} \frac{e^h - 1}{h} = 1$, $\displaystyle\lim_{h \to 0} \frac{f(h)}{h} = 1$ より，この右辺は収束する。よって，左辺も収束して，$f(x)$ は微分可能で，$f'(x)$ は，

$$f'(x) = f(x) + e^x \quad \text{となる。} \cdots\cdots（終）（答）$$

実力アップ問題92　難易度　　　CHECK 1　CHECK 2　CHECK 3

$$f(x) = \begin{cases} x^2 + 1 & (x \leqq 1 \text{ のとき}) \\ -2x^2 + ax + b & (x > 1 \text{ のとき}) \end{cases}$$

で関数 $f(x)$ を定める。$f(x)$ が $x = 1$ で微分可能となるような a, b の値を求めよ。

(上智大)

ヒント！ 関数 $f(x)$ の $x = 1$ における連続かつ微分可能の定義式に従って，a, b の値を計算するんだよ。

基本事項

関数の微分可能性

関数 $y = f(x)$ が 〔なめらかにつながる！〕 $x = p$ で微分可能のとき，

(ⅰ) $f(x)$ は

　　　$x = p$ で連続，かつ

(ⅱ) $\displaystyle \lim_{x \to p+0} \frac{f(x) - f(p)}{x - p} = \lim_{x \to p-0} \frac{f(x) - f(p)}{x - p}$

となる。

$$f(x) = \begin{cases} x^2 + 1 & (x \leqq 1) \\ -2x^2 + ax + b & (1 < x) \end{cases}$$

が，$x = 1$ で微分可能のとき，

(ⅰ) $f(x)$ が $x = 1$ で連続より，

$$\lim_{x \to 1+0} \boxed{f(x)} = \boxed{f(1)}$$
$$\underbrace{(-2x^2 + ax + b)}\quad \underbrace{(1^2 + 1)}$$

$$\lim_{x \to 1+0} (-2x^2 + ax + b) = 2$$

$$-2 + a + b = 2$$

$$b = -a + 4 \quad \cdots\cdots ①$$

よって，$1 < x$ のとき，

$$f(x) = -2x^2 + ax \underline{-a + 4}$$

(ⅱ)
$$\lim_{x \to 1+0} \frac{\overbrace{-2x^2+ax-a+4}^{②} }{\underbrace{\boxed{f(x)} - \boxed{f(1)}}}_{x - 1} = \lim_{x \to 1-0} \frac{\overbrace{x^2+1}^{②}}{\underbrace{\boxed{f(x)} - \boxed{f(1)}}}_{x - 1}$$
　　　　　右側微分係数　　　　　　左側微分係数

$$\lim_{x \to 1+0} \frac{-2x^2 + ax - a + 2}{x - 1} = \lim_{x \to 1-0} \frac{x^2 - 1}{x - 1}$$

$$\left(\begin{matrix} -2x^2 + ax - (a-2) = (-2x + a - 2)(x - 1) \\ \begin{matrix} -2 & \diagdown & a-2 \\ 1 & \diagup & -1 \end{matrix} \end{matrix} \right)$$

$$\lim_{x \to 1+0} \frac{(-2x + a - 2)(x - 1)}{x - 1} = \lim_{x \to 1-0} \frac{(x+1)(x-1)}{x - 1}$$

$$\lim_{x \to 1+0} (-2 \boxed{x} + a - 2) = \lim_{x \to 1-0} (\boxed{x} + 1)$$

$$a - 4 = 2 \qquad \therefore a = 6 \quad \cdots\cdots ②$$

以上①，②より

$$a = 6, \quad b = -6 + 4 = -2 \quad \cdots\cdots (答)$$

参考

$x \leqq 1$, $1 < x$ の定義域を設けず，

2 つの曲線 $\begin{cases} y = g(x) = x^2 + 1 \\ y = h(x) = -2x^2 + ax + b \end{cases}$

とおくと，求める a, b の条件は，この 2 曲線が，$x = 1$ で接する条件 (共接条件) と同じである。

この 2 曲線の共接条件は，

$g(1) = h(1)$, $g'(1) = h'(1)$ で，同じ結果が導ける。

(実力アップ問題 94 (2) を参照)

$0 < a < b$ のとき，次の不等式が成り立つことを示せ。

$$be^b - ae^a > (a+1)e^a(b-a) \quad \cdots\cdots(*)$$

ただし，e は自然対数の底である。

（岡山県立大）

ヒント！ $\displaystyle\lim_{b \to a}\dfrac{f(b)-f(a)}{b-a}$ は，微分係数 $f'(a)$ の定義式だけれど，$\dfrac{f(b)-f(a)}{b-a}$ のみで，極限がないときは，平均値の定理の問題になることも覚えておこう。

基本事項

平均値の定理

関数 $f(x)$ が微分可能のとき，

$\dfrac{f(b)-f(a)}{b-a} = f'(c)$　かつ $a < c < b$

となる c が，必ず存在する。

$0 < a < b$ のとき，

$\underbrace{be^b}_{f(b)} - \underbrace{ae^a}_{f(a)} > (a+1)e^a(b-a) \quad \cdots\cdots(*)$

が成り立つことを示す。

参考

$f(x) = x \cdot e^x$ とおくと，$f'(x) = (x+1)e^x$

$(*)$ から，

$\dfrac{f(b)-f(a)}{b-a} > \underbrace{\boxed{(a+1)e^a}}_{f'(a)} (\because b-a > 0)$

が導ける。

一方，平均値の定理から，

$\dfrac{f(b)-f(a)}{b-a} = f'(c) \quad (a < c < b)$

となる。よって，$f'(c) > f'(a)$ を示せばよい。

ここで，$f(x) = x \cdot e^x$ とおく。

$f'(x) = x' \cdot e^x + x \cdot (e^x)' = e^x + x \cdot e^x$
$\qquad = (x+1)e^x$

関数 $f(x)$ は微分可能なので，平均値の定理より，

$\dfrac{f(b)-f(a)}{b-a} = f'(c) \quad (a < c < b)$

をみたす c が，必ず存在する。

$\therefore \dfrac{be^b - ae^a}{b-a} = f'(c) \quad \cdots\cdots①$

ここで，$f''(x) = (x+1)' \cdot e^x + (x+1)(e^x)'$
$\qquad\qquad = e^x + (x+1)e^x = (x+2)e^x$

$x > 0$ のとき，$f''(x) > 0$

より，$f'(x)$ は単調に増加する。

ここで，$c > a$ より

$f'(c) > f'(a) \quad \cdots\cdots②$

①，②より

$\dfrac{be^b - ae^a}{b-a} = f'(c) > f'(a)$

$\dfrac{be^b - ae^a}{b-a} > (a+1)e^a$

ここで，$b-a > 0$ より，両辺に $b-a$ を
かけて，不等式

$be^b - ae^a > (a+1)e^a(b-a) \quad \cdots\cdots(*)$

が成り立つ。　　　　　　　　　　　　（終）

実力アップ問題94 　難易度 ★★☆　CHECK*1*　CHECK*2*　CHECK*3*

次の問いに答えよ。

(1) 関数 $f(x) = e^x$ 上の点 $(3, f(3))$ における接線の方程式を利用して，

　　$e^\pi > 21$ となることを示せ。ただし，$e > 2.7$，$\pi > 3.1$ とする。(東京大＊)

(2) 2 曲線 $y = \dfrac{a}{x}$ と $y = \sqrt{x+1}$ が接するように，定数 a の値を定めよ。

ヒント！ (1) 接線を $y = g(x)$ とおくと，$f(\pi) > g(\pi)$ となる。

(2) 2 曲線の共接条件：$f(t) = g(t)$ かつ $f'(t) = g'(t)$ を使えばいい。

基本事項

接線の方程式

点 $(t, f(t))$ における曲線 $y = f(x)$ の接線の方程式は，

$$y = f'(t)(x-t) + f(t)$$

基本事項

2 曲線の共接条件

2 曲線 $y = f(x)$ と $y = g(x)$ が $x = t$ で接するための条件は，

（ i ）$f(t) = g(t)$ かつ（ ii ）$f'(t) = g'(t)$

(1) $y = f(x) = e^x$，$f'(x) = e^x$ より，

点 $(3, f(3))$ における曲線 $y = f(x)$ の接線の方程式を $y = g(x)$ とおくと，

$y = g(x)$
　$= e^3(x-3) + e^3$ ←$\boxed{y = f'(3)(x-3) + f(3)}$

$\therefore y = g(x) = e^3 x - 2e^3$

$y = f(x) = e^x$ は下に凸な関数より，上図から明らかに，

$f(\pi) > g(\pi)$

$e^\pi > e^3 \pi - 2e^3 = (\pi - 2)e^3$

　　$> (3.1 - 2) \cdot 2.7^3 = 21.6513 > 21$

$\therefore e^\pi > 21$ ·················(終)

(2) $y = f(x) = a \cdot x^{-1}$，$y = g(x) = (x+1)^{\frac{1}{2}}$

とおくと，

$f'(x) = -a \cdot x^{-2}$，$g'(x) = \dfrac{1}{2}(x+1)^{-\frac{1}{2}}$

$y = f(x)$ と $y = g(x)$ が $x = t$ で接するとき，

$$\begin{cases} \dfrac{a}{t} = \sqrt{t+1} & \cdots\cdots① \; [f(t) = g(t)] \\ -\dfrac{a}{t^2} = \dfrac{1}{2\sqrt{t+1}} & \cdots② \; [f'(t) = g'(t)] \end{cases}$$

①÷②より，

$-t = 2(t+1)$ ← $\boxed{\dfrac{\frac{a}{t}}{-\frac{a}{t^2}} = \dfrac{\sqrt{t+1}}{\frac{1}{2\sqrt{t+1}}}}$

$t = -\dfrac{2}{3}$

これを①に代入して，

$a = t\sqrt{t+1} = -\dfrac{2}{3}\sqrt{\dfrac{1}{3}} = -\dfrac{2\sqrt{3}}{9}$ ···(答)

曲線 C $\begin{cases} x = a(\cos\theta + \theta\sin\theta) \\ y = a(\sin\theta - \theta\cos\theta) \end{cases}$ ……① $\begin{pmatrix} \theta : \text{媒介変数} \\ a : \text{正の定数} \end{pmatrix}$ がある。

(1) $\theta = \dfrac{2}{3}\pi$ のときの曲線 C 上の点を P とする。P の座標を求めよ。

(2) 曲線 C 上の点 P における法線 h の方程式を求めよ。

(3) 法線 h は，円 $x^2 + y^2 = a^2$ と接することを示せ。　　　(岩手大 *)

ヒント！　法線 h の傾きは $-\dfrac{dx}{dy}$ となることに注意しよう。

(1) $\theta = \dfrac{2}{3}\pi$ のとき，①より

・$x = a\left(\cos\dfrac{2}{3}\pi + \dfrac{2}{3}\pi \cdot \sin\dfrac{2}{3}\pi\right)$

$= a\left(-\dfrac{1}{2} + \dfrac{2}{3}\pi \cdot \dfrac{\sqrt{3}}{2}\right)$

$= \dfrac{2\sqrt{3}\pi - 3}{6}a$

・$y = a\left(\sin\dfrac{2}{3}\pi - \dfrac{2}{3}\pi \cdot \cos\dfrac{2}{3}\pi\right)$

$= a\left\{\dfrac{\sqrt{3}}{2} - \dfrac{2}{3}\pi \cdot \left(-\dfrac{1}{2}\right)\right\}$

$= \dfrac{2\pi + 3\sqrt{3}}{6}a$

$\therefore$ 点 $P\left(\dfrac{2\sqrt{3}\pi - 3}{6}a, \dfrac{2\pi + 3\sqrt{3}}{6}a\right)$…(答)

(2) ①の x, y を θ で微分して

・$\dfrac{dx}{d\theta} = a(-\sin\theta + 1 \cdot \sin\theta + \theta \cdot \cos\theta)$

$= a\theta \cdot \cos\theta$

・$\dfrac{dy}{d\theta} = a(\cos\theta - 1 \cdot \cos\theta + \theta \cdot \sin\theta)$

$= a\theta \cdot \sin\theta$

よって，P における接線の傾きは，

$\dfrac{dy}{dx} = \dfrac{a\theta\sin\theta}{a\theta\cos\theta} = \tan\theta = \tan\dfrac{2}{3}\pi$

$= -\sqrt{3}$ より，P における法線 h

の傾きは，$\dfrac{1}{\sqrt{3}}$ となる。

よって，点 P における法線 h の方程式は

$y = \dfrac{1}{\sqrt{3}}\left(x - \dfrac{2\sqrt{3}\pi - 3}{6}a\right) + \dfrac{2\pi + 3\sqrt{3}}{6}a$

$y = \dfrac{1}{\sqrt{3}}x - \dfrac{2\pi - \sqrt{3}}{6}a + \dfrac{2\pi + 3\sqrt{3}}{6}a$

$y = \dfrac{1}{\sqrt{3}}x + \dfrac{2\sqrt{3}}{3}a$ より，h の方程式は

$x - \sqrt{3}y + 2a = 0$ ……② ………(答)

(3) 原点 $O(0, 0)$ と②との間の距離を l

とおくと

$l = \dfrac{|0 - \sqrt{3} \cdot 0 + 2a|}{\sqrt{1^2 + (-\sqrt{3})^2}} = \dfrac{2a}{2} = a$ （一定）

よって，法線 h は

原点 O を中心と

する半径 a の円

$x^2 + y^2 = a^2$

に接する。…………………(終)

実力アップ問題96　難易度 ★☆　CHECK 1　CHECK2　CHECK3

関数 $f(x) = \dfrac{e^x - e^{-x}}{e^x + e^{-x}}$ について，次の問いに答えよ。

(1) $\lim\limits_{x \to +\infty} f(x)$, $\lim\limits_{x \to -\infty} f(x)$ を求め，$f(x)$ の増減を調べて，$y = f(x)$ のグラフの概形をかけ。(変曲点は求めなくてよい。)

(2) $f(x) = \dfrac{1}{2}$ となる x の値 α，および微分係数 $f'(\alpha)$ を求めよ。(山口大)

ヒント！　**(1)** 極限の値と，分数関数の微分により，$y = f(x)$ は，$-1 < y < 1$ を値域とする単調に増加する関数であることがわかる。

(1) $\cdot \lim\limits_{x \to +\infty} f(x) = \lim\limits_{x \to +\infty} \dfrac{e^x - e^{-x}}{e^x + e^{-x}}$　$\dfrac{\infty}{\infty}$ の不定形

$= \lim\limits_{x \to +\infty} \dfrac{1 - e^{-2x}}{1 + e^{-2x}}$　分子・分母を e^x で割った！

$= 1$ ……………(答)

$\cdot \lim\limits_{x \to -\infty} f(x) = \lim\limits_{x \to -\infty} \dfrac{e^x - e^{-x}}{e^x + e^{-x}}$　$\dfrac{-\infty}{\infty}$ の不定形

$= \lim\limits_{x \to -\infty} \dfrac{e^{2x} - 1}{e^{2x} + 1}$　分子・分母に e^x をかけた！

$= -1$ ……………(答)

$\cdot f'(x) = \left(\dfrac{e^x - e^{-x}}{e^x + e^{-x}} \right)'$　$\left(\dfrac{g}{f}\right)'$ の公式通り

$= \dfrac{(e^x + e^{-x})^2 - (e^x - e^{-x})^2}{(e^x + e^{-x})^2}$

$= \dfrac{e^{2x} + 2 + e^{-2x} - (e^{2x} - 2 + e^{-2x})}{(e^x + e^{-x})^2}$

$= \dfrac{4}{(e^x + e^{-x})^2} > 0$

$\cdot f(-x) = -f(x)$ より，$f(x)$ は奇関数である。

以上より，$y = f(x)$ は単調に増加し，

$\lim\limits_{x \to +\infty} f(x) = 1$

$\lim\limits_{x \to -\infty} f(x) = -1$

原点に関して対称より，$y = f(x)$ のグラフの概形は右図のようになる。……(答)

(2) $f(x) = \dfrac{e^x - e^{-x}}{e^x + e^{-x}} = \dfrac{1}{2}$ のとき，　この解が α

$\dfrac{e^{2x} - 1}{e^{2x} + 1} = \dfrac{1}{2}$　分子・分母に e^x をかけた！

$2e^{2x} - 2 = e^{2x} + 1$,　$e^{2x} = 3$

$2x = \log 3$　∴ $\alpha = \dfrac{1}{2}\log 3$ ……(答)

$f'(\alpha) = \dfrac{4}{(e^\alpha + e^{-\alpha})^2}$

ここで，$\begin{cases} e^\alpha = e^{\frac{1}{2}\log 3} = e^{\log \sqrt{3}} = \sqrt{3} \\ e^{-\alpha} = e^{-\frac{1}{2}\log 3} = e^{\log \frac{1}{\sqrt{3}}} = \dfrac{1}{\sqrt{3}} \end{cases}$

より，　公式：$e^{\log p} = p$ を使った！

$f'(\alpha) = \dfrac{4}{\left(\sqrt{3} + \dfrac{1}{\sqrt{3}}\right)^2} = \dfrac{4}{\dfrac{(3+1)^2}{3}}$

$= \dfrac{3}{4}$ ……………(答)

$f(x) = \dfrac{e^x}{e^x + 1}$ とおく。ただし，e は自然対数の底とする。

(1) $y = f(x)$ の増減，凸凹，漸近線を調べ，グラフを描け。

(2) $f(x)$ の逆関数 $f^{-1}(x)$ を求めよ。

(3) $\displaystyle\lim_{n \to \infty} n\left\{ f^{-1}\left(\dfrac{1}{n+2}\right) - f^{-1}\left(\dfrac{1}{n+1}\right) \right\}$ を求めよ。　　(九州大)

ヒント！　**(1)** $f'(x)$，$f''(x)$ の符号と，極限を調べて，グラフを描けばいい。
(2) $f(x)$ は 1 対 1 対応の関数なので，逆関数 $f^{-1}(x)$ を求めることができる。
(3) の問題では，公式 $\displaystyle\lim_{x \to \pm\infty}\left(1 + \dfrac{1}{x}\right)^x = e$ を利用することになる。頑張ろう！

(1) $f(x) = \dfrac{e^x}{e^x + 1}$ を x で微分して，

$$f'(x) = \frac{(e^x)' \cdot (e^x + 1) - e^x(e^x + 1)'}{(e^x + 1)^2}$$

$$= \frac{e^x(e^x + 1) - e^{2x}}{(e^x + 1)^2}$$

$$= \frac{e^x}{(e^x + 1)^2} > 0 \qquad (\because e^x > 0)$$

よって，$f(x)$ は単調に増加する。

さらに，$f''(x)$ を求めると，

$$f''(x) = \frac{(e^x)' \cdot (e^x + 1)^2 - e^x\{(e^x + 1)^2\}'}{(e^x + 1)^4}$$

$$= \frac{e^x(e^x + 1)^2 - 2e^{2x}(e^x + 1)}{(e^x + 1)^{\cancel{4}3}}$$

$$= \frac{e^x(e^x + 1) - 2e^{2x}}{(e^x + 1)^3}$$

よって，

$$f''(x) = \frac{\overset{\oplus}{e^x}(1 - e^x)}{\underset{\oplus}{(e^x + 1)^3}} \quad \widetilde{f''}(x) = \begin{cases} \oplus \\ ⓪ \\ \ominus \end{cases}$$

$f''(x) = 0$ のとき，

$1 - e^x = 0$

$e^x = 1$

$\therefore x = 0$

以上より，$y = f(x)$ の増減，凹凸表は

x	$(-\infty)$		0		(∞)
$f'(x)$		$+$	$+$	$+$	
$f''(x)$		$+$	0	$-$	
$f(x)$		↗	$\dfrac{1}{2}$	↗	

ここで，$f(0) = \dfrac{e^0}{e^0 + 1} = \dfrac{1}{2}$ より，

変曲点 $\left(0, \dfrac{1}{2}\right)$

また，

$$\lim_{x \to \infty} f(x) = \lim_{x \to \infty} \frac{e^x}{e^x+1}$$

> 分子・母を e^x で割った。

$$= \lim_{x \to \infty} \frac{1}{1 + e^{-x}} = 1$$

(0)

$$\lim_{x \to -\infty} f(x) = \lim_{x \to -\infty} \frac{e^x}{e^x+1} = 0$$

(0)

よって，漸近線は 2 直線 $y = 1$，
$y = 0$ となる。

以上より，求める $y = f(x)$ のグラフ
の概形は，次のようになる。……(答)

(2)(1)の結果より，関数 $y = f(x) = \dfrac{e^x}{e^x+1}$ は

1 対 1 対応の関数より，この逆関数
$f^{-1}(x)$ が存在する。

$$x = \frac{e^y}{e^y+1}$$

> $y = f(x)$ の x と y を入れ替えて，$y = f^{-1}(x)$ の形にまとめる。

$$(0 < x < 1)$$

$$x(e^y+1) = e^y \qquad (1-x)e^y = x$$

$$e^y = \frac{x}{1-x} \qquad この両辺は正より，$$

この両辺の自然対数をとって，

$$y = f^{-1}(x) = \log \frac{x}{1-x} となる。$$

$$\therefore 逆関数 f^{-1}(x) = \log \frac{x}{1-x} \quad \cdots\cdots①$$

$$(0 < x < 1) \quad \cdots\cdots(答)$$

(3) $0 < \dfrac{1}{n+2} < 1$，$0 < \dfrac{1}{n+1} < 1$

($\because n > 0$) より，①の x に $\dfrac{1}{n+2}$，

$\dfrac{1}{n+1}$ を代入して，求める極限は，

$$\lim_{n \to \infty} n \left\{ f^{-1}\left(\frac{1}{n+2}\right) - f^{-1}\left(\frac{1}{n+1}\right) \right\}$$

$$= \lim_{n \to \infty} n \left(\log \frac{\frac{1}{n+2}}{1-\frac{1}{n+2}} - \log \frac{\frac{1}{n+1}}{1-\frac{1}{n+1}} \right)$$

$$\frac{1}{n+2-1} \qquad \frac{1}{n+1-1}$$

$$= \lim_{n \to \infty} n \left(\log \frac{1}{n+1} - \log \frac{1}{n} \right)$$

$$= \lim_{n \to \infty} n \log \frac{n}{n+1}$$

$$= \lim_{n \to \infty} \log \left(\frac{n}{n+1} \right)^n$$

$$\left(\frac{1}{1+\frac{1}{n}} \right)^n = \frac{1}{\left(1+\frac{1}{n}\right)^n}$$

$$= \lim_{n \to \infty} \log \frac{1}{\left(1+\frac{1}{n}\right)^n}$$

e

> 公式：$\lim_{x \to \pm\infty} \left(1+\dfrac{1}{x}\right)^x = e$ を使った！

$$= \log \frac{1}{e}$$

$$= \log e^{-1} = -1 \quad \cdots\cdots\cdots(答)$$

関数 $f(x) = e^x + ae^{-x}$ $(a > 0)$ について，

(1) $f(x)$ が $0 < x < 1$ で極小値をもつような a の範囲を求めよ。

(2) (1)で求めた範囲における $f(x)$ の極小値を a の式で表せ。

(3) $0 \leqq x \leqq 1$ における $f(x)$ の最小値 m を a の式で表せ。　　(大阪電通大)

ヒント！　**(3)** $f(x)$ は，U 字形の曲線となるので，$0 \leqq x \leqq 1$ における，その最小値を求めるには，3 通りの場合分けが必要となるんだよ。

(1) $y = f(x) = e^x + ae^{-x}$ $(a > 0)$ を x で微分して，

$y = f(x)$ のイメージ

極小値

$f'(x) = e^x - ae^{-x}$

$f'(x) = 0$ のとき，

$e^x - ae^{-x} = 0$

$e^x = ae^{-x}$

$e^{2x} = a$

$2x = \log a$

$x = \dfrac{1}{2}\log a$　この値の前後で，$f'(x)$ の符号は負から正に変化する。

よって，$y = f(x)$ は，$x = \dfrac{1}{2}\log a$ で極小となる。

$0 < \dfrac{1}{2}\log a < 1$　のとき

$\underset{\boxed{\log 1}}{0} < \log a < \underset{\boxed{\log e^2}}{2}$

$\therefore 1 < a < e^2$ …………………(答)

(2) 極小値は，

$f\left(\dfrac{1}{2}\log a\right) = e^{\frac{1}{2}\log a} + ae^{-\frac{1}{2}\log a}$

$= \underset{\boxed{\sqrt{a}}}{\boxed{e^{\log\sqrt{a}}}} + a\underset{\boxed{\frac{1}{\sqrt{a}}}}{\boxed{e^{\log\frac{1}{\sqrt{a}}}}}$

公式：$e^{\log p} = p$ を使った！

$= \sqrt{a} + \sqrt{a} = 2\sqrt{a}$ ……………(答)

(3) $0 \leqq x \leqq 1$ における $f(x)$ の最小値 m は，a の値によって，3 つに場合分けされる。

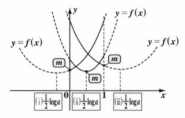

$y = f(x)$

$y = f(x)$

(i) $\dfrac{1}{2}\log a$　(ii) $\dfrac{1}{2}\log a$　(iii) $\dfrac{1}{2}\log a$

(ⅰ) $\dfrac{1}{2}\log a \leqq 0$，すなわち
$0 < a \leqq 1$ のとき，
$m = f(0) = e^0 + a \cdot e^0 = a + 1$

(ⅱ) $0 < \dfrac{1}{2}\log a < 1$，すなわち
$1 < a < e^2$ のとき，　　(2) の結果
$m = f\left(\dfrac{1}{2}\log a\right) = 2\sqrt{a}$

(ⅲ) $1 \leqq \dfrac{1}{2}\log a$，すなわち
$e^2 \leqq a$ のとき，
$m = f(1) = e + a \cdot e^{-1} = e^{-1}a + e$

以上 (ⅰ)(ⅱ)(ⅲ)より，最小値 m は，

$m = \begin{cases} a+1 & (0 < a \leqq 1) \\ 2\sqrt{a} & (1 < a < e^2) \\ e^{-1}a + e & (e^2 \leqq a) \end{cases}$ ……(答)

実力アップ問題99　難易度 ★★　CHECK 1　CHECK 2　CHECK 3

関数 $f(x) = e^{-x}\sin x$ について，次の問いに答えよ。ただし，$x \geqq 0$ とする。

(1) $f(x)$ の極大値を与える x を，小さい順に $x_1,\ x_2,\ x_3,\ \cdots,\ x_n,\ \cdots$ とするとき，x_n を求めよ。

(2) $\displaystyle\sum_{n=1}^{\infty} f(x_n)$ を求めよ。　　　　　　　　　　　　　　　　（広島大*）

ヒント！　$y = f(x)$ は，減衰振動する関数で，(2) の極大値の無限和は，無限等比級数の問題に帰着する。これも頻出典型の問題だよ。

(1) $y = f(x) = e^{-x}\sin x$ $(x \geqq 0)$ を x で微分して，

$$f'(x) = -e^{-x}\sin x + e^{-x}\cdot\cos x$$
$$= \underset{\oplus}{e^{-x}}(\cos x - \sin x)$$

$f'(x) = 0$ のとき，　$\cos x - \sin x = 0$

$\sin x = \cos x$ ← cos$x \neq 0$ より，両辺を cos$x$ で割った！

$\dfrac{\sin x}{\cos x} = 1$

$\tan x = 1$ ← cos$x = 0$ と仮定すると，$\sin x = \cos x$ は $\pm 1 = 0$ となって矛盾。

$x \geqq 0$ より，

$x = \dfrac{\pi}{4},\ \dfrac{5}{4}\pi,\ \dfrac{9}{4}\pi,\ \dfrac{13}{4}\pi,\ \dfrac{17}{4}\pi,\ \cdots\cdots$

（極大）（極大）（極大）

$y = f(x)$ のグラフから明らかに，極大値を与える x 座標の数列 $\{x_n\}$ は，

$\dfrac{\pi}{4},\ \dfrac{9}{4}\pi,\ \dfrac{17}{4}\pi,\ \cdots\cdots$ となるので，

初項 $x_1 = \dfrac{\pi}{4}$，公差 2π の等差数列となる。

よって，求める一般項 x_n は，

$$x_n = \dfrac{\pi}{4} + (n-1)\cdot 2\pi \quad \cdots\cdots ①$$
$$= 2n\pi - \dfrac{7}{4}\pi \ (n = 1, 2, \cdots) \cdots（答）$$

(2) $y_n = f(x_n)$ $(n = 1, 2, \cdots)$ とおくと，

$$y_n = f\left(\dfrac{\pi}{4} + (n-1)2\pi\right) \quad (\because ①)$$

$$= \underbrace{e^{-\left\{\frac{\pi}{4} + (n-1)2\pi\right\}}}_{e^{-\frac{\pi}{4}}(e^{-2\pi})^{n-1}} \underbrace{\sin\left(\dfrac{\pi}{4} + (n-1)2\pi\right)}_{\sin\frac{\pi}{4} = \frac{1}{\sqrt{2}}}$$

$$= \underbrace{\dfrac{e^{-\frac{\pi}{4}}}{\sqrt{2}}}_{y_1} \cdot (\underbrace{(e^{-2\pi})}_{r})^{n-1}$$

$\therefore$ 数列 $\{y_n\}$ は，初項 $y_1 = \dfrac{e^{-\frac{\pi}{4}}}{\sqrt{2}}$，公比 $r = e^{-2\pi}$ の等比数列で，r は

収束条件：$-1 < r < 1$ をみたす。

よって，求める無限等比級数の和は，

$$\sum_{n=1}^{\infty} f(x_n) = \sum_{n=1}^{\infty} y_n = \dfrac{y_1}{1-r} = \dfrac{\dfrac{e^{-\frac{\pi}{4}}}{\sqrt{2}}}{1 - e^{-2\pi}}$$

$$= \dfrac{e^{\frac{7}{4}\pi}}{\sqrt{2}(e^{2\pi} - 1)} \quad\cdots\cdots\cdots（答）$$

右図のように，点 O から出る 2 本の半直線 l，m があり，l と m のなす角を $\theta\left(0<\theta<\dfrac{\pi}{2}\right)$ とする。l 上に $OP_1=1$ となるように点 P_1 を定め，P_1 から m に垂線 P_1Q_1 を下ろし，Q_1 から l に垂線 Q_1P_2 を下ろし，P_2 から m に垂線 P_2Q_2 を下ろす。以下同様に繰り返して，点 P_n，$Q_n(n=1,2,3,\cdots)$ を定め，$\triangle P_nQ_nP_{n+1}$ の面積を S_n とする。

(1) $\dfrac{P_2Q_2}{P_1Q_1}$ を求めよ。　　　(2) $\dfrac{S_2}{S_1}$ を求めよ。

(3) $S=\displaystyle\sum_{n=1}^{\infty}S_n$ を $\sin2\theta$ と $\cos2\theta$ で表せ。

(4) (3) で求めた S を θ の関数と考えて，S の最大値を求めよ。
ただし，その最大値を与える θ は求めなくてよい。　　　　　　　(広島大*)

ヒント！　(1)，(2)△$P_1Q_1P_2$ と △$P_2Q_2P_3$ とは，相似な三角形なので，その相似比と面積比を求めればいい。(3)数列$\{S_n\}$は等比数列となるので，初項S_1と公比$r(0<r<1)$を求めれば，その無限等比級数は公式 $\dfrac{S_1}{1-r}$ により簡単に求まる。(4) では，S を最大にする θ を $\theta=\alpha$ とおいて考えるといいんだね。

(1) 右図に示すように，2 組の角が等しいので，2 つの三角形 △$P_1Q_1P_2$ と △$P_2Q_2P_3$ は相似な三角形であり，$P_1Q_1=\sin\theta$，$P_2Q_2=\sin\theta\cos^2\theta$ より，その相似比 $\dfrac{P_2Q_2}{P_1Q_1}$ は，

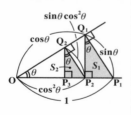

$\dfrac{P_2Q_2}{P_1Q_1}=\dfrac{\sin\theta\cdot\cos^2\theta}{\sin\theta}$

　　　　$=\cos^2\theta$ である。…………(答)

(2) △$P_1Q_1P_2$ と △$P_2Q_2P_3$ は相似比が $1:\cos^2\theta$ の相似な三角形より，その面積比 $\dfrac{S_2}{S_1}$ は，

$\dfrac{S_2}{S_1}=(\cos^2\theta)^2=\cos^4\theta$ である。
　　　　　　　　　　　　……(答)

> 相似比 $a:b$ の相似な図形の面積比は $a^2:b^2$ だからね。

(3) (2)の結果：$S_2 = \underbrace{\cos^4\theta}_{\text{公比}r} \cdot S_1$ より，同

様に $S_3 = \cos^4\theta \cdot S_2$，$S_4 = \cos^4\theta \cdot S_3$，…

となるため，一般に $S_{n+1} = \cos^4\theta \cdot S_n$ が成り立つ。よって，数列 $\{S_n\}$ は公比 $r = \cos^4\theta$ $(0 < r < 1)$ の等比数列である。

$$\because 0 < \theta < \frac{\pi}{2} \text{ より,}$$
$$0 < \cos^4\theta < 1$$

また，初項 S_1 ($\triangle P_1Q_1P_2$ の面積) は右図より，

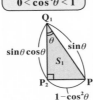

$S_1 = \dfrac{1}{2}\sin\theta\cos\theta(1 - \cos^2\theta)$ となる。

以上より，求める無限等比級数 S は，

$$S = \sum_{n=1}^{\infty} S_n = \sum_{n=1}^{\infty} S_1 \cdot r^{n-1} = \frac{S_1}{1-r}$$

$$= \frac{\dfrac{1}{2}\sin\theta\cos\theta \cdot \overbrace{(1 - \cos^2\theta)}}{\underbrace{1 - \cos^4\theta}_{(1+\cos^2\theta)(1-\cos^2\theta)}}$$

$$= \frac{\overbrace{\sin\theta \cdot \cos\theta}^{\frac{1}{2}\sin 2\theta}}{2(1 + \underbrace{\cos^2\theta}_{\frac{1+\cos 2\theta}{2}})}$$

$$\therefore S = \frac{\sin 2\theta}{2(3 + \cos 2\theta)} \quad \cdots\cdots ① \quad \cdots\cdots (答)$$
$$(0 < 2\theta < \pi)$$

(4) $S = S(\theta)$ とみて，①を θ で微分すると，

$$\frac{dS}{d\theta} = \frac{1}{2} \cdot \frac{(\sin 2\theta)' \cdot (3 + \cos 2\theta) - \sin 2\theta(3 + \cos 2\theta)'}{(3 + \cos 2\theta)^2}$$

$$= \frac{2\cos 2\theta(3 + \cos 2\theta) + 2\sin^2 2\theta}{2(3 + \cos 2\theta)^2}$$

$$\therefore \frac{dS}{d\theta} = \frac{\overbrace{(3\cos 2\theta + 1)}^{\frac{\widetilde{dS}}{d\theta}}}{\underbrace{(\cos 2\theta + 3)^2}} \Rightarrow \frac{dS}{d\theta} = \begin{cases} \oplus \\ ⓪ \\ \ominus \end{cases}$$

$\dfrac{dS}{d\theta}$ の符号に関する本質的な部分

よって，$\dfrac{dS}{d\theta} = 0$ のとき

$$3\cos 2\theta + 1 = 0$$

$$\cos 2\theta = -\frac{1}{3} \quad \cdots ②$$

ここで，$0 < \theta < \dfrac{\pi}{2}$ より，②をみたす

θ はただ 1 つ存在し，これを α とおくと，この α の前後で，$\dfrac{dS}{d\theta}$ は正から負に転ずる。よって，S の増減表は次のようになる。

S の増減表

θ	(0)		α		$\left(\dfrac{\pi}{2}\right)$
$\dfrac{dS}{d\theta}$		$+$	0	$-$	
S	(0)	↗	極大	↘	(0)

また，$\theta = \alpha$ を②に代入すると，

$$\begin{cases} \cos 2\alpha = -\dfrac{1}{3} & \cdots ③ \\ \sin 2\alpha = \dfrac{2\sqrt{2}}{3} & \cdots ④ \end{cases}$$

となる。

$\theta = \alpha$ のとき，③と④を①に代入すると，S は最大値をとる。

$$\therefore 最大値 \ S = \frac{\sin 2\alpha}{2(3 + \cos 2\alpha)}$$

$$= \frac{2\sqrt{2}}{2(9-1)} = \frac{\sqrt{2}}{8} \quad \cdots\cdots (答)$$

半径 **1** の円に内接する△ABC について，**AB = AC** とする。このとき，次の問いに答えよ。

(1) ∠A = 2θ とおくとき，△ABC の周長 **L** を θ の関数で表せ。

(2) 周長 **L** の最大値を求めよ。

ヒント！　正弦定理により，**AB = AC** を θ の式で表せる。

(1) 題意の△ABC について，

$$\begin{cases} ∠A = 2\theta \\ AB = AC = b \\ ∠B = ∠C = \alpha \end{cases}$$

とおくと，

$$\alpha = \frac{1}{2}(\pi - 2\theta) = \frac{\pi}{2} - \theta \quad \cdots\cdots ①$$

△ABC に正弦定理を用いて，

$$\frac{b}{\sin\alpha} = 2 \cdot 1 \quad \cdots\cdots\cdots\cdots\cdots ②$$

〔外接円の半径〕

よって，①，②より，

$$b = 2\sin\alpha = 2\sin\left(\frac{\pi}{2} - \theta\right) = 2\cos\theta$$

また，**A** から底辺 **BC** に下ろした垂線の足を **H** とおくと，

$$BH = b\cdot\cos\alpha = b\cdot\cos\left(\frac{\pi}{2} - \theta\right) = b\cdot\sin\theta$$

$$\therefore BC = 2\cdot BH = 2\cdot b\sin\theta = 2\cdot 2\cos\theta\cdot\sin\theta$$
$$= 4\cos\theta\cdot\sin\theta$$

以上より，△ABC の周の長さ **L** は，

$$L = b + b + BC$$
$$= 2\cdot 2\cos\theta + 4\cos\theta\cdot\sin\theta$$

$$\therefore L = 4\cos\theta(\sin\theta + 1) \quad \cdots\cdots\cdots (答)$$

(2) $L = f(\theta) = 4\cos\theta\cdot(\sin\theta + 1)$

$\left(0 < \theta < \dfrac{\pi}{2}\right)$ とおく。

$$f'(\theta) = -4\sin\theta\cdot(\sin\theta + 1) + 4\cos\theta\cdot\cos\theta$$

〔公式：$(f\cdot g)' = f'\cdot g + f\cdot g'$ を使った！〕

$$= 4\cos^2\theta - 4\sin^2\theta - 4\sin\theta$$
$$= 4(1 - \sin^2\theta) - 4\sin^2\theta - 4\sin\theta$$
$$= -4(2\sin^2\theta + \sin\theta - 1)$$

$$\begin{matrix} 2 & & -1 \\ 1 & \times & 1 \end{matrix}$$

$$= -4(2\sin\theta - 1)(\sin\theta + 1)$$
$$= 4(\boxed{1 - 2\sin\theta})(\sin\theta + 1)$$

$f'(\theta)$

〔$f'(\theta)$ の符号を決定する本質的な部分〕

ここで，$\sin\theta > 0$ より，$\sin\theta + 1 > 0$

$\therefore f'(\theta) = 0$ のとき，$1 - 2\sin\theta = 0$

$$\sin\theta = \frac{1}{2} \quad \therefore \theta = \frac{\pi}{6}$$

増減表 $\left(0 < \theta < \dfrac{\pi}{2}\right)$

θ	(0)		$\dfrac{\pi}{6}$		$\left(\dfrac{\pi}{2}\right)$
$f'(\theta)$		$+$	0	$-$	
$f(\theta)$		↗	極大	↘	

・$0 < \theta < \dfrac{\pi}{6}$ のとき $\sin\theta < \dfrac{1}{2}$
・$\dfrac{\pi}{6} < \theta < \dfrac{\pi}{2}$ のとき $\sin\theta > \dfrac{1}{2}$

以上より，求める周長 **L** の最大値は，

$$f\left(\frac{\pi}{6}\right) = 4\cos\frac{\pi}{6}\cdot\left(\sin\frac{\pi}{6} + 1\right)$$

$$= 4\cdot\frac{\sqrt{3}}{2}\cdot\left(\frac{1}{2} + 1\right) = 3\sqrt{3} \quad \cdots\cdots (答)$$

実力アップ問題 102　難易度 ◆◇◇◇◇　CHECK 1　CHECK 2　CHECK 3

関数 $f(x) = (1-x)e^x$ について，次の問いに答えよ。

(1) 関数 $y = f(x)$ の増減，極値を調べ，グラフの概形をかけ。ただし，$\lim_{x \to -\infty} xe^x = 0$ は用いてよい。

(2) 実数 a に対して，点 $(a, 0)$ を通る $y = f(x)$ の接線の本数を求めよ。

(富山大*)

ヒント！ (1)関数 $y = f(x)$ のグラフの概形は，直感的に描くこともできるね。
(2)は，2次方程式の判別式の問題に帰着するんだね。

参考

$y = f(x)$ を，$y = 1-x$ と $y = e^x$ の積と考える。

(i) $f(1) = 0$

(ii) $x > 1$ のとき
$f(x) < 0$
$x < 1$ のとき
$f(x) > 0$

(iii) $\lim_{x \to \infty} f(x) = -\infty$

(iv) $\lim_{x \to -\infty} f(x) = 0$

(1) $y = f(x) = (1-x)e^x$ の両辺を x で微分して，

$f'(x) = -1 \cdot e^x + (1-x)e^x = -x \cdot e^x$

$f'(x) = 0$ のとき，
$x = 0$

増減表

x		0	
$f'(x)$	$+$	0	$-$
$f(x)$	↗	極大	↘

極大値 $f(0) = (1-0) \cdot e^0 = 1$

$\cdot \lim_{x \to \infty} f(x) = \lim_{x \to \infty} (\boxed{1-x}) \cdot \boxed{e^x} = -\infty$

$\lim_{x \to \infty} \underset{-\infty}{} \quad \underset{+\infty}{}$

$\cdot \lim_{x \to -\infty} f(x) = \lim_{x \to -\infty} (\boxed{1-x}) \cdot \boxed{e^x}$ ← $\overset{+\infty}{} \overset{0}{}$ の $\infty \times 0$ の不定形

$= \lim_{x \to -\infty} (\boxed{e^x} - \boxed{x \cdot e^x}) = 0$ ← $x = -t$ とおくと，$\lim_{t \to \infty} \dfrac{-t}{e^t} = 0$

以上より，求める $y = f(x)$ のグラフの概形は右図となる。…(答)

(2) 点 $(t, f(t))$ における曲線 $y = f(x)$ の接線の方程式は，

$y = -t \cdot e^t (x-t) + (1-t) \cdot e^t$ ……①
$[y = f'(t) \cdot (x-t) + f(t)]$

①が，点 $(a, 0)$ を通るとき，

$0 = -t \cdot e^t (a-t) + (1-t) \cdot e^t$

$t^2 - (a+1)t + 1 = 0$ ……② $(\because e^t > 0)$

t の2次方程式②の実数解の個数は，点 $(a, 0)$ から，$y = f(x)$ に引ける接線の本数に等しい。

②の判別式を D とおくと，

$D = (a+1)^2 - 4 = a^2 + 2a - 3$
　$= (a+3)(a-1)$

∴ 求める接線の本数は，

$\cdot a < -3, 1 < a$ のとき，2本 ← $\boxed{D > 0}$

$\cdot a = -3, 1$ のとき，1本 ← $\boxed{D = 0}$

$\cdot -3 < a < 1$ のとき，0本 ← $\boxed{D < 0}$

となる。……………………………(答)

(1) $x > 0$ で定義された関数 $f(x) = -x^2 + 6x + \dfrac{4}{x}$ の極大値と極小値を求め、$y = f(x)$ のグラフの概形を描け。ただし、$f(x) = 0$ となる x の値を求める必要はない。

(2) 3 つの相異なる正の実数 a, b, c は $a + b + c = 6$、$abc = 4$ を満たすとし、$k = bc + ca + ab$ とおく。

　（ⅰ） a, b, c を解とする 3 次方程式を求めよ。

　（ⅱ） k のとりうる値の範囲を求めよ。　　　　　　　　　　(明治大)

ヒント！　**(2)** の a, b, c を解にもつ 3 次方程式を変形すると、$f(x) = k$ となり、**(1)** で求めた $y = f(x)$ のグラフが利用できる。

(1) $y = f(x) = -x^2 + 6x + 4 \cdot x^{-1}$ $(x > 0)$

$f'(x) = -2x + 6 - 4 \cdot x^{-2}$

$= \dfrac{-2(x^3 - 3x^2 + 2)}{x^2}$

組立て除法
$$\begin{array}{r} 1, \ -3, \ \ 0, \ \ 2 \\ \underline{1)\quad 1 \ \ -2 \ \ -2} \\ 1 \ -2 \ -2 \ (0) \end{array}$$

$= \dfrac{-2(x-1)(x^2 - 2x - 2)}{x^2}$

$= \boxed{\dfrac{2(x - 1 + \sqrt{3})}{x^2}} \cdot \boxed{(-1)(x-1)(x-1-\sqrt{3})}$

$\underset{\oplus \ (\because x > 0)}{}$

$f'(x) = 0$ のとき、

$x = 1, \ 1 + \sqrt{3}$

極小値

$f(1) = -1 + 6 + 4 = 9$（答）

極大値

$f(1+\sqrt{3}) = -(1+\sqrt{3})^2 + 6(1+\sqrt{3}) + \dfrac{4}{\sqrt{3}+1}$

$= -4 - 2\sqrt{3} + 6 + 6\sqrt{3} + 2(\sqrt{3} - 1)$

$= 6\sqrt{3}$ ……………………………（答）

増減表 $(0 < x)$

x	(0)		1		$1+\sqrt{3}$	
$f'(x)$		$-$	0	$+$	0	$-$
$f(x)$		↘	極小	↗	極大	↘

$\cdot \lim_{x \to \infty} f(x) = \lim_{x \to \infty} \{ \overset{-\infty}{-x(x-6)} + \overset{0}{4 \cdot x^{-1}} \} = -\infty$

$\cdot \lim_{x \to +0} f(x) = \lim_{x \to +0} \{ \overset{0}{-x^2 + 6x} + \overset{+\infty}{\dfrac{4}{x}} \} = +\infty$

以上より、$y = f(x)$ のグラフの概形を右に示す。…（答）

(2)（ⅰ）
$$\begin{cases} a + b + c = 6 \\ ab + bc + ca = k \\ abc = 4 \end{cases}$$

より、相異なる 3 つの正数 a, b, c を解にもつ 3 次方程式の 1 つは、

$x^3 - 6x^2 + kx - 4 = 0$ …① …（答）

$\boxed{x^3 - (a+b+c)x^2 + (ab+bc+ca)x - abc = 0}$

（ⅱ） $x \neq 0$ より、①を変形して、

$k = \boxed{-x^2 + 6x + \dfrac{4}{x}}^{= f(x)}$

よって、①の正の異なる 3 実数解 a, b, c は、曲線 $y = f(x)$ $(x > 0)$ と直線 $y = k$ の 3 交点の x 座標より、2 つのグラフが異なる 3 交点をもつような k の値の範囲を求めて、

$9 < k < 6\sqrt{3}$ ………………（答）

実力アップ問題104　難易度　　　　　CHECK 1　CHECK 2　CHECK 3

(1) $\lim_{x \to \infty} \dfrac{x}{e^x} = 0$ が与えられているとき，$\lim_{x \to \infty} \dfrac{\log x}{x}$ を求めよ。

(2) 関数 $f(x) = \dfrac{\log x}{x}$ $(x > 0)$ の極値を調べ，グラフの概形を描け。

(3) $y = f(x)$ のグラフを利用して，e^π と π^e の大小を比較せよ。

　　ただし，π は円周率，e は自然対数の底を表す。

ヒント！　(1) $e^x = t$ とおく。(2) グラフを描くのに，(1)の極限も利用する。
(3) $f(e) > f(\pi)$ から大小関係がわかるはずだ。

(1) $\lim_{x \to \infty} \dfrac{x}{e^x} = 0$ ……① が与えられてい

るとき，$e^x = t$ とおくと，$x = \log t$
また，$x \to \infty$ のとき $t \to \infty$ より，①は，

$$\lim_{x \to \infty} \dfrac{x}{e^x} = \boxed{\lim_{t \to \infty} \dfrac{\log t}{t} = 0}$$

文字は何でもかまわない。

$$\therefore \lim_{x \to \infty} \dfrac{\log x}{x} = 0 \quad \cdots\cdots\cdots\cdots\cdots(答)$$

(2) $y = f(x) = \dfrac{\log x}{x}$ $(x > 0)$ とおく。

$$f'(x) = \dfrac{\dfrac{1}{x} \cdot x - \log x \cdot 1}{x^2} = \boxed{\dfrac{1 - \log x}{x^2}}_{\oplus}$$

$\widetilde{f'(x)} = \begin{cases} \oplus \\ \textcircled{0} \\ \ominus \end{cases}$

$f'(x) = 0$ のとき，

$1 - \log x = 0,$ $x = e$

$\widetilde{f'(x)} = 1 - \log x$

極大値

$f(e) = \dfrac{1}{e}$ …(答)

$\cdot \lim_{x \to \infty} f(x) = 0$

$(\because (1))$

$\cdot \lim_{x \to +0} f(x) = \lim_{x \to +0} \dfrac{\boxed{\log x}}{\boxed{x}} = -\infty$

$-\infty$　$+0$

増減表 $(x > 0)$

x	(0)		e	
$f'(x)$		$+$	0	$-$
$f(x)$		↗	極大	

以上より，$y = f(x)$ のグラフの概形を右図に示す。…(答)

2.7　3.1

参考

e^π と π^e の自然対数をとって，

$\log e^\pi$ 　　$\log \pi^e$

$\pi \cdot \log e$ 　$e \log \pi$

それぞれを $\pi \cdot e$ で割って，

$\dfrac{\log e}{e}$ 　　$\dfrac{\log \pi}{\pi}$

(1) のグラフより，

$\because f(e)$ は最大値

$f(e) > f(\pi)$ の大小関係がわかる。

答案では，これを逆にたどる。

(3) $y = f(x)$ は，$x = e$ で最大となる。

　　よって，$f(e) > f(\pi)$

$$\dfrac{\log e}{e} > \dfrac{\log \pi}{\pi}$$

両辺に $\pi \cdot e$ をかけて，

$\pi \cdot \log e > e \log \pi$

$\log e^\pi > \log \pi^e$

$\therefore e^\pi > \pi^e$ $\cdots\cdots\cdots\cdots\cdots$(答)

e は自然対数の底とする。

(1) $x > 0$ のとき，不等式 $e^x > 1 + x + \dfrac{x^2}{2}$ を示せ。

(2) (1)の結果を用いて，極限値 $\displaystyle\lim_{x \to \infty}\dfrac{x}{e^x}$ を求めよ。

(3) $S_n = \displaystyle\sum_{k=1}^{n} ke^{-k}$ とする。極限値 $\displaystyle\lim_{n \to \infty} S_n$ を求めよ。　　　（大阪医大）

ヒント！　(2)ははさみ打ちの原理を用いる。(3)は，等差数列と等比数列の積の部分和を，解法パターンに従って求めればいいんだね。

基本事項

関数の極限

(1) $\displaystyle\lim_{x \to \infty}\dfrac{x^{\alpha}}{e^x} = 0$, $\displaystyle\lim_{x \to \infty}\dfrac{e^x}{x^{\alpha}} = \infty$

(2) $\displaystyle\lim_{x \to \infty}\dfrac{\log x}{x^{\alpha}} = 0$, $\displaystyle\lim_{x \to \infty}\dfrac{x^{\alpha}}{\log x} = \infty$
　　（α：正の定数）

> グラフを描く上で，この極限の知識は役に立つ。試験でもよく出題されるので，この証明法についても本問でよく練習しておくといいよ。

(1) $x > 0$ のとき

　　$e^x > 1 + x + \dfrac{x^2}{2}$ ……(*) を示す。

　　ここで，

　　$y = f(x) = e^x - \left(1 + x + \dfrac{x^2}{2}\right)$ $(x > 0)$

　　とおく。

> この (大)−(小) の差をとった差関数 $f(x)$ について，$x > 0$ のとき，$f(x) > 0$ を示せばよい。

$y = f(x) = e^x - 1 - x - \dfrac{x^2}{2}$ $(x > 0)$

を x で微分して，

$f'(x) = e^x - 1 - x$

さらに x で微分して，

$f''(x) = \underset{(大)}{e^x} - \underset{(小)}{1} > 0$

・よって，$x > 0$ のとき，$f'(x)$ は単調に増加する。

　$f'(0) = e^0 - 1 = 0$

　$\therefore f'(x) > 0$

・よって，$x > 0$ のとき，$f(x)$ は単調に増加する。

　$f(0) = e^0 - 1 = 0$

　$\therefore f(x) > 0$

以上より，$x > 0$ のとき，

$f(x) = e^x - \left(1 + x + \dfrac{x^2}{2}\right) > 0$

$\therefore e^x > 1 + x + \dfrac{x^2}{2}$ ……(*) が成り立つ。
　　　　　　　　　　　　　……(終)

(2) $x>0$ のとき，$(*)$ より，

$$e^x > 1 + x + \frac{x^2}{2} > \frac{x^2}{2}$$

$$x \cdot \frac{x}{2} < e^x$$

$$\frac{x}{e^x} < \frac{2}{x}$$

ここで，$x>0$，$e^x>0$ より，

$$0 < \frac{x}{e^x} < \frac{2}{x}$$

> これで，"はさみ打ち" の準備が完了！
> 後は，$x \to \infty$ とすればよい。

$$0 \leqq \lim_{x \to \infty} \frac{x}{e^x} \leqq \lim_{x \to \infty} \frac{2}{x} = 0$$

注意！

不等式の極限では，一般に等号を付ける。たとえば，$x>0$ のとき，$\frac{2}{x}>0$ で，$x \to \infty$ のとき $\frac{2}{x}$ は 0 ではないが，限りなく 0 に近づく。これを極限の式では等号を使って，$\displaystyle\lim_{x \to \infty}\frac{2}{x}=0$ と書くからである。

よって，はさみ打ちの原理より，

$$\lim_{x \to \infty} \frac{x}{e^x} = 0 \quad \cdots\cdots\cdots\cdots\cdots(答)$$

> $e^x = t$ とおくと，公式 $\displaystyle\lim_{t \to \infty}\frac{\log t}{t}=0$ も
> すぐに示すことができる。

(3) $S_n = \displaystyle\sum_{k=1}^{n} k \cdot e^{-k}$ ←── 部分和

等差数列　等比数列

> この場合，$S_n - r \cdot S_n$ (r：公比) を
> 求めて解くパターンを使う！

$$\begin{cases} S_n = 1 \cdot e^{-1} + 2 \cdot e^{-2} + 3 \cdot e^{-3} + \cdots + n \cdot e^{-n} \\ e^{-1} \cdot S_n = 1 \cdot e^{-2} + 2 \cdot e^{-3} + \cdots + (n-1) \cdot e^{-n} \\ \phantom{e^{-1} \cdot S_n = } + n \cdot e^{-n-1} \end{cases}$$

等比数列の公比

辺々をひいて，

$$(1-e^{-1})S_n = e^{-1} + e^{-2} + e^{-3} + \cdots + e^{-n} - n \cdot e^{-n-1}$$

$\dfrac{e-1}{e}$

> 初項 $a = e^{-1}$，公比 $r = e^{-1}$，
> 項数 n の等比数列の和

$$= \frac{e^{-1} \cdot \{1 - (e^{-1})^n\}}{1 - e^{-1}} - n \cdot e^{-n-1}$$

$\dfrac{a(1-r^n)}{1-r}$

よって，

$$\frac{e-1}{e}S_n = \frac{1-e^{-n}}{e-1} - \frac{n}{e^{n+1}}$$

$$S_n = \frac{e(1-e^{-n})}{(e-1)^2} - \frac{1}{e-1} \cdot \frac{n}{e^n}$$

ここで，**(2)** の結果を用いて，

$$\lim_{n \to \infty} \frac{n}{e^n} = 0$$

よって，求める極限は，

$$\lim_{n \to \infty} S_n$$

$$= \lim_{n \to \infty} \left\{ \frac{e(1 - \boxed{e^{-n}}^{\,0})}{(e-1)^2} - \frac{1}{e-1} \cdot \boxed{\frac{n}{e^n}}^{\,0} \right\}$$

$$= \frac{e}{(e-1)^2} \quad \cdots\cdots\cdots\cdots\cdots(答)$$

$f(x) = \sqrt{x} - \log x \ (x > 0)$ について，

(1) $x > 0$ のとき，$f(x) > 0$ であることを示せ。

(2) (1) を利用して，$\displaystyle\lim_{x \to \infty} \frac{\log x}{x} = 0$ を示せ。 （大阪工大＊）

ヒント！ (1) $x > 0$ における $f(x)$ の最小値を求め，その最小値が 0 より大であることを示せばいいね。(2) では，(1) の結果を利用して，はさみ打ちにもち込めばいい。頑張ろう！

(1) $f(x) = x^{\frac{1}{2}} - \log x \ (x > 0)$

を x で微分して，

$$f'(x) = \frac{1}{2}x^{-\frac{1}{2}} - \frac{1}{x} = \frac{1}{2\sqrt{x}} - \frac{1}{x}$$

$$= \frac{\overset{\oplus}{\overbrace{\sqrt{x}-2}}}{\underset{\oplus}{\underbrace{2x}}} \quad \widetilde{f'(x)} = \begin{cases} \oplus \\ \textcircled{0} \\ \ominus \end{cases}$$

よって $f'(x) = 0$
のとき，

$\sqrt{x} - 2 = 0$

$x = 4$

これから

$x > 0$ における，

$y = f(x)$ の増減表は，

$f'(x)$ の符号に関する本質的な部分

$f'(x) = \sqrt{x} - 2$

増減表 $(x > 0)$

x	(0)		4	
$f'(x)$		$-$	0	$+$
$f(x)$		↘	極小	↗

∴ $0 < x$ において，$x = 4$ で $y = f(x)$ は

最小値 $f(4) = \sqrt{4} - \log 4$

$\qquad = 2 - \log 4$ をとる。

$\log e^2 > \log 7$

よって，最小値 $f(4) > 0$ より，

$x > 0$ において，$f(x) > 0$ である。

……(終)

(2) (1) の結果より，$x > 0$ のとき，

$$f(x) = \boxed{\sqrt{x} - \log x > 0}$$

$$\log x < \sqrt{x}$$

ここで，さらに $\underline{x > 1}$ とすると，

$x \to \infty$ の極限を調べたいわけだから，$x > 0$ を $x > 1$ に変えても問題ないんだね。

$$0 < \log x < \sqrt{x}$$

各辺を $x(>1)$ で割って，

$$0 \leq \frac{\log x}{x} \leq \frac{1}{\sqrt{x}}$$

はさみ打ちによって，極限を求める場合は等号を付けて範囲を広げておいた方がいい。

ここで，$x \to \infty$ の極限をとると，

$$0 \leq \lim_{x \to \infty} \frac{\log x}{x} \leq \lim_{x \to \infty} \frac{1}{\underbrace{\sqrt{x}}_{\infty}} = 0$$

∴ はさみ打ちの原理より，

$$\lim_{x \to \infty} \frac{\log x}{x} = 0 \ \text{となる。} \quad \text{……(終)}$$

実力アップ問題107　　難易度 ☆☆　　CHECK 1　CHECK 2　CHECK 3

(1) $x > 0$ のとき，不等式 $\log(1+x) > \dfrac{x}{1+x}$ ……① を証明せよ。

(2) $x > 0$ のとき，$f(x) = \dfrac{\log(1+x)}{x}$ の増減を調べよ。

(3) $0 < a < b$ のとき，$(1+a)^b$ と $(1+b)^a$ の大小を調べよ。　　（防衛大）

ヒント！ (1) $g(x) = \log(1+x) - \dfrac{x}{1+x}$ $(x>0)$ とおいて，$g(x)>0$ を示せばいい。
(2) は (1) を，(3) は (2) を利用して，順に解いていけばいいよ。流れに乗ることが重要だ。

---

(1) $g(x) = \log(1+x) - \dfrac{x}{1+x}$ $(x>0)$

とおく。この両辺を x で微分して，

$g'(x) = \dfrac{1}{1+x} - \dfrac{1 \cdot (1+x) - x \cdot 1}{(1+x)^2}$

$= \dfrac{1+x-1}{(1+x)^2} = \dfrac{x}{(1+x)^2} > 0$ $(\because x>0)$

よって，$x>0$ で $g(x)$ は単調に増加する。

$g(0) = \log 1 - \dfrac{0}{1+0} = 0$

より，$x>0$ のとき

$g(x) > 0$ ……②

よって，①の不等式
は成り立つ。………………(終)

(2) $x > 0$ のとき，

$f(x) = \dfrac{\log(1+x)}{x}$ …③の増減を調べる。

③の両辺を x で微分して

$f'(x) = \dfrac{\dfrac{1}{1+x} \cdot x - \log(1+x) \cdot 1}{x^2}$

$= -\dfrac{\overbrace{\log(1+x) - \dfrac{x}{1+x}}^{g(x)>0}}{x^2}$

$\therefore f'(x) = -\dfrac{g(x)}{x^2} < 0$ $(\because x^2 > 0,\, g(x) > 0)$

②より

よって，$x>0$ のとき，$f(x)$ は単調に
減少する。………………………(答)

(3) $x > 0$ のとき，

$f(x)$ は単調に
減少するので，

$0 < a < b$ のとき，

$f(a) > f(b)$

$\dfrac{\log(1+a)}{a} > \dfrac{\log(1+b)}{b}$

両辺に $ab(>0)$ をかけて

$\boxed{b} \cdot \log(1+a) > \boxed{a} \cdot \log(1+b)$

$\log(1+a)^b > \log(1+b)^a$

この自然対数の底 $e(>1)$ より

$(1+a)^b > (1+b)^a$ ………………(答)

> 底 >1 のとき，対数同士の大小関係と
> その真数同士の大小関係は一致する。

次の問いに答えよ。

(1) $x \geqq 1$ のとき，$x \log x \geqq (x-1) \log(x+1)$ を示せ。

(2) 自然数 n に対して，$(n!)^2 \geqq n^n$ を示せ。　　　　　　(名古屋市大)

ヒント！ (1) 差関数 $f(x) = $ (左辺)$-$(右辺) をとる。$f''(x) \leqq 0$ から，$f'(x) > 0$ を示すところに工夫が必要。(2) 数学的帰納法により示すが，(1) の結果も利用しよう。

(1) $x \geqq 1$ のとき，

$x \cdot \log x \geqq (x-1) \log(x+1)$ ……(*)

が成り立つことを示す。

ここで，

$y = f(x) = x \cdot \log x - (x-1) \log(x+1)$

$(x \geqq 1)$ とおく。

> 差関数 $y = f(x)$ をとって，
> $x \geqq 1$ のとき，$f(x) \geqq 0$ を示す！

$f(x)$ を微分して，

$f'(x) = 1 \cdot \log x + x \cdot \dfrac{1}{x}$

$\qquad - 1 \cdot \log(x+1) - (x-1) \cdot \dfrac{1}{x+1}$

$\quad = \log x + 1 - \log(x+1) - \dfrac{x-1}{x+1}$

$\qquad\qquad\qquad\qquad\qquad ……①$

> 対数関数や分数関数が入り組んでいてよくわからないので，さらに微分して，$f''(x)$ まで掘り下げる。

さらに x で微分して，

$f''(x) = \dfrac{1}{x} - \dfrac{1}{x+1} - \dfrac{1 \cdot (x+1) - (x-1) \cdot 1}{(x+1)^2}$

$\qquad = \dfrac{1}{x} - \dfrac{1}{x+1} - \dfrac{2}{(x+1)^2}$

$\qquad = \dfrac{(x+1)^2 - x \cdot (x+1) - 2x}{x(x+1)^2}$

$\therefore f''(x) = \dfrac{\boxed{-x+1}\ \text{(0以下}(\because x \geqq 1))}{\boxed{x(x+1)^2}_{\oplus}}$

ここで，$x \geqq 1$ より，$f''(x) \leqq 0$

・よって，$x \geqq 1$ のとき，$f'(x)$ は単調に減少する。さらに①より，

$f'(1) = \boxed{\log 1}^{\,0} + 1 - \log 2 - \boxed{\dfrac{1-1}{1+1}}^{\,0}$

$\quad = 1 - \log 2 > 0$

$\qquad \boxed{\log e}$

$\displaystyle \lim_{x \to \infty} f'(x)$

$\quad = \displaystyle \lim_{x \to \infty} \left(\log \dfrac{x}{x+1} + 1 - \dfrac{x-1}{x+1} \right)$

$\quad = \displaystyle \lim_{x \to \infty} \left(\log \dfrac{1}{1+\boxed{\dfrac{1}{x}}^{\,0}} + 1 - \dfrac{1-\boxed{\dfrac{1}{x}}^{\,0}}{1+\boxed{\dfrac{1}{x}}^{\,0}} \right)$

$\quad = \boxed{\log 1}^{\,0} + 1 - 1$

$\quad = 0$

以上から，

$x \geqq 1$ のとき，

$f'(x) > 0$

$y = f'(x)$ のイメージ
単調減少
$1 - \log 2$
$\displaystyle \lim_{x \to \infty} f'(x) = 0$

・よって，$x \geqq 1$ のとき，$f(x)$ は単調
に増加する。さらに，

$$f(1) = 1 \cdot \boxed{\log 1}^{0} - (\boxed{1-1})^{0} \cdot \log 2$$
$$= 0$$

以上より，
$x \geqq 1$ のとき，
$f(x) \geqq 0$

$\therefore x \geqq 1$ のとき，

$$x \cdot \log x \geqq (x-1) \cdot \log(x+1) \cdots (*)$$

は成り立つ。$\cdots\cdots\cdots\cdots\cdots\cdots\cdots$（終）

(2) $n = 1, 2, 3, \cdots$ のとき，

$$(n!)^2 \geqq n^n \quad \cdots\cdots(**)$$

が成り立つことを数学的帰納法により示す。

(i) $n = 1$ のとき

左辺 $= (1!)^2 = 1^2 = 1$

右辺 $= 1^1 = 1$　より，

左辺 $\geqq$ 右辺は成り立つ。

(ii) $n = k$ のとき，$(k = 1, 2, \cdots)$

$$(k!)^2 \geqq k^k \quad \cdots\cdots②$$

が成り立つと仮定して，$n = k+1$
のときについて調べる。

参考

$\left\{(k+1)!\right\}^2 \geqq (k+1)^{k+1} \quad \cdots\cdots ㋑$ を
示せれば証明は終わる。そのために，
②を用いると，

$$\left\{(k+1)!\right\}^2 = \left\{(k+1) \cdot k!\right\}^2$$
$$= (k+1)^2 \cdot (k!)^2$$
$$\geqq (k+1)^2 \cdot k^k$$

②の両辺に
$(k+1)^2$ をか
けたもの！

ここで，
$$(k+1)^2 \cdot k^k \geqq (k+1)^{k+1} \quad \cdots\cdots ㋐$$

が示されればよい。なぜなら，
$$\left\{(k+1)!\right\}^2 \geqq (k+1)^2 \cdot k^k \geqq (k+1)^{k+1}$$

となって，㋑が示せるからだ。
㋐の両辺を $(k+1)^2 \, (>0)$ で割ると，
$$k^k \geqq (k+1)^{k-1}$$

この両辺の自然対数をとると，
$$\log k^k \geqq \log(k+1)^{k-1}$$
$$k \cdot \log k \geqq (k-1)\log(k+1) \text{ となって，}$$

(1) で示した $(*)$ と同じ式を得る！

$$\left\{(k+1)!\right\}^2 = \left\{(k+1) \cdot k!\right\}^2$$
$$= (k+1)^2 \cdot (k!)^2$$
$$\geqq (k+1)^2 \cdot k^k \quad \cdots\cdots③ \quad (\because ②)$$

ここで，$(k+1)^2 \cdot k^k \geqq (k+1)^{k+1}$
すなわち，$k^k \geqq (k+1)^{k-1} \quad \cdots\cdots④$
が成り立つことを示す。

$k \geqq 1$ より，$(*)$ の x に k を代入して，

$$k \cdot \log k \geqq (k-1) \cdot \log(k+1)$$
$$\log k^k \geqq \log(k+1)^{k-1}$$

よって，自然対数の底 $e > 1$ より
$$k^k \geqq (k+1)^{k-1} \quad \cdots\cdots④ \text{ が成り立つ。}$$

$\therefore (k+1)^2 \cdot k^k \geqq (k+1)^{k+1}$

これと③より，

$$\left\{(k+1)!\right\}^2 \geqq (k+1)^{k+1}$$

となり，$n = k+1$ のときも成り立つ。

以上 (i)(ii) より，任意の自然数 n に
対して，$(n!)^2 \geqq n^n \cdots\cdots(**)$ が成り立つ。

$\cdots\cdots\cdots$（終）

xy 平面上を動く点 **P** の時刻 t における座標が

$(x(t),\ y(t)) = \left(\dfrac{e^t + e^{-t}}{2},\ \dfrac{e^t - e^{-t}}{2} \right)$ で与えられるとき，

(1) 時刻 t における速度ベクトル $\vec{v}(t)$ と加速度ベクトル $\vec{a}(t)$ を求めよ。

(2) 時刻 t における速度ベクトル $\vec{v}(t)$ と加速度ベクトル $\vec{a}(t)$ のなす角を
　　 $\theta(t)$ とするとき，$\cos\theta(t)$ を求めよ。　　　　　　　　（鳥取大）

ヒント！　動点 **P** が **P**$(x(t),\ y(t))$ で表されるとき，動点 **P** の速度ベクトル $\vec{v}(t)$ と加速度ベクトル $\vec{a}(t)$ はそれぞれ，$\vec{v}(t) = \left(\dfrac{dx}{dt},\ \dfrac{dy}{dt} \right)$，$\vec{a}(t) = \left(\dfrac{d^2x}{dt^2},\ \dfrac{d^2y}{dt^2} \right)$ で表される。また，$\vec{v}$ と $\vec{a}$ のなす角 θ の余弦 $\cos\theta$ は，当然内積の定義式 $\vec{v} \cdot \vec{a} = |\vec{v}||\vec{a}|\cos\theta$ から求めればいい。

(1) 動点 **P** は，

　　$(x,\ y) = \left(\dfrac{e^t + e^{-t}}{2},\ \dfrac{e^t - e^{-t}}{2} \right)$ で表さ

れるため，この **P** の速度ベクトル $\vec{v}(t)$ と加速度ベクトル $\vec{a}(t)$ は次のように計算できる。

・$\vec{v}(t) = \left(\dfrac{dx}{dt},\ \dfrac{dy}{dt} \right)$　速度 $\vec{v}(t)$ の定義式

　　$= \left(\dfrac{1}{2}\underline{(e^t + e^{-t})'},\ \dfrac{1}{2}\underline{(e^t - e^{-t})'} \right)$　t での微分

$\therefore \vec{v}(t) = \left(\dfrac{e^t - e^{-t}}{2},\ \dfrac{e^t + e^{-t}}{2} \right)$ ……①
　　　　　　　　　　　　　　　………（答）

・$\vec{a}(t) = \left(\dfrac{d^2x}{dt^2},\ \dfrac{d^2y}{dt^2} \right)$　加速度 $\vec{a}(t)$ の定義式

　t での 2 回微分

$\vec{a}(t) = \left(\dfrac{d}{dt}\left(\dfrac{dx}{dt} \right),\ \dfrac{d}{dt}\left(\dfrac{dy}{dt} \right) \right)$
　　　　　$\underset{\dfrac{1}{2}(e^t - e^{-t})}{\Vert}$　　$\underset{\dfrac{1}{2}(e^t + e^{-t})}{\Vert}$

　　$= \left(\dfrac{1}{2}(e^t - e^{-t})',\ \dfrac{1}{2}(e^t + e^{-t})' \right)$

$\therefore \vec{a}(t) = \left(\dfrac{e^t + e^{-t}}{2},\ \dfrac{e^t - e^{-t}}{2} \right)$ ……②
　　　　　　　　　　　　　　　………（答）

(2) 速度 $\vec{v}(t)$ と加速度 $\vec{a}(t)$ のなす角を $\theta(t)$ とおくと，内積の定義式より，

$\vec{v}(t) \cdot \vec{a}(t) = |\vec{v}(t)||\vec{a}(t)|\cos\theta(t)$

$\therefore \cos\theta = \dfrac{\vec{v} \cdot \vec{a}}{|\vec{v}||\vec{a}|}$ ……③

となる。

ここで，

$$\begin{cases} \vec{v} = \left(\dfrac{e^t - e^{-t}}{2}, \ \dfrac{e^t + e^{-t}}{2} \right) \ \cdots\cdots ① \\ \vec{a} = \left(\dfrac{e^t + e^{-t}}{2}, \ \dfrac{e^t - e^{-t}}{2} \right) \ \cdots\cdots ② \end{cases}$$

$$\cos\theta = \dfrac{\vec{v} \cdot \vec{a}}{|\vec{a}||\vec{v}|} \ \cdots\cdots ③ \ \text{より，}$$

$$\cdot \ \vec{v} \cdot \vec{a} = \dfrac{e^t - e^{-t}}{2} \cdot \dfrac{e^t + e^{-t}}{2}$$
$$+ \dfrac{e^t + e^{-t}}{2} \cdot \dfrac{e^t - e^{-t}}{2}$$
$$= \dfrac{1}{4}(e^{2t} - e^{-2t}) + \dfrac{1}{4}(e^{2t} - e^{-2t})$$
$$= \dfrac{1}{2}(e^{2t} - e^{-2t}) \ \cdots\cdots ④$$

$$\cdot \ |\vec{v}| = \sqrt{\left(\dfrac{e^t - e^{-t}}{2} \right)^2 + \left(\dfrac{e^t + e^{-t}}{2} \right)^2}$$
$$= \dfrac{1}{2}\sqrt{e^{2t} \underset{-2e^t e^{-t}}{\underbrace{-2}} + e^{-2t} + e^{2t} \underset{+2e^t e^{-t}}{\underbrace{+2}} + e^{-2t}}$$
$$= \dfrac{1}{\sqrt{2}}\sqrt{e^{2t} + e^{-2t}} \ \cdots\cdots ⑤$$

$$\cdot \ |\vec{a}| = \sqrt{\left(\dfrac{e^t + e^{-t}}{2} \right)^2 + \left(\dfrac{e^t - e^{-t}}{2} \right)^2}$$
$$= \dfrac{1}{\sqrt{2}}\sqrt{e^{2t} + e^{-2t}} \ \cdots\cdots ⑥$$

$\boxed{|\vec{v}| \text{と同じ結果になった！}}$

以上④，⑤，⑥を③に代入して，

$$\cos\theta = \dfrac{\dfrac{1}{2}(e^{2t} - e^{-2t})}{\dfrac{1}{\sqrt{2}}\sqrt{e^{2t} + e^{-2t}} \cdot \dfrac{1}{\sqrt{2}}\sqrt{e^{2t} + e^{-2t}}}$$

以上より，求める $\cos\theta(t)$ は，

$$\cos\theta(t) = \dfrac{e^{2t} - e^{-2t}}{e^{2t} + e^{-2t}} \ \cdots\cdots\cdots(答)$$

放物線 $y = x^2$ 上を動く点 P があって，時刻 $t = 0$ のときの位置は原点である。また，時刻 $t\,(\geqq 0)$ のとき，P の速度ベクトルの x 成分は $\sin t$ である。速度ベクトルの y 成分が最大となるときの P の位置を求めよ。また，そのときにおける P の速度ベクトル，および加速度ベクトルを求めよ。

(東北大)

ヒント！ 動点 $P(x, y)$ の x は，速度ベクトル $\vec{v}$ の x 成分 $\dfrac{dx}{dt} = \sin t$ より，この両辺を t で積分して求めればいい。また，$y = x^2$ より，$\vec{v}$ の y 成分は $\dfrac{dy}{dt} = \dfrac{d(x^2)}{dt} = \dfrac{d(x^2)}{dx} \cdot \dfrac{dx}{dt}$ と，合成関数の微分を行うことにより求めればいいんだね。

$y = x^2$ 上の動点 $P(x, y)$ は，
時刻 $t = 0$ のとき原点 $(0, 0)$ にある。

また，この P の
速度ベクトル $\vec{v} = \left(\dfrac{dx}{dt}, \dfrac{dy}{dt} \right)$ の

x 成分 $\dfrac{dx}{dt} = \sin t$ ……① より，

①の両辺を t で積分して，

$x = \displaystyle\int \sin t\, dt = -\cos t + C$

ここで，$t = 0$ のとき $x = 0$ より，

$0 = -\underbrace{\cos 0}_{1} + C \quad \therefore C = 1$

これから，動点 P の x 座標は，

$x = 1 - \cos t$ ……② となる。

次に，P の速度
ベクトル $\vec{v}$ の y
成分 $\dfrac{dy}{dt}$ は，
これに $y = x^2$ を
代入すると，

$\dfrac{dy}{dt} = \dfrac{d(x^2)}{dt}$

$= \underbrace{\dfrac{d(x^2)}{dx}}_{(2x)} \cdot \underbrace{\dfrac{dx}{dt}}_{(\sin t\,(①より))}$

$= 2\underbrace{x}_{(1-\cos t\,(②より))} \cdot \sin t$

$= 2(1 - \cos t)\sin t$ ……③ $(t \geqq 0)$

となる。ここで，$\dfrac{dy}{dt} = f(t)\ (t \geqq 0)$ と

おくと，$\sin t,\ \cos t$ は共に区間

$[0,\ 2\pi]$ の周期関数より，③の最大値は

区間 $0 \leqq t \leqq 2\pi$ で調べれば十分である。

$f(t) = 2(1 - \cos t)\sin t \quad (0 \leq t \leq 2\pi)$

$f(t)$ を時刻 t で微分して，

$f'(t) = 2\{\underbrace{\sin t \cdot \sin t} + (1 - \cos t) \cdot \cos t\}$

$\boxed{\sin^2 t = 1 - \cos^2 t}$

$\quad = 2(1 - \cos^2 t + \cos t - \cos^2 t)$

$\quad = -2(2\cos^2 t - \cos t - 1)$

$\begin{matrix} 2 & & 1 \\ 1 & & -1 \end{matrix}$

$\quad = -2(2\cos t + 1)(\cos t - 1)$

$\quad = \boxed{2(1 - \cos t)} \cdot \underline{(2\cos t + 1)}$

$\boxed{\begin{array}{l}\cos t = 1\ \text{のときのみ} \\ 0\ \text{で，他の}\ t\ (\neq 0, 2\pi) \\ \text{では常に}\ \oplus\end{array}}$

$\boxed{\begin{array}{l}\overbrace{f'(t)} = \begin{cases} \oplus \\ 0 \\ \ominus \end{cases} \\ f'(t)\ \text{の符号に関す} \\ \text{る本質的な部分}\end{array}}$

$f'(t) = 0$ のとき，

・$\cos t = 1$ より，$t = 0,\ 2\pi$

・$\cos t = -\dfrac{1}{2}$ より，$t = \dfrac{2}{3}\pi,\ \dfrac{4}{3}\pi$

よって，$0 \leq t \leq 2\pi$ における $f(t)$ の増減表は次のようになる。

t	0		$\frac{2}{3}\pi$		$\frac{4}{3}\pi$		2π
$f'(t)$	0	$+$	0	$-$	0	$+$	0
$f(t)$	0	↗	◯	↘		↗	0

$\boxed{f\left(\frac{2}{3}\pi\right)\ \text{が極大でかつ最大}}$

ここで，$f(0) = f(2\pi) = 0$ より，

$t = \dfrac{2}{3}\pi$ のとき，$f(t)\left(= \dfrac{dy}{dt}\right)$ は最大となる。

$\therefore\ t = \dfrac{2}{3}\pi$ のとき②より，

$x = 1 - \cos\dfrac{2}{3}\pi = 1 - \left(-\dfrac{1}{2}\right) = \dfrac{3}{2}$

$y = x^2 = \left(\dfrac{3}{2}\right)^2 = \dfrac{9}{4}$

よって，$\dfrac{dy}{dt}$ が最大となるときの点 P

の座標は，$P\left(\dfrac{3}{2},\ \dfrac{9}{4}\right)$ ……………(答)

また，

$\dfrac{dx}{dt} = \sin t,\ \dfrac{dy}{dt} = 2(1 - \cos t)\sin t$ より

$\dfrac{d^2x}{dt^2} = (\sin t)' = \cos t$

$\dfrac{d^2y}{dt^2} = f'(t) = 2(1 - \cos t)(2\cos t + 1)$ より

$t = \dfrac{2}{3}\pi$ のときの速度ベクトル $\vec{v}$ と加

速度ベクトル $\vec{a}$ は次のようになる。

$\vec{v} = \left(\sin\dfrac{2}{3}\pi,\ 2\left(1 - \cos\dfrac{2}{3}\pi\right)\sin\dfrac{2}{3}\pi\right)$

$\quad = \left(\dfrac{\sqrt{3}}{2},\ 2 \cdot \dfrac{3}{2} \cdot \dfrac{\sqrt{3}}{2}\right)$

$\quad = \left(\dfrac{\sqrt{3}}{2},\ \dfrac{3\sqrt{3}}{2}\right)$ ……………(答)

$\vec{a} = \left(\cos\dfrac{2}{3}\pi,\ 2\left(1 - \cos\dfrac{2}{3}\pi\right)\left(2\cos\dfrac{2}{3}\pi + 1\right)\right)$

$\quad = \left(-\dfrac{1}{2},\ 2 \cdot \dfrac{3}{2} \cdot \underset{0}{\underline{(-1 + 1)}}\right)$

$\quad = \left(-\dfrac{1}{2},\ 0\right)$ ……………(答)

$|x|$ が十分小さいとき，実数定数 a, p に対して，$(a+x)^p$ の第1次近似式を求め，これを基にして，次の近似値を求めよ。

(i) $\sqrt{1.002}$　　　　(ii) $\sqrt[3]{27.027}$　　　　(iii) 2.999^4

ヒント！ 「$|x|$ が十分小さい」とは，「$x \doteqdot 0$」と同じだね。$f(x)=(a+x)^p$ とおくと，$x \doteqdot 0$ のとき $f(x) \doteqdot f(0)+f'(0) \cdot x$ の第1次近似式が成り立つんだね。これを使って (i), (ii), (iii) の近似値を求めればいい。

基本事項

第1次近似式

(i) $x \doteqdot 0$ のとき，

$$f(x) \doteqdot \underline{f(0)+f'(0) \cdot x}$$

これは，曲線 $y=f(x)$ 上の点 $(0, f(0))$ における接線の方程式に他ならない。

(ii) $h \doteqdot 0$ のとき，

$$f(a+h) \doteqdot f(a)+f'(a) \cdot h$$

$|x|$ が十分小さいとき，近似式

$f(x) \doteqdot f(0)+f'(0) \cdot x$ ……① が

成り立つ。

$f(x)=(a+x)^p$ とおくと，$f(0)=a^p$

$f'(x)=p(a+x)^{p-1}$

$f'(0)=p \cdot a^{p-1}$ より，

$x \doteqdot 0$ のとき，次の第1次近似式が成り立つ。

$(a+x)^p \doteqdot a^p+p \cdot a^{p-1} \cdot x$ ……(答)

$\left[f(x) \doteqdot f(0)+f'(0) \cdot x \ \text{……①} \right]$

(i) $\sqrt{1.002}=(1+0.002)^{\frac{1}{2}}$ より，

$a=1, p=\dfrac{1}{2}, x=0.002$ とおくと，

この近似値は，

$\sqrt{1.002} \doteqdot 1^{\frac{1}{2}}+\dfrac{1}{2} \cdot 1^{-\frac{1}{2}} \cdot 0.002$

$= 1+\dfrac{1}{2} \cdot 1 \cdot 0.002$

$= 1+0.001$

$= 1.001$ …………………(答)

(ii) $\sqrt[3]{27.027}=(27+0.027)^{\frac{1}{3}}$ より，

$a=27, p=\dfrac{1}{3}, x=0.027$ とおくと，

この近似値は，

$\sqrt[3]{27.027} \doteqdot \underbrace{27^{\frac{1}{3}}}_{3}+\dfrac{1}{3} \cdot \underbrace{27^{-\frac{2}{3}}}_{\frac{1}{27^{\frac{2}{3}}}=\frac{1}{3^2}=\frac{1}{9}} \cdot 0.027$

$= 3+\dfrac{0.027}{27}=3.001$ ………(答)

(iii) $2.999^4=(3-0.001)^4$ より，

$a=3, p=4, x=-0.001$ とおくと，

この近似値は，

$2.999^4 \doteqdot 3^4+4 \cdot 3^3 \cdot (-0.001)$

$= 81-0.108$

$= 80.892$ ……………(答)

演習
exercise

8 積分法とその応用

――――――――テーマ――――――――

▶ 積分計算

▶ 定積分で表された関数

▶ 区分求積法
$$\left(\lim_{n \to \infty} \frac{1}{n} \sum_{k=1}^{n} f\left(\frac{k}{n}\right) = \int_{0}^{1} f(x)\,dx \right)$$

▶ 面積計算・体積計算

▶ 曲線の長さ
$$\left(l = \int_{\alpha}^{\beta} \sqrt{\left(\frac{dx}{dt}\right)^2 + \left(\frac{dy}{dt}\right)^2}\,dt \right)$$

1. 積分計算の公式 (積分定数 C は略す)

(1) $\displaystyle\int \cos x\, dx = \sin x$

(2) $\displaystyle\int \sin x\, dx = -\cos x$

(3) $\displaystyle\int \frac{1}{\cos^2 x}\, dx = \tan x$

(4) $\displaystyle\int e^x\, dx = e^x$

(5) $\displaystyle\int \frac{1}{x}\, dx = \log|x|$

(6) $\displaystyle\int \frac{f'}{f}\, dx = \log|f|$

(7) $\displaystyle\int \cos mx\, dx = \frac{1}{m}\sin mx$

(8) $\displaystyle\int \sin mx\, dx = -\frac{1}{m}\cos mx$

(9) $\displaystyle\int f^{\alpha}\cdot f'\, dx = \frac{1}{\alpha+1}f^{\alpha+1}$ $\quad\left(\begin{array}{l}\text{ただし,}\ f=f(x),\ m \neq 0,\\ \alpha \neq -1\ \text{とする。}\end{array}\right)$

2. 部分積分の公式

(1) $\displaystyle\int_a^b f\cdot g'\, dx = \big[f\cdot g\big]_a^b - \underline{\int_a^b f'\cdot g\, dx}$

$\boxed{\text{簡単化}}$

(2) $\displaystyle\int_a^b f'\cdot g\, dx = \big[f\cdot g\big]_a^b - \underline{\int_a^b f\cdot g'\, dx}$ $\quad\left(\begin{array}{l}\text{ただし,}\ f=f(x),\\ g=g(x)\ \text{とする。}\end{array}\right)$

> 部分積分のコツは，左辺の積分は難しいが，変形後の右辺の積分が簡単になるようにすることだ。

3. 置換積分のパターン公式 (a : 正の定数)

(1) $\displaystyle\int \sqrt{a^2-x^2}\, dx$ などの場合, $x = a\sin\theta$ (または, $x = a\cos\theta$) とおく。

(2) $\displaystyle\int \frac{1}{a^2+x^2}\, dx$ の場合, $x = a\tan\theta$ とおく。

(3) $\displaystyle\int f(\sin x)\cdot\cos x\, dx$ の場合, $\sin x = t$ とおく。

(4) $\displaystyle\int f(\cos x)\cdot\sin x\, dx$ の場合, $\cos x = t$ とおく。

> その他，複雑な被積分関数が与えられた場合でも，その中の 1 部を t とおいて，うまく変数 t だけの積分にもち込めればいいんだね。

4. 定積分で表された関数 (a, b：定数，x：変数)

(1) $\displaystyle\int_a^b f(t)\,dt$ の場合，$\displaystyle\int_a^b f(t)\,dt = A$ (定数) とおく。

(2) $\displaystyle\int_a^x f(t)\,dt$ の場合，$\begin{cases} (\text{i})\ x = a\ を代入して，\displaystyle\int_a^a f(t)\,dt = 0 \\[3mm] (\text{ii})\ x\ で微分して，\left\{\displaystyle\int_a^x f(t)\,dt\right\}' = f(x) \end{cases}$

5. 区分求積法

$$\lim_{n\to\infty} \frac{1}{n}\sum_{k=1}^{n} f\left(\frac{k}{n}\right) = \int_0^1 f(x)\,dx$$

> 右図のように，区間 $[0, 1]$ で定義された関数 $y = f(x)$ について，区間 $[0, 1]$ を n 等分してできる n 個の長方形の面積の和を求め，$n\to\infty$ とすると，$\displaystyle\int_0^1 f(x)\,dx$ になる。

6. 面積計算

(1) 面積 $S = \displaystyle\int_a^b \{\underbrace{f(x)}_{\text{上側}} - \underbrace{g(x)}_{\text{下側}}\}\,dx$

(2) 媒介変数表示された曲線 $x = x(t)$，$y = y(t)$ と x 軸とで挟まれる図形の面積 S は，次のように求める。

$$S = \underbrace{\int_a^b y\,dx}_{\substack{\text{初めに } y=f(x) \text{ と表}\\ \text{されているものとし}\\ \text{て面積の式を立てる。}}} = \int_\alpha^\beta y \cdot \underbrace{\frac{dx}{dt}}_{t \text{ の関数}}\,dt$$

> これが，まず $y = f(x)$ と表されているものとして，面積計算の式を立てる。

曲線 $\begin{cases} x = x(t) \\ y = y(t) \end{cases}$

$t = \alpha$ $t = \beta$

面積 S

$\begin{pmatrix} ただし，y \geqq 0 \ であり，また，\\ x : a \to b \ のとき，t : \alpha \to \beta \ とする \end{pmatrix}$

7. 体積計算

(1) 体積 $V = \displaystyle\int_a^b S(x)\,dx$

（ i ）x 軸のまわりの回転体の体積 $V_x = \pi\displaystyle\int_a^b y^2\,dx$

（ ii ）y 軸のまわりの回転体の体積 $V_y = \pi\displaystyle\int_c^d x^2\,dy$

> 媒介変数表示されている曲線 $x = x(t),\ y = y(t)$ の場合，面積計算の
> ときと同様に，次のようにする。
> （ i ）x 軸のまわりの回転体の体積 $V_x = \pi\displaystyle\int_a^b y^2\,dx = \pi\displaystyle\int_\alpha^\beta y^2\frac{dx}{dt}\,dt$
> （ ii ）y 軸のまわりの回転体の体積 $V_y = \pi\displaystyle\int_c^d x^2\,dy = \pi\displaystyle\int_\gamma^\delta x^2\frac{dy}{dt}\,dt$

(2) バウムクーヘン型積分

y 軸のまわりの回転体の体積
$$V = 2\pi\int_a^b x\cdot f(x)\,dx$$

8. 曲線の長さの計算

(1) 曲線 $y = f(x)\ (a \leqq x \leqq b)$ の長さ L

$$L = \int_a^b \sqrt{1+\{f'(x)\}^2}\,dx$$

(2) 媒介変数表示された曲線
$$\begin{cases} x = x(t) \\ y = y(t) \quad (\alpha \leqq t \leqq \beta) \text{ の長さ } L \end{cases}$$
$$L = \int_\alpha^\beta \sqrt{\left(\frac{dx}{dt}\right)^2 + \left(\frac{dy}{dt}\right)^2}\,dt$$

9. 微分方程式（変数分離形）

微分方程式 $\dfrac{dy}{dx} = \dfrac{g(x)}{f(y)}$ は，$\displaystyle\int f(y)\,dy = \int g(x)\,dx$ として解く。

| 実力アップ問題112 | 難易度 | CHECK 1 | CHECK 2 | CHECK 3 |

次の不定積分と定積分を求めよ。

(1) $\displaystyle\int \frac{3x+4}{x^2+3x+2}\,dx$ （日本医大）

(2) $\displaystyle\int \frac{1}{x\cdot(\log x)^2}\,dx$ （信州大）

(3) $\displaystyle\int_0^{\frac{\pi}{4}} \cos 3x\cdot\cos x\,dx$ （宮崎大＊）

(4) $\displaystyle\int_0^1 \frac{1}{e^x+1}\,dx$ （芝浦工大）

ヒント！ 積分計算の基本問題。それぞれの解法パターンに従って解けばいいんだね。

(1) $\displaystyle\frac{A}{x+1}+\frac{B}{x+2}=\frac{A(x+2)+B(x+1)}{(x+1)(x+2)}$

$\displaystyle\qquad\qquad\qquad = \frac{(A+B)x+2A+B}{x^2+3x+2}$

$\displaystyle\qquad\qquad\qquad = \frac{3x+4}{x^2+3x+2}$ より，

$A+B=3,\ 2A+B=4$

これを解いて，$A=1,\ B=2$

$\displaystyle\therefore \int\left(\frac{\overset{A}{\boxed{1}}}{x+1}+\frac{\overset{B}{\boxed{2}}}{x+2}\right)dx$

$=\log|x+1|+2\log|x+2|+C$ …（答）

(2) $\displaystyle\int \frac{1}{(\log x)^2}\cdot\frac{1}{x}\,dx$ について，

$\log x=t$ とおくと，$\displaystyle\underbrace{\frac{1}{x}\,dx}_{(\log x)'\,dx}=\underbrace{dt}_{t'dt}$

よって，

$\displaystyle\int \frac{1}{(\log x)^2}\cdot\frac{1}{x}\,dx=\int \frac{1}{t^2}\,dt$ ［置換積分］

$\displaystyle\qquad = \int t^{-2}\,dt=-t^{-1}+C$

$\displaystyle\qquad = -\frac{1}{\log x}+C$ …（答）

(3) $\displaystyle\int_0^{\frac{\pi}{4}} \underbrace{\cos 3x\cdot\cos x}_{\frac{1}{2}(\cos 4x+\cos 2x)}\,dx$

積→和の公式：
$\cos\alpha\cdot\cos\beta=\frac{1}{2}\{\cos(\alpha+\beta)+\cos(\alpha-\beta)\}$

$\displaystyle = \frac{1}{2}\int_0^{\frac{\pi}{4}}(\cos 4x+\cos 2x)\,dx$

$\displaystyle = \frac{1}{2}\left[\frac{1}{4}\sin 4x+\frac{1}{2}\sin 2x\right]_0^{\frac{\pi}{4}}$

$\displaystyle = \frac{1}{4}\cdot\sin\frac{\pi}{2}=\frac{1}{4}$ ……………（答）

(4) $\displaystyle\int_0^1 \frac{1}{e^x+1}\,dx$

分子・分母に e^{-x} をかけた！

$\displaystyle = \int_0^1 \frac{e^{-x}}{1+e^{-x}}\,dx$

$\displaystyle = -\int_0^1 \frac{\overset{f'}{-e^{-x}}}{\underset{f}{1+e^{-x}}}\,dx$

公式 $\displaystyle\int \frac{f'}{f}\,dx=\log|f|$

$\displaystyle = -\left[\log(1+e^{-x})\right]_0^1$

$\displaystyle = -\{\log(1+e^{-1})-\log 2\}$

$\displaystyle = \log\frac{2}{1+e^{-1}}=\log\frac{2e}{e+1}$ ………（答）

次の定積分を求めよ。

(1) $\displaystyle\int_0^1 \frac{1}{(x+1)^2(x+2)}\,dx$　　　　(2) $\displaystyle\int_1^2 \frac{1}{x^3(x+1)}\,dx$

ヒント！ **(1)**，**(2)** いずれも，被積分関数を部分分数に分解して積分する問題だけれど，分母に **2** 乗や **3** 乗の項を含んでいることに注意しよう。この場合の分解の仕方については，この問題で，その手法を学べばいいんだね。

(1) この被積分関数を部分分数に分解する。

$$\frac{1}{(x+1)^2(x+2)}$$
$$= \frac{a}{x+1} + \frac{b}{(x+1)^2} + \frac{c}{x+2}$$

> 分母が $(x+1)^2$ の場合の部分分数に分解するコツがこれなんだね。

$$= \frac{a(x+1)(x+2)+b(x+2)+c(x+1)^2}{(x+1)^2(x+2)}$$

よって，分子を比較すると，

$$a(x^2+3x+2)+b(x+2)+c(x^2+2x+1)$$
$$= \underset{\boxed{0}}{(a+c)x^2} + \underset{\boxed{0}}{(3a+b+2c)x} + \underset{\boxed{1}}{2a+2b+c}$$

$=1$ より，

$a+c=0$，$3a+b+2c=0$，
$2a+2b+c=1$
これを解いて，
$a=-1$，$b=1$，$c=1$
よって，求める定積分は，

$$\int_0^1 \left(-\frac{1}{x+1} + \frac{1}{(x+1)^2} + \frac{1}{x+2} \right)dx$$
$$= \left[-\log|x+1| - (x+1)^{-1} + \log|x+2| \right]_0^1$$
$$= -\log 2 - \frac{1}{2} + \log 3 + 1 - \log 2$$
$$= \log 3 - 2\log 2 + \frac{1}{2} \quad\cdots\cdots(答)$$

(2) この被積分関数を部分分数に分解する。

$$\frac{1}{x^3(x+1)}$$
$$= \frac{a}{x} + \frac{b}{x^2} + \frac{c}{x^3} + \frac{d}{x+1}$$

> 分母が x^3 の場合の部分分数に分解するコツがこれだ。

$$= \frac{ax^2(x+1)+bx(x+1)+c(x+1)+dx^3}{x^3(x+1)}$$

よって，分子を比較すると，

$$a(x^3+x^2)+b(x^2+x)+c(x+1)+dx^3$$
$$= \underset{\boxed{0}}{(a+d)x^3} + \underset{\boxed{0}}{(a+b)x^2} + \underset{\boxed{0}}{(b+c)x} + \underset{\boxed{1}}{c}$$

$=1$ より，

$a+d=0$，$a+b=0$，$b+c=0$，$c=1$
これを解いて，
$a=1$，$b=-1$，$c=1$，$d=-1$
よって，求める定積分は，

$$\int_1^2 \left(\frac{1}{x} - \frac{1}{x^2} + \frac{1}{x^3} - \frac{1}{x+1} \right)dx$$
$$= \left[\log|x| + x^{-1} - \frac{1}{2}x^{-2} - \log|x+1| \right]_1^2$$
$$= \log 2 + \frac{1}{2} - \frac{1}{8} - \log 3 - 1 + \frac{1}{2} + \log 2$$
$$= 2\log 2 - \log 3 - \frac{1}{8} \quad\cdots\cdots(答)$$

実力アップ問題114　難易度　CHECK 1　CHECK 2　CHECK 3

次の定積分を求めよ。

(1) $I = \displaystyle\int_0^2 x^2\sqrt{4-x^2}\,dx$ （横浜市立大＊）　(2) $J = \displaystyle\int_0^1 x^4 e^x\,dx$ （弘前大＊）

ヒント！ (1) 被積分関数の中に，$\sqrt{2^2-x^2}$ があるので，$x = 2\sin\theta$ と置換すればうまくいく。(2) は，部分積分の公式：$\displaystyle\int_0^1 f \cdot g'\,dx = [f \cdot g]_0^1 - \int_0^1 f' \cdot g\,dx$ を 4 回使って解けばいいんだね。頑張ろう！

(1) $I = \displaystyle\int_0^2 x^2\sqrt{4-x^2}\,dx$ について，

$x = 2\sin\theta$ とおくと，$dx = 2\cos\theta\,d\theta$

また，$x : 0 \to 2$ のとき，$\theta : 0 \to \dfrac{\pi}{2}$

よって，

$I = \displaystyle\int_0^2 \underline{x^2}\ \underline{\sqrt{4-x^2}}\,dx$

$= \displaystyle\int_0^{\frac{\pi}{2}} \underline{4\sin^2\theta} \cdot \underline{\sqrt{4-4\sin^2\theta}} \cdot \underline{2\cos\theta\,d\theta}$

> $\sqrt{4(1-\sin^2\theta)} = \sqrt{4\cos^2\theta}$
> $= 2|\cos\theta| = 2\cos\theta$
> $\oplus\left(\because 0 < \theta < \dfrac{\pi}{2}\right)$

$= 16\displaystyle\int_0^{\frac{\pi}{2}} \sin^2\theta \cdot \cos^2\theta\,d\theta$

> $(\sin\theta \cdot \cos\theta)^2 = \left(\dfrac{1}{2}\sin 2\theta\right)^2 = \dfrac{1}{4}\sin^2 2\theta$
> $= \dfrac{1}{4} \cdot \dfrac{1-\cos 4\theta}{2} = \dfrac{1}{8}(1 - \cos 4\theta)$

$= 2\displaystyle\int_0^{\frac{\pi}{2}} (1 - \cos 4\theta)\,d\theta$

$= 2\left[\theta - \dfrac{1}{4}\sin 4\theta\right]_0^{\frac{\pi}{2}}$

$= \pi$ ················（答）

(2) 部分積分法を用いて解くと，

$J = \displaystyle\int_0^1 x^4 (e^x)'\,dx$

$= [x^4 e^x]_0^1 - \displaystyle\int_0^1 4x^3 e^x\,dx$

$= e - 4\displaystyle\int_0^1 x^3 (e^x)'\,dx$

$= e - 4\left\{[x^3 e^x]_0^1 - \displaystyle\int_0^1 3x^2 e^x\,dx\right\}$

$= e - 4\left(e - 3\displaystyle\int_0^1 x^2 e^x\,dx\right)$

$= -3e + 12\displaystyle\int_0^1 x^2 (e^x)'\,dx$

> $[x^2 e^x]_0^1 - \displaystyle\int_0^1 2x e^x\,dx$
> $= e - 2\displaystyle\int_0^1 x(e^x)'\,dx$
> $= e - 2\left\{[x e^x]_0^1 - \displaystyle\int_0^1 1 \cdot e^x\,dx\right\}$
> $= e - 2(e - [e^x]_0^1)$
> $= e - 2(\cancel{e} - \cancel{e} + 1)$
> $= e - 2$

$= -3e + 12(e - 2)$

$= 9e - 24$ ··············（答）

次の定積分を求めよ。ただし，a は正の定数とする。

(1) $\displaystyle\int_0^a \sqrt{2ax - x^2}\, dx$　　　（和歌山県立医大）

(2) $\displaystyle\int_0^{\frac{\pi}{6}} \frac{1}{\cos x}\, dx$　　　（香川医大）　　　**(3)** $\displaystyle\int_0^a \frac{1}{a^2 + x^2}\, dx$

ヒント！ **(1)** 4分円の面積として求める。**(2)** $\sin x = t$ とおく。
(3) $x = a\tan\theta$ と置換すれば，うまく積分できる。頑張ろう！

基本事項

置換積分

(1) $\displaystyle\int \sqrt{a^2 - x^2}\, dx$ などの場合，
$x = a\sin\theta$ とおく。

(2) $\displaystyle\int f(\sin x)\cdot\cos x\, dx$ の場合，
$\sin x = t$ とおく。

(3) $\displaystyle\int \frac{1}{a^2 + x^2}\, dx$ の場合，
$x = a\tan\theta$ とおく。

(1) $\displaystyle\int_0^a \sqrt{2ax - x^2}\, dx$

$\displaystyle = \int_0^a \sqrt{\underline{\underline{a^2}} - (x^2 - 2ax + \underline{\underline{a^2}})}\, dx$

$\displaystyle = \int_0^a \sqrt{a^2 - (x - a)^2}\, dx$

$\displaystyle = \frac{1}{4}\cdot\pi a^2$ ← 4分円の面積

$\displaystyle = \frac{\pi a^2}{4}$ ……（答）

上半円
$y = \sqrt{a^2 - (x-a)^2}$

$x - a = a\sin\theta$ と置換するより，図形的に早く解く。

上半円 $y = \sqrt{a^2 - x^2}$ を x 軸方向に a だけ平行移動したもの。

この問題は，$x - a = a\sin\theta$ と置換して解いてもいい。自分で計算して，同じ結果を導いてみてごらん。

(2) $\displaystyle\int_0^{\frac{\pi}{6}} \frac{1}{\cos^2 x}\cdot\cos x\, dx = \int_0^{\frac{\pi}{6}} \underbrace{\boxed{\frac{1}{1 - \sin^2 x}}}_{f(\sin x)}\cos x\, dx$

$\sin x = t$ とおくと，

$x : 0 \to \dfrac{\pi}{6}$ のとき，$t : 0 \to \dfrac{1}{2}$

$\cos x\, dx = dt$

以上より，$\boxed{\dfrac{1}{(1+t)(1-t)} = \dfrac{1}{2}\left(\dfrac{1}{1+t} - \dfrac{-1}{1-t}\right)}$

与式 $\displaystyle = \int_0^{\frac{1}{2}} \boxed{\frac{1}{1 - t^2}}\, dt$

$\displaystyle = \frac{1}{2}\int_0^{\frac{1}{2}}\left(\frac{1}{1+t} - \frac{-1}{1-t}\right) dt$

$\displaystyle = \frac{1}{2}\Big[\log|1+t| - \log|1-t|\Big]_0^{\frac{1}{2}}$

$\displaystyle = \frac{1}{2}\left(\log\frac{3}{2} - \log\frac{1}{2}\right) = \frac{1}{2}\log 3$
$\cdots\cdots\cdots\cdots$（答）

(3) $x = a\tan\theta$ とおくと，

$x : 0 \to a$ のとき，$\theta : 0 \to \dfrac{\pi}{4}$

$dx = a\cdot\dfrac{1}{\cos^2\theta}\, d\theta$　　　よって，

与式 $\displaystyle = \int_0^{\frac{\pi}{4}} \boxed{\frac{1}{a^2 + a^2\tan^2\theta}}\cdot\frac{a}{\cos^2\theta}\, d\theta$

$\boxed{a^2\cdot(1 + \tan^2\theta) = a^2\cdot\dfrac{1}{\cos^2\theta}}$

$\displaystyle = \frac{1}{a}\int_0^{\frac{\pi}{4}} 1\, d\theta = \frac{1}{a}\Big[\theta\Big]_0^{\frac{\pi}{4}} = \frac{\pi}{4a}$
$\cdots\cdots\cdots\cdots$（答）

実力アップ問題116 　難易度 ☆☆　　CHECK 1　　CHECK2　　CHECK3

次の定積分を求めよ。ただし，n は自然数とする。

$$(1)\int_{\frac{1}{e}}^{e}|\log x|\,dx \qquad (2)\int_{0}^{n\pi}|\sin x-\cos x|\,dx \qquad (芝浦工大)$$

ヒント！ (1)$\log x$ の符号により，積分区間を **2** つに分ける。(2) 三角関数の合成をした後，グラフ的に考えて積分計算を単純化するといい。

(1)
$$|\log x|=\begin{cases} -\log x & \left(\dfrac{1}{e}\le x\le 1\right) \\ \log x & (1\le x\le e) \end{cases}$$

よって，求める定積分は，

$$\int_{\frac{1}{e}}^{e}|\log x|\,dx$$

$$= -\int_{\frac{1}{e}}^{1}\log x\,dx+\int_{1}^{e}\log x\,dx$$

$$\left[\quad \diagdown\quad +\quad \diagup\quad \right]$$

$$= -\big[x\log x-x\big]_{\frac{1}{e}}^{1}+\big[x\log x-x\big]_{1}^{e}$$

公式：$\int \log x\,dx=x\log x-x+C$

$$= -(1\cdot \underset{\boxed{0}}{\log 1}-1)+\dfrac{1}{e}\underset{\boxed{-1}}{\log\dfrac{1}{e}}-\dfrac{1}{e}$$

$$\quad +e\underset{\boxed{1}}{\log e}-e-(1\cdot\underset{\boxed{0}}{\log 1}-1)$$

$$= 2-\dfrac{2}{e}\quad\cdots\cdots\cdots\cdots\cdots(答)$$

(2) $1\cdot\sin x-1\cdot\cos x$ 　三角関数の合成

$$= \sqrt{2}\left(\underset{\boxed{\cos\frac{\pi}{4}}}{\dfrac{1}{\sqrt{2}}}\sin x-\underset{\boxed{\sin\frac{\pi}{4}}}{\dfrac{1}{\sqrt{2}}}\cos x\right)$$

$$= \sqrt{2}\sin\left(x-\dfrac{\pi}{4}\right)\quad より，$$

与式 $= \displaystyle\int_{0}^{n\pi}\left|\sqrt{2}\sin\left(x-\dfrac{\pi}{4}\right)\right|dx$

$$= \sqrt{2}\int_{0}^{n\pi}\left|\sin\left(x-\dfrac{\pi}{4}\right)\right|dx$$

参考

$y=\left|\sin\left(x-\dfrac{\pi}{4}\right)\right|$ は，$y=\sin x$ を x 軸方向に $\dfrac{\pi}{4}$ だけ移動して，負側の曲線を x 軸に関して折り返した形になるので，$0\le x\le n\pi$ におけるこの積分は，次の網目部の面積に等しい。

これを移動する

$y=\left|\sin\left(x-\dfrac{\pi}{4}\right)\right|$

図から，左端の半ぱな部分を右端に移動させると，これは，n 個の山の面積に等しい。

$$n\times \qquad y=\sin x$$

与式 $= \sqrt{2}\times n\displaystyle\int_{0}^{\pi}\sin x\,dx \qquad \left[\,n\times \diagup\diagdown\,\right]$

$$= \sqrt{2}n\big[-\cos x\big]_{0}^{\pi}$$

$$= \sqrt{2}n\,(-\underset{\boxed{-1}}{\cos\pi}+\underset{\boxed{1}}{\cos 0})$$

$$= 2\sqrt{2}n\quad\cdots\cdots\cdots\cdots\cdots(答)$$

(1) 連続関数 $f(x)$ および定数 a について，

$$\int_0^a f(x)\,dx = \int_0^{\frac{a}{2}}\{f(x)+f(a-x)\}\,dx \text{ が成り立つことを証明せよ。}$$

(2) $\displaystyle\int_0^{\frac{\pi}{2}}\frac{\cos x}{\sin x+\cos x}\,dx$ を求めよ。　　　　　（高知大）

ヒント！　**(1)** $\displaystyle\int_{\frac{a}{2}}^a f(x)\,dx = \int_0^{\frac{a}{2}}f(a-x)\,dx$ を示せばいい。**(2)(1)** の結果を利用すると，単純な積分計算になるんだよ。

---

(1) $\displaystyle\int_0^a f(x)\,dx = \int_0^{\frac{a}{2}}\{f(x)+f(a-x)\}\,dx$

$\qquad\qquad\qquad\qquad\qquad\cdots\cdots(*)$

が成り立つことを示す。

$(*)$ の左辺 $=\displaystyle\int_0^{\frac{a}{2}}f(x)\,dx + \int_{\frac{a}{2}}^a f(x)\,dx$

$(*)$ の右辺 $=\displaystyle\int_0^{\frac{a}{2}}f(x)\,dx + \int_0^{\frac{a}{2}}f(a-x)\,dx$

$\therefore \displaystyle\int_{\frac{a}{2}}^a f(x)\,dx = \int_0^{\frac{a}{2}}f(a-x)\,dx \cdots(*1)$

が成り立つことを示せばよい。

$\displaystyle\int_{\frac{a}{2}}^a f(x)\,dx$ について，

$x = a-t$ とおくと，$[\,t = a-x\,]$

$x:\dfrac{a}{2}\longrightarrow a$ のとき，$t:\dfrac{a}{2}\longrightarrow 0$

$dx = (-1)\,dt$ より，

$\displaystyle\int_{\frac{a}{2}}^a f(x)\,dx = \int_{\frac{a}{2}}^0 f(a-t)(-1)\,dt$

$\qquad = \displaystyle\int_0^{\frac{a}{2}}f(a-t)\,dt$

$\qquad = \displaystyle\int_0^{\frac{a}{2}}f(a-x)\,dx$

> 積分変数は，t でも x でも何でもかまわない！

以上より，$(*1)$ が成り立つので，$(*)$ は成り立つ。　$\cdots\cdots$（終）

(2) $\displaystyle\int_0^{\frac{\pi}{2}}\overbrace{\frac{\cos x}{\sin x+\cos x}}^{f(x)}\,dx$ について，

$f(x) = \dfrac{\cos x}{\sin x+\cos x}$ とおくと，

$f\left(\dfrac{a}{2}-x\right) = \dfrac{\cos\left(\frac{\pi}{2}-x\right)}{\sin\left(\frac{\pi}{2}-x\right)+\cos\left(\frac{\pi}{2}-x\right)}$

$\qquad\qquad = \dfrac{\sin x}{\cos x+\sin x}$

以上より，$(*)$ を用いると，

$\displaystyle\int_0^{\frac{a}{2}\,\frac{\pi}{2}}f(x)\,dx = \int_0^{\frac{\pi}{4}}\left\{f(x)+f\left(\overbrace{\dfrac{\pi}{2}-x}^{a-x}\right)\right\}dx$

$\qquad = \displaystyle\int_0^{\frac{\pi}{4}}\left(\frac{\cos x}{\sin x+\cos x}+\frac{\sin x}{\sin x+\cos x}\right)dx$

$\qquad = \displaystyle\int_0^{\frac{\pi}{4}}\frac{\sin x+\cos x}{\sin x+\cos x}\,dx$

$\qquad = \displaystyle\int_0^{\frac{\pi}{4}}1\,dx = \bigl[x\bigr]_0^{\frac{\pi}{4}} = \frac{\pi}{4}$　　$\cdots\cdots$（答）

実力アップ問題118　難易度 ★★　CHECK 1　CHECK 2　CHECK 3

定積分 $\displaystyle\int_0^{\frac{\pi}{2}}(\sin x - kx)^2\,dx$ の値を最小にする実数 k の値と，そのときの定積分の値を求めよ。

（関西学院大）

ヒント！　x での積分なので，まず，x が変数，k は定数扱いにする。
積分後は，k の 2 次関数になるので，平方完成してその最小値を求めよう。

$f(k) = \displaystyle\int_0^{\frac{\pi}{2}}(\sin x - kx)^2\,dx$ とおく。

まず，変数　　まず定数扱い　　x で積分

積分後，変数

$f(k) = \displaystyle\int_0^{\frac{\pi}{2}}(\sin^2 x - 2kx\sin x + k^2 x^2)\,dx$

$= k^2 \underbrace{\displaystyle\int_0^{\frac{\pi}{2}}x^2\,dx}_{\text{㋐}} - 2k\underbrace{\displaystyle\int_0^{\frac{\pi}{2}}x\sin x\,dx}_{\text{㋑}}$

$\qquad + \underbrace{\displaystyle\int_0^{\frac{\pi}{2}}\sin^2 x\,dx}_{\text{㋒}}$ ……①

ここで，

㋐ $\displaystyle\int_0^{\frac{\pi}{2}}x^2\,dx = \left[\dfrac{1}{3}x^3\right]_0^{\frac{\pi}{2}} = \dfrac{1}{3}\cdot\left(\dfrac{\pi}{2}\right)^3$

$\qquad = \dfrac{\pi^3}{24}$

㋑ $\displaystyle\int_0^{\frac{\pi}{2}}x\cdot\sin x\,dx = \int_0^{\frac{\pi}{2}}x\cdot(-\cos x)'\,dx$

$\qquad = \left[-x\cos x\right]_0^{\frac{\pi}{2}} - \int_0^{\frac{\pi}{2}}1\cdot(-\cos x)\,dx$

$\qquad = \left[\sin x\right]_0^{\frac{\pi}{2}} = 1$

㋒ $\displaystyle\int_0^{\frac{\pi}{2}}\sin^2 x\,dx = \dfrac{1}{2}\int_0^{\frac{\pi}{2}}(1-\cos 2x)\,dx$

$\qquad = \dfrac{1}{2}\left[x - \dfrac{1}{2}\sin 2x\right]_0^{\frac{\pi}{2}}$

$\qquad = \dfrac{1}{2}\cdot\dfrac{\pi}{2} = \dfrac{\pi}{4}$

以上 ㋐，㋑，㋒ を①に代入して，

$f(k) = k^2\cdot\dfrac{\pi^3}{24} - 2k\cdot 1 + \dfrac{\pi}{4}$

$\quad = \dfrac{\pi^3}{24}k^2 - 2k + \dfrac{\pi}{4}$

k の 2 次関数。k^2 の係数 $\dfrac{\pi^3}{24} > 0$ より，下に凸の放物線。

$\quad = \dfrac{\pi^3}{24}\left(k^2 - \dfrac{48}{\pi^3}k\right) + \dfrac{\pi}{4}$

$\quad = \dfrac{\pi^3}{24}\left\{k^2 - \dfrac{48}{\pi^3}k + \left(\dfrac{24}{\pi^3}\right)^2\right\}$

$\qquad\qquad\qquad + \dfrac{\pi}{4} - \dfrac{\pi^3}{24}\left(\dfrac{24}{\pi^3}\right)^2$

$\quad = \dfrac{\pi^3}{24}\left(k - \dfrac{24}{\pi^3}\right)^2 + \dfrac{\pi}{4} - \dfrac{24}{\pi^3}$

以上より，

$k = \dfrac{24}{\pi^3}$ のとき，$f(k)$ は最小となる。

最小値 $f\left(\dfrac{24}{\pi^3}\right) = \dfrac{\pi}{4} - \dfrac{24}{\pi^3}$ …………（答）

(1) m を自然数とする。定積分 $\displaystyle\int_{-\pi}^{\pi} x\sin mx\,dx$ の値を求めよ。

(2) m, n を自然数とする。定積分 $\displaystyle\int_{-\pi}^{\pi} \sin mx\sin nx\,dx$ の値を求めよ。

(3) a, b を実数とする。定積分 $I = \displaystyle\int_{-\pi}^{\pi} (x - a\sin x - b\sin 2x)^2\,dx$ を計算せよ。

(4) **(3)** において a, b を変化させたときの I の最小値, およびそのときの a, b の値を求めよ。

(お茶の水女子大)

ヒント！　**(2)** の定積分は, (ⅰ) $m \neq n$ のときと, (ⅱ) $m = n$ のときに場合分けして求める。これも頻出テーマの 1 つなんだよ。

(1) $\displaystyle\int_{-\pi}^{\pi} x \cdot \sin mx\,dx$　（m：自然数）

$\displaystyle = \int_{-\pi}^{\pi} x \cdot \left(-\frac{1}{m}\cos mx \right)' dx$

$\displaystyle = -\frac{1}{m}\Big[x \cdot \cos mx \Big]_{-\pi}^{\pi}$

$\displaystyle \qquad + \frac{1}{m}\int_{-\pi}^{\pi} 1 \cdot \cos mx\,dx$

$\displaystyle = -\frac{1}{m}(\pi \cdot \cos m\pi + \pi \cdot \underbrace{\cos m\pi}_{\boxed{\cos(-m\pi)}})$

$\displaystyle \qquad + \frac{1}{m}\Big[\frac{1}{m}\sin mx \Big]_{-\pi}^{\pi}$

$\displaystyle = -\frac{2\pi}{m}\underbrace{\cos m\pi}_{\boxed{\begin{array}{l} m=1,\ 2,\ 3,\ 4,\ \cdots\ \text{のとき,} \\ -1,\ 1,\ -1,\ 1,\ \cdots = (-1)^m \end{array}}}$

$\displaystyle = -\frac{2\pi}{m}(-1)^m = \frac{2\pi}{m}(-1)^{m+1}$

……(答)

(2) 与積分は次のように場合分けされる。

（ⅰ）$m \neq n$ のとき, 　（m, n：自然数）

$\displaystyle\int_{-\pi}^{\pi} \underbrace{\sin mx \cdot \sin nx}_{\boxed{-\frac{1}{2}\{\cos(mx+nx) - \cos(mx-nx)\}}}\,dx$

$\boxed{\text{積→差の公式}}$

$\displaystyle = -\frac{1}{2}\int_{-\pi}^{\pi}\{\cos(m+n)x - \cos(m-n)x\}\,dx$

$\displaystyle = -\frac{1}{2}\Big\{ \frac{1}{m+n}\Big[\sin(m+n)x \Big]_{-\pi}^{\pi}$

$\displaystyle \qquad\qquad - \frac{1}{m-n}\Big[\sin(m-n)x \Big]_{-\pi}^{\pi} \Big\}$

$\boxed{\text{この積分があるので, } m \neq n \text{ の条件が必要！}}$

$= 0$

（ⅱ）$m = n$ のとき, 　（m, n：自然数）

$\displaystyle\int_{-\pi}^{\pi} \underbrace{\sin^2 mx}_{\boxed{\frac{1}{2}(1-\cos 2mx)}}\,dx = \frac{1}{2}\int_{-\pi}^{\pi}(1 - \cos 2mx)\,dx$

$$= \frac{1}{2}\left[x - \frac{1}{2m}\sin 2mx \right]_{-\pi}^{\pi}$$

$$= \frac{1}{2}\{\pi - (-\pi)\} = \pi$$

以上より，

$$\int_{-\pi}^{\pi} \sin mx \sin nx \, dx = \begin{cases} 0 & (m \ne n) \\ \pi & (m = n) \end{cases}$$

……………(答)

参考

（ i ）$m \ne n$ のときは 0，（ ii ）$m = n$ の ときは，m，n の値に関わらず，定 数 π となる。この美しい積分結果は， 実は大学で学習する "フーリエ級数 解析" と密接に関係している。受験 数学でも，このような形で出題され ることが多いので，よく練習してお こう！

(3) $I = \int_{-\pi}^{\pi} (x - a\sin x - b\sin 2x)^2 \, dx$

x で積分後，x に π と $-\pi$ の定 数が代入されるので，これは最 終的に，a と b の関数になる！

$$= \int_{-\pi}^{\pi} (x^2 + a^2\sin^2 x + b^2\sin^2 2x$$

$\left[\frac{1}{3}x^3\right]_{-\pi}^{\pi}$　π　π

$$- 2ax\sin x + 2ab\sin x\sin 2x$$

$\frac{2\pi}{1}(-1)^2$　0

$$- 2bx\sin 2x)\, dx$$

$\frac{2\pi}{2}(-1)^3$

$$= \frac{1}{3}(\pi^3 + \pi^3) + \pi a^2 + \pi b^2 - 4\pi a + 2\pi b$$

（(1)，(2) の積分結果を用いた。）

以上より，

$$I = \pi a^2 + \pi b^2 - 4\pi a + 2\pi b + \frac{2}{3}\pi^3$$

a と b の 2 変数関数　………(答)

(4) $I = \pi (a^2 - 4a + 4) + \pi (b^2 + 2b + 1)$

2 で割って 2 乗　　2 で割って 2 乗

$$+ \frac{2}{3}\pi^3 - 4\pi - \pi$$

最小値

$$= \pi (a - 2)^2 + \pi (b + 1)^2 + \boxed{\frac{2}{3}\pi^3 - 5\pi}$$

0 以上　　0 以上

最小値

$A^2 + B^2 + \boxed{m} \geq m$ の形にもち込んだ。

0 以上　0 以上

$\therefore a = 2$，$b = -1$ のとき，I は最小に なる。

最小値 $I = \frac{2}{3}\pi^3 - 5\pi$　………(答)

定積分 $\int_a^b \{tf(x)+g(x)\}^2 dx$ ……① (a, b: 定数, $a < b$, x, t: 変数) を利

用して, 不等式 $\int_a^b \{f(x)\}^2 dx \cdot \int_a^b \{g(x)\}^2 dx \geqq \left\{\int_a^b f(x)g(x)\,dx\right\}^2$ ……(*)

が成り立つことを示せ。

ヒント!　(*) は "シュワルツの不等式" と呼ばれる公式なんだね。この証明
には, ①の定積分を t の 2 次式とみたとき, これが 0 以上であることを利用する。

被積分関数 $\{tf(x)+g(x)\}^2 \geqq 0$ より

①の定積分も 0 以上となる。よって,

$$\int_a^b \{tf(x)+g(x)\}^2 dx \geqq 0 \cdots②$$

②の左辺を変形すると, ②は,

$$\int_a^b [t^2\{f(x)\}^2 + 2tf(x)g(x) + \{g(x)\}^2]dx \geqq 0$$

> この左辺は, x での積分なので, t^2 や
> $2t$ はまず定数扱いにしていいんだね。

$$t^2 \underbrace{\int_a^b \{f(x)\}^2 dx}_{A} + 2t \underbrace{\int_a^b f(x)g(x)\,dx}_{B}$$

$$+ \underbrace{\int_a^b \{g(x)\}^2 dx}_{C} \geqq 0 \quad \cdots②'$$

> すると, 上の 3 つの定積分は, x で積
> 分した結果, ある値になるので, これ
> らを順に A, B, C とおける。すると,
> ②は, 変数 t の不等式になることに気
> 付くはずだ。

ここで, $\int_a^b \{f(x)\}^2 dx = A$ ($\geqq 0$)

$\int_a^b f(x)g(x)\,dx = B$, $\int_a^b \{g(x)\}^2 dx = C$

とおくと, ②′ は,

$At^2 + 2Bt + C \geqq 0$ ……③

> 0 以上 → (i)$A > 0$ と (ii)$A = 0$ に場合分け

(i) まず, $A > 0$ のとき

③は, t の 2 次不
等式であり, ③の
左辺 $= h(t)$ とおく
と, 右図のように
なる。

$y = h(t)$

> $D \leqq 0$

よって, このようになるための条件
は 2 次方程式 $h(t) = 0$ の判別式を D
とおくと $\dfrac{D}{4} \leqq 0$ となることである。
よって,

$\dfrac{D}{4} = B^2 - AC \leqq 0$　より,

$AC \geqq B^2$　……(*)

∴(*)のシュワルツの不等式が成り立つ。

(ii)$A = 0$ のとき, $f(x) = 0$ より $B = 0$

よって, やはり (*) は成り立つ。

> $0 \cdot C \geqq 0^2$ となって, $0 \geqq 0$ となる。

以上より, シュワルツの不等式

$$\int_a^b \{f(x)\}^2 dx \cdot \int_a^b \{g(x)\}^2 dx$$

$$\geqq \left\{\int_a^b f(x)g(x)\,dx\right\}^2 \cdots(*)$$

は成り立つ。 ……………………(終)

実力アップ問題 121　　難易度 ★★★　　CHECK 1　CHECK 2　CHECK 3

関数 $g(x) = \displaystyle\int_1^e |\log t - x| dt$ の $0 \leqq x \leqq 1$ における最小値とそのときの x の値を求めよ。ただし，e は自然対数の底とする。　　　　(琉球大)

ヒント！　絶対値の付いた 2 変数関数の定積分の問題。t での積分なので，まず t が変数，x は定数として扱うのがコツだ。

$g(x) = \displaystyle\int_1^e |\log t - x| dt$ $(0 \leqq x \leqq 1)$

まず，変数　　まず定数扱い　　t で積分

積分後，変数

$\begin{cases} y = \log t \\ y = x \end{cases}$ 　　定数扱い

$(0 \leqq x \leqq 1)$

とおく。

y を消去して，

$\log t = x$ より，　$t = e^x$

$0 \leqq x \leqq 1$ より，$\boxed{1} \leqq e^x \leqq \boxed{e}$
$\quad e^0 \qquad\qquad\qquad e^1$

交点の t 座標

よって，

（ i ）$1 \leqq t \leqq e^x$ のとき，

$\underset{小}{|\log t} - \underset{大}{x|} = -(\log t - x)$

（ ii ）$e^x \leqq t \leqq e$ のとき，

$\underset{大}{|\log t} - \underset{小}{x|} = \log t - x$

以上より，

$g(x) = -\displaystyle\int_1^{e^x} (\log t - \boxed{x}) dt$ 　定数扱い

$\qquad\qquad + \displaystyle\int_{e^x}^e (\log t - \boxed{x}) dt$ 　定数扱い

$= -\Big[t \log t - t - xt\Big]_1^{e^x}$

$\qquad + \Big[t \log t - t - xt\Big]_{e^x}^e$

$= -2(e^x \underset{x}{\boxed{\log e^x}} - e^x - xe^x)$

$\qquad + (1 \cdot \underset{0}{\boxed{\log 1}} - 1 - x)$

$\qquad + (e \underset{1}{\boxed{\log e}} - e - x \cdot e)$

$= -2(xe^x - e^x - xe^x)$

$\qquad - 1 - x + e - e - ex$

$\therefore g(x) = 2e^x - (e+1)x - 1$

$\qquad\qquad (0 \leqq x \leqq 1)$

積分後，t は消えて，x の関数になった。

$g'(x) = 2e^x - e - 1$

$g'(x) = 0$ のとき，

$2e^x - e - 1 = 0$

$e^x = \dfrac{e+1}{2}$ 　0以上，1以下の数

$x = \boxed{\log \dfrac{e+1}{2}}$

$e \fallingdotseq 2.7$ より，$e^x = \dfrac{e+1}{2} \fallingdotseq 1.85$ は，$1 \leqq e^x \leqq e$ をみたすので，$0 \leqq x \leqq 1$ となる。

増減表 $(0 \leqq x \leqq 1)$

x	0		$\log \dfrac{e+1}{2}$		1
$g'(x)$		$-$	0	$+$	
$g(x)$		↘	極小	↗	

以上より，$x = \log \dfrac{e+1}{2}$ のとき，

最小値 $g\Big(\log \dfrac{e+1}{2}\Big)$

$= 2 \cdot e^{\log \frac{e+1}{2}} - (e+1) \log \dfrac{e+1}{2} - 1$

$\qquad\qquad \frac{e+1}{2}$

$= e - (e+1) \log \dfrac{e+1}{2}$ 　……(答)

次の極限値を求めよ。

$$\lim_{x \to 0} \frac{1}{x} \int_0^x \frac{\cos t}{1 + \sin t} dt$$

（工学院大）

ヒント！ 定積分 $\int_0^x \dfrac{\cos t}{1 + \sin t} dt$ を直接求めることは，得策ではないんだね。このような問題では，この被積分関数を $f(t) = \dfrac{\cos t}{1 + \sin t}$ とおき，この原始関数を $F(t)$ とおくと，話が見えてくるはずだ。頑張ろう！

$$\lim_{x \to 0} \frac{1}{x} \int_0^x \underbrace{\frac{\cos t}{1 + \sin t}}_{\boxed{f(t)}} dt \quad \cdots\cdots ①$$

とおく。

ここで，①の定積分の被積分関数を $f(t)$ とおくと，

$$f(t) = \frac{\cos t}{1 + \sin t} \quad \cdots\cdots ② \quad となる。$$

さらに，$f(t)$ の原始関数の 1 つを $F(t)$ とおくと

$$F(t) + C = \int f(t)\, dt$$
$$= \int \frac{\cos t}{1 + \sin t} dt \quad (C：定数)$$

となる。そして，

$$F'(t) = f(t) \quad \cdots\cdots ③ \quad も成り立つ。$$

以上より，①の極限を求めると，

$$\lim_{x \to 0} \frac{1}{x} \int_0^x f(t)\, dt$$
$$\boxed{[F(t)]_0^x = F(x) - F(0)}$$
$$= \lim_{x \to 0} \frac{1}{x} \{F(x) - F(0)\}$$
$$= \lim_{x \to 0} \frac{F(x) - F(0)}{x - 0}$$

これは，微分係数 $F'(0)$ の定義式になっている！

$$= F'(0) = f(0) \quad （③より）$$
$$= \frac{\overbrace{\cos 0}^{1}}{1 + \sin 0} \quad （②より）$$
$$= 1 \quad \cdots\cdots\cdots\cdots\cdots（答）$$

実力アップ問題 123 　難易度 ★★ 　CHECK 1 　CHECK 2 　CHECK 3

等式 $e^x(x^2+ax) = \displaystyle\int_0^x tf(t)\,dt + \int_x^1 xf(t)\,dt$ が，任意の実数 x に対して成り

立つような連続関数 $f(x)$ と定数 a を求めよ。　　　　　　　　（早稲田大）

ヒント！　定積分で表された関数の問題。積分区間に変数 x が入っているので，
微分して $f(x)$ を求めるパターンだね。

基本事項

定積分で表された関数（Ⅰ）

$\displaystyle\int_a^x f(t)\,dt$ 　（ a：定数，x：変数 ）

の場合，

（ i ） x に a を代入して，

$$\int_a^a f(t)\,dt = 0$$

（ ii ） x で微分して，

$$\left\{\int_a^x f(t)\,dt\right\}' = f(x)$$

$e^x(x^2+ax)$

　　積分区間を入れ替える

$= \displaystyle\int_0^x tf(t)\,dt + \int_x^1 xf(t)\,dt$ ……①

　　まず定数扱い　　t で積分

①を変形して，

$\underline{e^x(x^2+ax)}$

$= \displaystyle\int_0^x tf(t)\,dt - x\int_1^x f(t)\,dt$ ……②

②の両辺を x で微分して，

$\underline{e^x(x^2+ax)} + e^x(2x+a)$

$= x\cdot f(x) - \left\{1\cdot\displaystyle\int_1^x f(t)\,dt + x\cdot f(x)\right\}$

$e^x\{x^2+(a+2)x+a\} = -\displaystyle\int_1^x f(t)\,dt$ …③

（ i ）③の両辺に $x=1$ を代入して，

$$e(1+a+2+a) = -\underbrace{\int_1^1 f(t)\,dt}_{0}$$

$\not{e}(2a+3) = 0$

$2a+3 = 0$

$\therefore a = -\dfrac{3}{2}$ ……④ …………（答）

④を③に代入して，

$$e^x\left(x^2+\frac{1}{2}x-\frac{3}{2}\right) = -\int_1^x f(t)\,dt$$

$$\int_1^x f(t)\,dt = -e^x\left(x^2+\frac{1}{2}x-\frac{3}{2}\right) \cdots⑤$$

（ ii ）⑤の両辺を x で微分して，

$$\underbrace{\left\{\int_1^x f(t)\,dt\right\}'}_{f(x)}$$

$$= -e^x\left(x^2+\frac{1}{2}x-\frac{3}{2}\right) - e^x\left(2x+\frac{1}{2}\right)$$

以上より，求める関数 $f(x)$ は，

$$f(x) = -e^x\left(x^2+\frac{5}{2}x-1\right) \cdots\cdots（答）$$

関数 $f(x)$ が, $f(x) = -\cos x + \displaystyle\int_0^{\frac{\pi}{2}} f(t)\sin(x+t)\,dt$ をみたすとき,

関数 $f(x)$ を求めよ。 （高知女子大）

ヒント！ 定積分で表された関数の問題。文字定数 x を積分記号の前に出した後, 定積分を定数とおいて解くことがポイントだ。

基本事項

定積分で表された関数（Ⅱ）

$\displaystyle\int_a^b f(t)\,dt$ $(a, b:$ 定数$)$ の場合,

$\displaystyle\int_a^b f(t)\,dt = A\,(\,定数\,)$ とおく。

$f(x) = -\cos x + \displaystyle\int_0^{\frac{\pi}{2}} f(t)\sin(x+t)\,dt$ $\cdots$①

まず, 変数　　まず定数扱い　　t で積分

ここで,

$\bullet\ \displaystyle\int_0^{\frac{\pi}{2}} f(t)\sin(x+t)\,dt$

$= \displaystyle\int_0^{\frac{\pi}{2}} f(t)(\sin x\cos t + \cos x\sin t)\,dt$

$= \sin x \boxed{\displaystyle\int_0^{\frac{\pi}{2}} f(t)\cos t\,dt}^{A}$

$\qquad + \cos x \boxed{\displaystyle\int_0^{\frac{\pi}{2}} f(t)\sin t\,dt}^{B}$

よって,

$\begin{cases} A = \displaystyle\int_0^{\frac{\pi}{2}} f(t)\cos t\,dt & \cdots\cdots\cdots② \\[2mm] B = \displaystyle\int_0^{\frac{\pi}{2}} f(t)\sin t\,dt & \cdots\cdots\cdots③ \end{cases}$

とおくと, ①は,

$f(x) = -\cos x + A\sin x + B\cos x$

$\quad = A\sin x + (B-1)\cos x$ $\cdots\cdots$④

$\bullet$ ④を②に代入して,

$A = \displaystyle\int_0^{\frac{\pi}{2}} \{A\sin t + (B-1)\cos t\}\cos t\,dt$

$= A\displaystyle\int_0^{\frac{\pi}{2}} \underset{g}{\sin t}\,\underset{g'}{\cos t}\,dt + (B-1)\displaystyle\int_0^{\frac{\pi}{2}} \underset{\frac{1}{2}(1+\cos 2t)}{\cos^2 t}\,dt$

$= A\left[\dfrac{1}{2}\sin^2 t\right]_0^{\frac{\pi}{2}} + \dfrac{B-1}{2}\left[t + \dfrac{1}{2}\sin 2t\right]_0^{\frac{\pi}{2}}$

$= \dfrac{A}{2} + \dfrac{\pi}{4}(B-1)$

$\therefore A = \dfrac{A}{2} + \dfrac{\pi}{4}(B-1)$

$\dfrac{A}{2} = \dfrac{\pi}{4}(B-1)$

$\therefore A = \dfrac{\pi}{2}(B-1)$ $\cdots\cdots\cdots\cdots⑤$

$\bullet$ ④を③に代入して同様に,

$B = \displaystyle\int_0^{\frac{\pi}{2}} \{A\sin t + (B-1)\cos t\}\sin t\,dt$

$= A\displaystyle\int_0^{\frac{\pi}{2}} \underset{\frac{1}{2}(1-\cos 2t)}{\boxed{\sin^2 t}}\,dt + (B-1)\displaystyle\int_0^{\frac{\pi}{2}} \underset{g}{\sin t}\,\underset{g'}{\cos t}\,dt$

$= \dfrac{A}{2}\left[t - \dfrac{1}{2}\sin 2t\right]_0^{\frac{\pi}{2}}$

$\qquad + (B-1)\left[\dfrac{1}{2}\sin^2 t\right]_0^{\frac{\pi}{2}}$

$= \dfrac{\pi}{4}A + \dfrac{B-1}{2}$

$$\therefore B = \frac{\pi}{4}A + \frac{B-1}{2}$$

$$4B = \pi A + 2(B-1)$$

$$2B + 2 = \pi A$$

$$2B - 2 = \pi A - 4$$

$$\therefore 2(B-1) = \pi A - 4 \quad \cdots\cdots ⑥$$

⑤を⑥に代入して,

$$2(B-1) = \pi \cdot \frac{\pi}{2}(B-1) - 4$$

$$= \frac{\pi^2}{2}(B-1) - 4$$

$$\left(\frac{\pi^2}{2} - 2\right)(B-1) = 4$$

$$B - 1 = \frac{8}{\pi^2 - 4} \quad \cdots\cdots\cdots\cdots ⑦$$

⑦を⑤に代入して,

$$A = \frac{\pi}{2} \cdot \frac{\overset{4}{8}}{\pi^2 - 4} = \frac{4\pi}{\pi^2 - 4} \quad \cdots\cdots ⑧$$

⑦, ⑧を④に代入して, 求める $f(x)$ は,

$$f(x) = \frac{4\pi}{\pi^2 - 4}\sin x + \frac{8}{\pi^2 - 4}\cos x \quad \cdots\cdots(答)$$

関数 $f_n(x)$ と数列 $\{a_n\}$ を次のように定める。

$$\begin{cases} f_1(x) = e^x \ \cdots\cdots① \qquad f_{n+1}(x) = e^x + e^{-x}\displaystyle\int_0^1 tf_n(t)dt \ \cdots\cdots② \\ a_n = \displaystyle\int_0^1 tf_n(t)dt \ \cdots\cdots③ \quad (n = 1, \ 2, \ 3, \ \cdots\cdots) \end{cases}$$

(1) a_1 の値を求めよ。　　　　　　**(2)** a_{n+1} を a_n を用いて表せ。

(3) a_n を n を用いて表し，$\displaystyle\lim_{n\to\infty} a_n$ を求めよ。　　　　　（関西大 ＊）

ヒント！ ③を②に代入すると，$f_{n+1}(x) = e^x + a_n e^{-x}$ となる。さらに③より，$a_{n+1} = \displaystyle\int_0^1 tf_{n+1}(t)dt$ となる。これに $f_{n+1}(t) = e^t + a_n e^{-t}$ を代入して，定積分を求めると a_{n+1} と a_n の関係式 (漸化式) が得られるんだね。

参考

$a_n = \displaystyle\int_0^1 t \cdot f_n(t)dt \ \cdots\cdots③$ について，右辺の定積分の結果，変数 t には 1 と 0 が代入されるので，t はなくなるが，何か (n の式) になるはずだね。よって，③の右辺は定数 A ではなく，数列 a_n で表されることが分かると思う。

(1) $f_1(x) = e^x \ \cdots\cdots①$

また，$n = 1$ のとき，③は，

$a_1 = \displaystyle\int_0^1 t \cdot f_1(t)dt \ \cdots\cdots③'$
$\underbrace{\qquad\qquad}_{e^t(\,①より\,)}$

となる。

よって，①を③′に代入して a_1 を求めると，

$a_1 = \displaystyle\int_0^1 t \cdot e^t dt$

$= \displaystyle\int_0^1 t \cdot (e^t)' \, dt \quad\longrightarrow$ 部分積分

$= \Big[te^t\Big]_0^1 - \displaystyle\int_0^1 1 \cdot e^t dt$

$= 1 \cdot e^1 - \Big[e^t\Big]_0^1$

$= e - (e - 1)$

$\therefore a_1 = 1 \ \cdots\cdots\cdots\cdots\cdots\cdots\cdots$（答）

(2) $a_n = \displaystyle\int_0^1 t \cdot f_n(t)dt \ \cdots\cdots③$ を，

$f_{n+1}(x) = e^x + e^{-x}\underbrace{\int_0^1 t \cdot f_n(t)dt}_{\cdots\cdots②}^{\ \ a_n}$

に代入すると，

$f_{n+1}(x) = e^x + a_n \cdot e^{-x} \ \cdots\cdots②'$

$\qquad\qquad (n = 1, \ 2, \ 3, \ \cdots\cdots)$

③より，

③の n の代わりに $n+1$ を代入した。

$$a_{n+1} = \int_0^1 t \cdot f_{n+1}(t)\,dt \quad \cdots\cdots ③'$$

$$(n = \underline{0}, \ 1, \ 2, \ \cdots\cdots)$$

n は 0 スタート

この③′に②′を代入すると，

$$a_{n+1} = \int_0^1 t \cdot (e^t + a_n e^{-t})\,dt \quad \cdots\cdots ④$$

$$(n = \underline{1}, \ 2, \ 3, \ \cdots\cdots)$$

③′は $n = 0$ スタートの式だけれど，これに $n = 1$ スタートの②′を代入した④は $n = 1$ スタートの式になる。

④の右辺を計算すると，

$$a_{n+1} = \int_0^1 t \cdot (e^t - a_n e^{-t})'\,dt$$

部分積分

$$= \left[t(e^t - a_n e^{-t}) \right]_0^1$$

$$\qquad - \int_0^1 1 \cdot (e^t - a_n e^{-t})\,dt$$

$$= 1 \cdot (e - a_n e^{-1}) - \left[e^t + a_n e^{-t} \right]_0^1$$

$$= e - a_n e^{-1} - (e + a_n e^{-1}) + 1 + a_n$$

$$= (1 - 2e^{-1})a_n + 1$$

以上より，

$$a_{n+1} = \frac{e-2}{e}a_n + 1 \quad \cdots ⑤ \quad \cdots\cdots(答)$$

$$(n = 1, \ 2, \ 3, \ \cdots\cdots)$$

(3) (1), (2) の結果より，

$$\begin{cases} a_1 = 1 \\ a_{n+1} = \left(1 - \dfrac{2}{e}\right)a_n + 1 \quad \cdots\cdots ⑤ \end{cases}$$

$$(n = 1, \ 2, \ 3, \ \cdots\cdots)$$

基本事項

$$a_{n+1} = pa_n + q \quad (p, \ q : 実数定数)$$

の漸化式の場合，

特性方程式 : $x = px + q$ を解いて

解 $x = \alpha$ を求め，これを使って，

$$a_{n+1} - \alpha = p(a_n - \alpha)$$

$$\left[F(n+1) = p\ F(n) \right]$$

の形にもち込むんだね。

⑤の特性方程式を解いて，

$$x = \left(1 - \frac{2}{e}\right)x + 1 \qquad \frac{2}{e}x = 1$$

$$\therefore x = \frac{e}{2} \quad となる。$$

よって，⑤を変形して，

$$a_{n+1} - \frac{e}{2} = \left(1 - \frac{2}{e}\right)\left(a_n - \frac{e}{2}\right)$$

$$\left[F(n+1) = \left(1 - \frac{2}{e}\right)\ F(n) \right]$$

$$a_n - \frac{e}{2} = \left(a_1 - \frac{e}{2}\right) \cdot \left(1 - \frac{2}{e}\right)^{n-1}$$

$$\left[F(n) = F(1) \cdot \left(1 - \frac{2}{e}\right)^{n-1} \right]$$

$$\therefore a_n = \left(1 - \frac{e}{2}\right)\left(1 - \frac{2}{e}\right)^{n-1} + \frac{e}{2} \quad \cdots(答)$$

$$(n = 1, \ 2, \ 3, \ \cdots\cdots)$$

ここで，$2 < e < 3$ より，

$$0 < 1 - \frac{2}{e} < 1$$

よって，求める極限は，

$$\lim_{n \to \infty} a_n = \lim_{n \to \infty} \left\{ \left(1 - \frac{e}{2}\right)\left(1 - \frac{2}{e}\right)^{n-1} + \frac{e}{2} \right\}$$

$$0$$

$$= \frac{e}{2} \quad \cdots\cdots\cdots\cdots\cdots\cdots(答)$$

関数 $f(x)$, $g(x)$ は微分可能で，それらの導関数が連続であるとする。
このとき

$$f(x) = \frac{1}{2} - \int_0^x \{f'(t) + g(t)\}\, dt \qquad g(x) = \sin x - \int_0^\pi \{f(t) - g'(t)\}\, dt$$

を満たす $f(x)$, $g(x)$ を求めよ。

(東京都市大)

ヒント！　定積分で表された関数の **2** つの解法パターンが入った融合問題。
パターンに従って解くのがポイントだよ。

$$f(x) = \frac{1}{2} - \underline{\int_0^x \{f'(t) + g(t)\}\, dt} \quad \cdots\cdots ①$$

（ⅰ) $x = 0$ を代入　（ⅱ) x で微分

$$g(x) = \sin x - \underline{\int_0^\pi \{f(t) - g'(t)\}\, dt} \quad \cdots\cdots ②$$

A（定数）とおく。

（ⅰ）①の両辺に $x = 0$ を代入して，

$$f(0) = \frac{1}{2} - \underline{\int_0^0 \{f'(t) + g(t)\}\, dt}_{0}$$

$$\therefore f(0) = \frac{1}{2} \quad \cdots\cdots\cdots\cdots ③$$

（ⅱ）①の両辺を x で微分して，

$$f'(x) = -\left[\int_0^x \{f'(t) + g(t)\}\, dt\right]'$$

$$f'(x) = -\{f'(x) + g(x)\}$$

$$2f'(x) = -g(x)$$

$$\therefore f'(x) = -\frac{1}{2}g(x) \quad \cdots\cdots\cdots\cdots ④$$

④より，

$$f'(t) = -\frac{1}{2}g(t) \longrightarrow \boxed{t = 0 \text{ から } t = x \text{ まで積分}}$$

$$\int_0^x f'(t)\, dt = -\frac{1}{2}\int_0^x g(t)\, dt$$

$$\big[f(t)\big]_0^x = -\frac{1}{2}\int_0^x g(t)\, dt$$

$$f(x) - \underbrace{\boxed{f(0)}}_{\frac{1}{2}} = -\frac{1}{2}\int_0^x g(t)\, dt$$

$$\therefore f(x) = \frac{1}{2} - \frac{1}{2}\int_0^x g(t)\, dt \quad (\because ③) \quad \cdots ⑤$$

②について，

$$A = \int_0^\pi \{f(t) - g'(t)\}\, dt \quad \cdots\cdots\cdots\cdots\cdots ⑥$$

とおくと，

$$g(x) = \sin x - A \quad \cdots\cdots\cdots\cdots ⑦$$

⑦を微分して，$g'(x) = \cos x \quad \cdots\cdots ⑧$

⑦を⑤に代入して，

$$f(x) = \frac{1}{2} - \frac{1}{2}\int_0^x (\sin t - A)\, dt$$

$$= \frac{1}{2} - \frac{1}{2}\big[-\cos t - At\big]_0^x$$

$$= \frac{1}{2} - \frac{1}{2}(-\cos x - Ax + 1)$$

$$= \frac{1}{2}\cos x + \frac{1}{2}Ax \quad \cdots\cdots\cdots\cdots ⑨$$

⑧，⑨を⑥に代入して，

$$A = \int_0^\pi \left(\frac{1}{2}\cos t + \frac{1}{2}At - \cos t\right) dt$$

$$= \left[-\frac{1}{2}\sin t + \frac{A}{4}t^2\right]_0^\pi = \frac{\pi^2}{4}A$$

$$\left(\frac{\pi^2}{4} - 1\right)A = 0 \text{ より，} A = 0$$

これを⑨，⑦に代入して，

$$f(x) = \frac{1}{2}\cos x, \ g(x) = \sin x \quad \cdots\cdots (\text{答})$$

実力アップ問題127　難易度 ★★★　CHECK 1　CHECK 2　CHECK 3

$F(x) = \displaystyle\int_x^{x+1} \dfrac{t}{4t^2+3}\, dt$ とおく。

(1) $F'(x) = 0$ をみたす x をすべて求めよ。

(2) $F(x)$ が極大となる x の値を求めよ。

（東京女子大）

ヒント！　定積分で表された関数の応用問題。積分区間が $(x$ の関数$)$ から $(x$ の関数$)$ で表わされる積分の解法もマスターしよう。

基本事項

定積分で表された関数

$\displaystyle\int_{g(x)}^{h(x)} f(t)\, dt$ の場合，

これを x で微分して，

$\left\{ \displaystyle\int_{g(x)}^{h(x)} f(t)\, dt \right\}'$

> 合成関数の微分から導かれる！

$= f(h(x)) \cdot h'(x) - f(g(x)) \cdot g'(x)$

(1) $F(x) = \displaystyle\int_{\underset{g(x)}{x}}^{\overset{h(x)}{x+1}} \underset{f(t)}{\dfrac{t}{4t^2+3}}\, dt$ …① について，

①の両辺を x で微分すると，

$F'(x) = \dfrac{x+1}{4(x+1)^2+3} \cdot 1 - \dfrac{x}{4x^2+3} \cdot 1$

$\bigl[\, F'(x) = \underline{f(h(x))} \cdot \underline{h'(x)} - \underline{f(g(x))} \cdot \underline{g'(x)} \,\bigr]$

$= \dfrac{(x+1)(4x^2+3) - x\{4(x+1)^2+3\}}{\{4(x+1)^2+3\}(4x^2+3)}$

> 分子 $= 4x^3 + 4x^2 + 3x + 3$
> $\qquad\qquad - x(4x^2 + 8x + 7)$
> $= -4x^2 - 4x + 3$
> $= -(4x^2 + 4x - 3)$
> $= -(2x - 1)(2x + 3)$

$\widetilde{F'(x)} = \begin{cases} \oplus \\ \textcircled{0} \\ \ominus \end{cases}$

$F'(x) = \dfrac{\overset{}{-(2x-1)(2x+3)}}{\underset{\oplus}{\{4(x+1)^2+3\}(4x^2+3)}}$

$F'(x) = 0$ のとき，

$-(2x - 1)(2x + 3) = 0$

$\therefore x = \dfrac{1}{2},\ -\dfrac{3}{2}$ ……………(答)

(2) (1) の結果より，$F(x)$ の増減表を次に示す。

増減表

x		$-\dfrac{3}{2}$		$\dfrac{1}{2}$	
$F'(x)$	$-$	0	$+$	0	$-$
$F(x)$	↘	極小	↗	極大	↘

以上より，$F(x)$ が極大となる x の値は，

$x = \dfrac{1}{2}$ ……………………(答)

連続関数 $f(x)$ を用いて，$F(x) = \displaystyle\int_0^x e^{-t} f(x-t)\, dt$ とおく。

(1) $f(x) = x$ のとき，$F(x)$ を求めよ。

(2) $F(x) = 1 - \cos x$ のとき，$f(x)$ を求めよ。 （山梨大）

ヒント！　$x - t = u$ と置換して，定積分の式をまとめる。(2) まとめた与式の両辺に e^x をかけて，微分するとうまくいくんだね。

$F(x) = \displaystyle\int_0^x e^{-t} f(\boxed{x-t})\, dt$ …① について，

└ u とおく ┘

まず，t が変数，x は定数扱いなので，変数 t から変数 u に置換する。

$x - t = u$ とおくと，

$t : 0 \longrightarrow x$ のとき，$u : x \longrightarrow 0$

$-dt = du$

以上より，①は，　[定数扱い]　$e^u \cdot \boxed{e^{-x}}$

$F(x) = \displaystyle\int_x^0 \boxed{e^{u-x}} \cdot f(u) \cdot (-1)\, du$

$\underline{\underline{F(x) = e^{-x} \cdot \underbrace{\displaystyle\int_0^x e^u f(u)\, du}_{⑦}}} \quad \cdots②$

(1) $f(x) = x$ のとき，②の⑦の積分は，

⑦ $\displaystyle\int_0^x e^u \cdot u\, du = \int_0^x (e^u)' \cdot u\, du$

$\qquad = [e^u u]_0^x - \displaystyle\int_0^x e^u \cdot 1\, du$ ← 部分積分

$\qquad = x \cdot e^x - [e^u]_0^x$

$\qquad = x \cdot e^x - (e^x - e^0)$

$\qquad = (x-1)e^x + 1$

これを②に代入して，

$F(x) = e^{-x}\{(x-1)e^x + 1\}$

$\qquad = x - 1 + e^{-x} \quad \cdots$（答）

(2) $F(x) = \underline{1 - \cos x}$ のとき，

これを②に代入して，

$\underline{1 - \cos x} = e^{-x}\displaystyle\int_0^x e^u f(u)\, du \quad \cdots③$

注意！

この形のまま，x で何回微分しても，積分記号が残るので，うまくいかない。よって，この両辺に e^x をかけて，積分記号の前の e^{-x} を取り除くと，1 回の微分で $e^x f(x)$ が出て来て，$f(x)$ が求まる。

③の両辺に e^x をかけて，

$e^x(1 - \cos x) = \displaystyle\int_0^x e^u f(u)\, du$

この両辺を x で微分して，

$e^x(1 - \cos x) + e^x \cdot \sin x$

$\qquad = \underbrace{\left\{\displaystyle\int_0^x e^u f(u)\, du\right\}'}_{e^x f(x)}$

$\cancel{e^x} f(x) = \cancel{e^x}(1 - \cos x) + \cancel{e^x} \sin x$

この両辺を $e^x\, (>0)$ で割って，

$f(x) = 1 - \cos x + \sin x \quad \cdots$（答）

n を 2 以上の整数とするとき，次式が成り立つことを示せ。

$$n \log n - (n-1) < \log(n!) < (n+1)\log(n+1) - n$$

（津田塾大 *）

ヒント！　一見難しそうに見えるけれど，中辺の式 $\log(n!)$ を変形して，
$$\log(1 \cdot 2 \cdot 3 \cdots \cdot n) = \underline{1} \cdot \log 1 + \underline{1} \cdot \log 2 + \underline{1} \cdot \log 3 + \cdots + \underline{1} \cdot \log n \quad \text{として，}$$
長方形群の面積の総和と考えると話が見えてくるはずだ。

$n \log n - (n-1) < \log(n!)$

$\qquad\qquad < (n+1)\log(n+1) - n \quad \cdots(*)$

$\qquad\qquad (n = 2, 3, 4, \cdots)$

とおく。$(*)$ が成り立つことを示す。
ここで，$S_n = \log(n!)$ とおくと，

$S_n = \log(1 \cdot 2 \cdot 3 \cdots \cdot n)$

$\quad = \log 1 + \log 2 + \log 3 + \cdots + \log n$

$\quad = \underline{1} \cdot \log 1 + \underline{1} \cdot \log 2 + \underline{1} \cdot \log 3 + \cdots + \underline{1} \cdot \log n$

参考

各項に 1 をかけることにより，S_n は下図のように，$n-1$ 個の長方形の面積の総和と考えられる。

よって，図 1 に示すように，S_n は $n-1$ 個の長方形の面積の総和であり，これに曲線 $y = \log x$ と $y = \log(x+1)$ を描くと，図より明らかに，次の面積の大小関係が成り立つ。

$$\underbrace{\int_1^n \log x \, dx}_{\textcircled{ア}} < \quad S_n \quad < \underbrace{\int_0^n \log(x+1)\,dx}_{\textcircled{イ}} \cdots \textcircled{1}$$

図 1

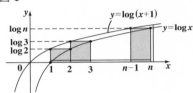

ここで，

$\textcircled{ア} \displaystyle\int_1^n \log x \, dx = \left[x \cdot \log x - x \right]_1^n$　公式

$\qquad = n \cdot \log n - n - (1 \cdot \log 1 - 1)$

$\qquad = n \cdot \log n - (n-1)$

$\textcircled{イ} \displaystyle\int_0^n \log(x+1)\,dx$　部分積分

$\qquad = \displaystyle\int_0^n (x+1)' \cdot \log(x+1)\,dx$

$\qquad = \left[(x+1)\log(x+1) \right]_0^n$

$\qquad\qquad - \displaystyle\int_0^n (x+1) \cdot \frac{1}{x+1}\,dx$

$\qquad = (n+1)\log(n+1) - \left[x \right]_0^n$

$\qquad = (n+1)\log(n+1) - n$

以上 $\textcircled{ア}$，$\textcircled{イ}$ を $\textcircled{1}$ に代入して，不等式

$n \log n - (n-1) < \log(n!)$

$\qquad\qquad < (n+1)\log(n+1) - n \cdots (*)$

$\qquad\qquad (n = 2, 3, 4, \cdots)$

が成り立つ。……………………………(終)

(1) $\displaystyle\int_0^n \frac{1}{x+1}\,dx < 1 + \frac{1}{2} + \frac{1}{3} + \cdots + \frac{1}{n} < 1 + \int_1^n \frac{1}{x}\,dx$ ……(*)

　　$(n = 2,\ 3,\ 4,\ \cdots)$　が成り立つことを示せ。

(2) $S_n = 1 + \dfrac{1}{2} + \dfrac{1}{3} + \cdots + \dfrac{1}{n}$ とおく。このとき，極限 $\displaystyle\lim_{n\to\infty} \frac{S_n}{\log n}$ を求めよ。

（奈良女子大*）

ヒント！ **(1)** $S_n = \underline{1} \times 1 + \underline{1} \times \dfrac{1}{2} + \underline{1} \times \dfrac{1}{3} + \cdots + \underline{1} \times \dfrac{1}{n}$ とおいて，n 個の長方形の面積の総和と考えれば，前問と同様に解ける。

(1) (*) の中辺を S_n とおくと，

$$S_n = \underline{1} \times 1 + \underline{1} \times \frac{1}{2} + \underline{1} \times \frac{1}{3} + \cdots + \underline{1} \times \frac{1}{n}$$

は，n 個の長方形の面積の和と考えることができる。これを次の xy 座標平面上の網目部で示す。

長方形の左肩の点を通る曲線 $y = \dfrac{1}{x+1}$

長方形の右肩の点を通る曲線 $y = \dfrac{1}{x}$

グラフより明らかに，次のような図形の面積の大小関係が成り立つ。

$$\int_0^n \frac{1}{x+1}dx < \quad S_n \quad < 1 \times 1 + \int_1^n \frac{1}{x}dx$$

右辺を $\displaystyle\int_0^n \dfrac{1}{x}\,dx$ とはできない。$y = \dfrac{1}{x}$ は $x \to +0$ のとき ∞ に発散するからである。$0 \leqq x \leqq 1$ の範囲は 1×1 の長方形を用いても，大小関係は成り立つ。

以上より，$n \geqq 2$ のとき，不等式

$$\underbrace{\int_0^n \frac{1}{x+1}dx}_{\textcircled{\scriptsize ア}} < 1 + \cdots + \frac{1}{n} < \underbrace{1 + \int_1^n \frac{1}{x}dx}_{\textcircled{\scriptsize イ}}$$

……(*) が成り立つ。　…………(終)

(2) ここで，

㋐ $\displaystyle\int_0^n \frac{1}{x+1}dx = \Big[\log|x+1|\Big]_0^n = \log(n+1)$

$\qquad = \log n\Big(1 + \dfrac{1}{n}\Big) = \log n + \log\Big(1 + \dfrac{1}{n}\Big)$

㋑ $\displaystyle\int_1^n \frac{1}{x}\,dx = \Big[\log|x|\Big]_1^n = \log n$

以上㋐, ㋑より，(*) は，

$$\underbrace{\log n + \log\Big(1 + \frac{1}{n}\Big)}_{\textcircled{\scriptsize ア}} < S_n < \underbrace{1 + \log n}_{\textcircled{\scriptsize イ}}$$

$n \geqq 2$ とすると，$\log n > 0$ より，各辺を $\log n$ で割って，　等号を付けてよい！

$$1 + \underbrace{\frac{\log\Big(1 + \frac{1}{n}\Big)}{\log n}}_{0} \leqq \frac{S_n}{\log n} \leqq \underbrace{\frac{1}{\log n}}_{0} + 1$$

ここで，

$$\lim_{n\to\infty} \frac{\log\Big(1 + \overbrace{\frac{1}{n}}^{0}\Big)}{\underbrace{\log n}_{\infty}} = \lim_{n\to\infty} \frac{1}{\underbrace{\log n}_{}} = 0 \text{ より,}$$

はさみ打ちの原理から求める極限は，

$$\lim_{n\to\infty} \frac{S_n}{\log n} = 1 \quad\cdots\cdots\cdots\cdots\cdots\text{(答)}$$

実力アップ問題 131　　難易度 ★★　　CHECK 1　　CHECK 2　　CHECK 3

次の極限を求めよ。

(1) $\displaystyle\lim_{n\to\infty}\frac{1}{n^3}\left(\sqrt{n^2+1}+2\sqrt{n^2+2^2}+\cdots+n\sqrt{n^2+n^2}\right)$　　　　（富山大）

(2) $\displaystyle\lim_{n\to\infty}\frac{1}{n^6}\sum_{k=n+1}^{2n}k^5$　　　　（関西大）

ヒント！　区分求積法の問題。(1) は公式通りに解けるはずだ。

(2) は $k=n+1,\ n+2,\ \cdots,\ 2n$ を，工夫して，$k=1,\ 2,\ \cdots,\ n$ の和の形にする。

基本事項

区分求積法

$$\lim_{n\to\infty}\frac{1}{n}\sum_{k=1}^{n}f\left(\frac{k}{n}\right)=\int_{0}^{1}f(x)\,dx$$

$\boxed{\dfrac{1}{n^2}\text{分をかけ込んだ！}}$

(1) 与式 $\displaystyle=\lim_{n\to\infty}\frac{1}{n}\left(\frac{1}{n}\cdot\sqrt{\frac{n^2+1^2}{n^2}}+\frac{2}{n}\sqrt{\frac{n^2+2^2}{n^2}}+\cdots\right.$

$\displaystyle\left.\cdots+\frac{n}{n}\sqrt{\frac{n^2+n^2}{n^2}}\right)$

$\displaystyle=\lim_{n\to\infty}\frac{1}{n}\left\{\frac{1}{n}\sqrt{1+\left(\frac{1}{n}\right)^2}+\frac{2}{n}\sqrt{1+\left(\frac{2}{n}\right)^2}+\cdots\right.$

$\displaystyle\left.\cdots+\frac{n}{n}\sqrt{1+\left(\frac{n}{n}\right)^2}\right\}$

$\displaystyle=\lim_{n\to\infty}\frac{1}{n}\sum_{k=1}^{n}\underbrace{\boxed{\frac{k}{n}\cdot\sqrt{1+\left(\frac{k}{n}\right)^2}}}_{}{}^{f\left(\frac{k}{n}\right)}$

　　　区分求積法

$\displaystyle=\int_{0}^{1}\underbrace{\boxed{x\cdot\sqrt{1+x^2}}}_{f(x)}\,dx$

$\displaystyle=\int_{0}^{1}x\cdot(1+x^2)^{\frac{1}{2}}\,dx$

$\displaystyle=\frac{1}{3}\left[(1+x^2)^{\frac{3}{2}}\right]_{0}^{1}=\frac{2\sqrt{2}-1}{3}$ ………(答)

$\boxed{\begin{array}{l}\left\{(1+x^2)^{\frac{3}{2}}\right\}'=\dfrac{3}{2}(1+x^2)^{\frac{1}{2}}\cdot2x=3\cdot x\cdot(1+x^2)^{\frac{1}{2}}\\ \text{この合成関数の微分を逆手にとる！}\end{array}}$

(2) $\displaystyle\sum_{k=n+1}^{2n}k^5=(n+1)^5+(n+2)^5+\cdots+(n+n)^5$

$\displaystyle=\sum_{k=1}^{n}(n+k)^5$

$\boxed{\begin{array}{l}k=n+1,\ n+2,\ \cdots,\ 2n\ \text{を，}\ k=1,\ 2,\ \cdots,\ n\\ \text{の}\sum\text{計算に変えた！}\end{array}}$

以上より，求める極限は，

与式 $\displaystyle=\lim_{n\to\infty}\frac{1}{n^6}\sum_{k=1}^{n}(n+k)^5$

$\displaystyle=\lim_{n\to\infty}\frac{1}{n}\sum_{k=1}^{n}\frac{(n+k)^5}{n^5}$

$\displaystyle=\lim_{n\to\infty}\frac{1}{n}\sum_{k=1}^{n}\underbrace{\boxed{\left(1+\frac{k}{n}\right)^5}}_{}{}^{f\left(\frac{k}{n}\right)}$

　　　区分求積法

$\displaystyle=\int_{0}^{1}\underbrace{\boxed{(1+x)^5}}^{f(x)}\,dx$

$\displaystyle=\frac{1}{6}\left[(x+1)^6\right]_{0}^{1}$

$\displaystyle=\frac{1}{6}(2^6-1)$

$\displaystyle=\frac{63}{6}=\frac{21}{2}$ …………………(答)

極限 $\lim\limits_{n\to\infty}\dfrac{1}{n}({}_{3n}\mathrm{P}_n)^{\frac{1}{n}}$ を求めよ。

ヒント！　極限を求める式を Q_n とおき，この自然対数の極限 $\lim\limits_{n\to\infty}\log Q_n$ を求めると，区分求積法の形になる。区分求積法の応用問題だ。

$$Q_n=\frac{1}{n}\cdot({}_{3n}\mathrm{P}_n)^{\frac{1}{n}}\quad(n=1,\ 2,\ \cdots)$$

とおくと，

$$Q_n=\frac{1}{n}\cdot({}_{3n}\mathrm{P}_n)^{\frac{1}{n}}$$

公式： ${}_n\mathrm{P}_r=\dfrac{n!}{(n-r)!}$

$$=\frac{1}{n}\cdot\left\{\frac{(3n)!}{(3n-n)!}\right\}^{\frac{1}{n}}$$

$$=\frac{1}{n}\cdot\left\{\frac{(3n)!}{(2n)!}\right\}^{\frac{1}{n}}$$

$$=\frac{1}{n}\cdot\left\{\frac{1\cdot2\cdot3\cdots2n\cdot(2n+1)\cdots(2n+n)}{1\cdot2\cdot3\cdots2n}\right\}^{\frac{1}{n}}$$

$$=\frac{1}{n}\{(2n+1)(2n+2)\cdots(2n+n)\}^{\frac{1}{n}}$$

$$=\left\{\frac{(2n+1)(2n+2)\cdots(2n+n)}{n^n}\right\}^{\frac{1}{n}}$$

n 個の ( ) を，n 個の n で，1つずつ割ることができる。

$$=\left\{\frac{2n+1}{n}\cdot\frac{2n+2}{n}\cdots\cdot\frac{2n+n}{n}\right\}^{\frac{1}{n}}$$

$$\therefore Q_n=\left\{\left(2+\frac{1}{n}\right)\left(2+\frac{2}{n}\right)\cdots\left(2+\frac{n}{n}\right)\right\}^{\frac{1}{n}}$$

参考

この形ではどうしようもないので，この自然対数 $\log Q_n$ の極限を求める。

$Q_n>0$ より，この自然対数の極限を求めると，

$$\lim_{n\to\infty}\log Q_n=\lim_{n\to\infty}\log\left\{\left(2+\frac{1}{n}\right)\left(2+\frac{2}{n}\right)\cdots\right.$$
$$\left.\cdots\left(2+\frac{n}{n}\right)\right\}^{\frac{1}{n}}$$

$$=\lim_{n\to\infty}\frac{1}{n}\log\left\{\left(2+\frac{1}{n}\right)\left(2+\frac{2}{n}\right)\cdots\right.$$
$$\left.\cdots\left(2+\frac{n}{n}\right)\right\}$$

$$=\lim_{n\to\infty}\frac{1}{n}\left\{\log\left(2+\frac{1}{n}\right)+\log\left(2+\frac{2}{n}\right)+\cdots\right.$$
$$\left.\cdots+\log\left(2+\frac{n}{n}\right)\right\}$$

$$=\lim_{n\to\infty}\frac{1}{n}\sum_{k=1}^{n}\underbrace{\left(\log\left(2+\frac{k}{n}\right)\right)}_{f\left(\frac{k}{n}\right)}$$

区分求積法

$$=\int_0^1 \underbrace{\log(2+x)}_{f(x)}\,dx$$

部分積分法

$$=\int_0^1(2+x)'\cdot\log(2+x)\,dx$$

$$=\left[(2+x)\log(2+x)\right]_0^1-\int_0^1(2+x)\cdot\frac{1}{2+x}dx$$

$$=3\cdot\log 3-2\cdot\log 2-\left[x\right]_0^1$$

$$=\log 3^3-\log 2^2-\underset{\log e}{1}$$

$$=\log\frac{27}{4e}$$

以上より，

$$\lim_{n\to\infty}\log\boxed{Q_n}=\log\boxed{\frac{27}{4e}}$$

よって，求める極限は，

$$\lim_{n\to\infty}Q_n=\frac{27}{4e}\quad\cdots\cdots\cdots\cdots\cdots\text{(答)}$$

実力アップ問題 133　　難易度 ★★　　CHECK *1*　　CHECK*2*　　CHECK*3*

次の極限の値を求めよ。

(1) $\displaystyle\lim_{n\to\infty}\frac{2}{n}\left(\sqrt{1+\frac{2}{n}}+\sqrt{1+\frac{4}{n}}+\sqrt{1+\frac{6}{n}}+\cdots+\sqrt{1+\frac{2n}{n}}\right)$

(2) $\displaystyle\lim_{n\to\infty}\frac{1}{n}\left\{\log\left(1+\frac{3}{n}\right)+\log\left(1+\frac{6}{n}\right)+\log\left(1+\frac{9}{n}\right)+\cdots+\log\left(1+\frac{3n}{n}\right)\right\}$

ヒント！ 区分求積法の応用公式として，$\displaystyle\lim_{n\to\infty}\frac{a}{n}\sum_{k=1}^{n}f\left(\frac{ak}{n}\right)=\int_{0}^{a}f(x)\,dx$ を利用するパターンの問題だ。この公式も，図のイメージで覚えておこう。

基本事項

区分求積法の応用　（*a*：正の定数）

$$\lim_{n\to\infty}\frac{a}{n}\sum_{k=1}^{n}f\left(\frac{ak}{n}\right)=\int_{0}^{a}f(x)\,dx$$

$$\lim_{n\to\infty}2\cdot\frac{1}{n}\sum_{k=1}^{n}\sqrt{1+2\cdot\frac{k}{n}}$$

$$=2\int_{0}^{1}\sqrt{1+2x}\,dx \quad \text{として解いても同じ結果になる。}$$

(2) $\displaystyle\lim_{n\to\infty}\frac{1}{3}\cdot\frac{3}{n}\sum_{k=1}^{n}\boxed{\log\left(1+\frac{3k}{n}\right)}^{f\left(\frac{3k}{n}\right)}$

$$=\frac{1}{3}\int_{0}^{3}\boxed{\log(1+x)}^{f(x)}\,dx$$

$$=\frac{1}{3}\int_{0}^{3}(1+x)'\cdot\log(1+x)\,dx$$

$$=\frac{1}{3}\left\{\left[(1+x)\log(1+x)\right]_{0}^{3}-\int_{0}^{3}(1+x)\cdot\frac{1}{1+x}dx\right\}$$

$$=\frac{1}{3}\left(4\log4-1\cdot\log1-\left[x\right]_{0}^{3}\right)$$

$$=\frac{1}{3}(4\log4-3) \quad\cdots\cdots\cdots(答)$$

これも，従来の区分求積法の公式を使って，

$$\lim_{n\to\infty}\frac{1}{n}\sum_{k=1}^{n}\log\left(1+3\cdot\frac{k}{n}\right)=\int_{0}^{1}\log(1+3x)\,dx$$

として計算しても，もちろん構わないよ。

(1) $\displaystyle\lim_{n\to\infty}\frac{2}{n}\sum_{k=1}^{n}\boxed{\sqrt{1+\frac{2k}{n}}}^{f\left(\frac{2k}{n}\right)}$

$$=\int_{0}^{2}\boxed{\sqrt{1+x}}^{f(x)}\,dx$$

$$=\int_{0}^{2}(1+x)^{\frac{1}{2}}\,dx=\frac{2}{3}\left[(1+x)^{\frac{3}{2}}\right]_{0}^{2}$$

$$=\frac{2}{3}(3\sqrt{3}-1) \quad\cdots\cdots\cdots\cdots(答)$$

別解

公式 $\displaystyle\lim_{n\to\infty}\frac{1}{n}\sum_{k=1}^{n}f\left(\frac{k}{n}\right)=\int_{0}^{1}f(x)\,dx$ を使って，

(1) すべての実数 x に対して，次の不等式を証明せよ。

（ⅰ）$1 + x \leqq e^x$ ……（*1）　　　（ⅱ）$1 - x^2 \leqq e^{-x^2} \leqq \dfrac{1}{1 + x^2}$ ……（*2）

(2) 次の不等式を証明せよ。

$$\dfrac{2}{3} < \int_0^1 e^{-x^2} dx < \dfrac{\pi}{4} \quad ……（*3）$$

（大阪教育大）

ヒント！　**(1)**（ⅰ）$f(x) = e^x - x - 1$ とおいて，$f(x) \geqq 0$ を示せばいい。（ⅱ）の（*2）の不等式は，（ⅰ）の不等式（*1）の x に t^2 や $-t^2$ を代入することにより証明できる。**(2)** の（*3）については，（*2）の不等式の各辺を積分区間 $0 \leqq x \leqq 1$ で積分すれば証明できるはずだ。頑張ろう！

基本事項

定積分と不等式

$a \leqq x \leqq b$ において，

$f(x) \geqq g(x)$ …①

であるならば，①の両辺を積分して，

$$\int_a^b f(x)dx > \int_a^b g(x)dx \quad ……②$$

$$\left[\ \square \ > \ \cap \ \right]$$

が成り立つ。

$f(x) = g(x)$ となる点があっても，$f(x)$ と $g(x)$ がまったく同じ関数でない限り，上のように面積は異なるので，積分したら等号は消える。

ただし，一般に，$\underline{A > B \Rightarrow A \geqq B}$

「人間ならば動物である」と同様

は成り立つので，②から，

$$\int_a^b f(x)dx \geqq \int_a^b g(x)dx$$

のように，後で等号をつけても，もちろんかまわない。

(1)（ⅰ）

$$1 + x \leqq e^x \quad ……（*1）$$

（x：すべての実数）

が成り立つことを示すために，差関数

$$f(x) = e^x - x - 1 \quad ……①$$

をとり，すべての実数 x に対して，$\underline{f(x) \geqq 0}$ を示す。

$f(x)$ の最小値 m でさえ，$m \geqq 0$ を示せばいいんだね。

$f(x) = e^x - x - 1$ ……① を x で微分して，

$f'(x) = e^x - 1$

よって，$f'(x) = 0$ のとき，

$e^x - 1 = 0,\ e^x = 1$

$\therefore x = 0$

よって，$f(x)$ の増減表は右のようになり，

$x = 0$ のとき，

$f(x)$ は最小値

0 をとる。

増減表

x		0	
$f'(x)$	$-$	0	$+$
$f(x)$	↘	⓪	↗

最小値

以上より，すべての実数 x に対して，

$f(x) \geqq 0$ となる。

$\therefore 1 + x \leqq e^x$ …(*1) は成り立つ。

……(終)

(ii) ・(*1) の x に t^2 を代入すると，

$1 + t^2 \leqq e^{t^2}$ ← x はすべての実数を表すので，$x = t^2$ としても成り立つ。

この両辺を $(1 + t^2)e^{t^2}\ (>0)$ で割って，

$e^{-t^2} \leqq \dfrac{1}{1 + t^2}$ ……②

・(*1) の x に $-t^2$ を代入すると，

$1 - t^2 \leqq e^{-t^2}$ ……③

x はすべての実数を表すので，$x = -t^2$ としても成り立つ。

以上②，③より，

変数を t から x に変えた。

$1 - x^2 \leqq e^{-x^2} \leqq \dfrac{1}{1 + x^2}$ ……(*2)

は成り立つ。 ………………(終)

(2) $0 \leqq x \leqq 1$ において，(*2) は成り立つので，各辺を区間 $[0,\ 1]$ で積分しても，大小関係は保存される。

よって，

$\underbrace{\displaystyle\int_0^1 (1 - x^2)\,dx}_{(\mathcal{T})} < \displaystyle\int_0^1 e^{-x^2}\,dx$

$< \underbrace{\displaystyle\int_0^1 \dfrac{1}{1 + x^2}\,dx}_{(\mathcal{I})}$ …④

ここで，

(ア) $\displaystyle\int_0^1 (1 - x^2)\,dx = \left[x - \dfrac{1}{3}x^3 \right]_0^1$

$= 1 - \dfrac{1}{3} = \dfrac{2}{3}$

(イ) $\displaystyle\int_0^1 \dfrac{1}{1 + x^2}\,dx$ について，

$x = \tan\theta$ とおくと，$dx = \dfrac{1}{\cos^2\theta}\,d\theta$

$x : 0 \to 1$ のとき，$\theta : 0 \to \dfrac{\pi}{4}$

よって，

$\displaystyle\int_0^1 \dfrac{1}{1 + x^2}\,dx = \int_0^{\frac{\pi}{4}} \dfrac{1}{1 + \tan^2\theta} \cdot \dfrac{1}{\cos^2\theta}\,d\theta$

$= \left[\theta \right]_0^{\frac{\pi}{4}} = \dfrac{\pi}{4}$

以上 (ア)(イ) の結果を④に代入すると，次のように (*3) が導ける。

$\dfrac{2}{3} < \displaystyle\int_0^1 e^{-x^2}\,dx < \dfrac{\pi}{4}$ ……(*3)

………………(終)

(1) n を自然数とするとき，不等式 $\dfrac{1}{\sqrt{n+1}} < \displaystyle\int_n^{n+1} \dfrac{1}{\sqrt{x}}\, dx < \dfrac{1}{\sqrt{n}}$ を証明せよ。

(2) **(1)** を用いて，$S = 1 + \dfrac{1}{\sqrt{2}} + \dfrac{1}{\sqrt{3}} + \dfrac{1}{\sqrt{4}} + \cdots + \dfrac{1}{\sqrt{100}}$ の整数部分を求めよ。

> ヒント！ **(1)** $n \leq x \leq n+1$ のとき，$y = \dfrac{1}{\sqrt{x}}$ は単調減少関数より，$\dfrac{1}{\sqrt{n+1}} \leq \dfrac{1}{\sqrt{x}} \leq \dfrac{1}{\sqrt{n}}$
> となる。この各辺を積分区間 $[n, n+1]$ で積分すればいいんだね。

(1) $y = \dfrac{1}{\sqrt{x}}$ $(x > 0)$

は，右図に示すように単調減少関数なので，自然数 n に対して

$n \leq x \leq n+1$

のとき，

$$\frac{1}{\sqrt{n+1}} \leq \frac{1}{\sqrt{x}} \leq \frac{1}{\sqrt{n}} \quad \cdots\cdots① \quad となる。$$

よって，①の各辺を，積分区間 $[n, n+1]$ で積分すると，

$$\underbrace{\frac{1}{\sqrt{n+1}}}_{定数}\underbrace{\int_n^{n+1} 1\cdot dx}_{\substack{[x]_n^{n+1}\\ =n+1-n=1}} < \int_n^{n+1}\frac{1}{\sqrt{x}}dx < \underbrace{\frac{1}{\sqrt{n}}}_{定数}\underbrace{\int_n^{n+1} 1\cdot dx}_{1}$$

$$\therefore \frac{1}{\sqrt{n+1}} < \int_n^{n+1}\frac{1}{\sqrt{x}}\,dx < \frac{1}{\sqrt{n}} \quad \cdots\cdots②$$

$(n = 1, 2, \cdots)$ は成り立つ。……(終)

(2) (i) ②の $\displaystyle\int_n^{n+1}\frac{1}{\sqrt{x}}\,dx < \frac{1}{\sqrt{n}}$ ……②′

について，$n = 1, 2, \cdots, 100$ としたときの和をとると，

$$\sum_{n=1}^{100}\int_n^{n+1}\frac{1}{\sqrt{x}}\,dx < \overbrace{\left(\sum_{n=1}^{100}\frac{1}{\sqrt{n}}\right)}^{S}$$

$$\int_1^2\frac{1}{\sqrt{x}}\,dx + \int_2^3\frac{1}{\sqrt{x}}\,dx + \cdots + \int_{100}^{101}\frac{1}{\sqrt{x}}\,dx$$
$$= \int_1^{101}\frac{1}{\sqrt{x}}\,dx = 2\left[x^{\frac{1}{2}}\right]_1^{101}$$

$$\underbrace{2(\sqrt{101}-1)}_{10 \text{ より，少し大きい}} < S$$

$$\therefore \underbrace{2(10-1)}_{18} < 2(\sqrt{101}-1) < S \text{ より}$$

$$18 < S \quad \cdots\cdots③ \text{ となる。}$$

(ii) ②の $\dfrac{1}{\sqrt{n+1}} < \displaystyle\int_n^{n+1}\frac{1}{\sqrt{x}}\,dx$ ……②′

について，$n = 1, 2, \cdots, 99$ としたときの和をとると，

$$\underbrace{\sum_{n=1}^{99}\frac{1}{\sqrt{n+1}}}_{S-1} < \underbrace{\sum_{n=1}^{99}\int_n^{n+1}\frac{1}{\sqrt{x}}\,dx}_{\int_1^{100} x^{-\frac{1}{2}}\,dx = 2\left[\sqrt{x}\right]_1^{100}}$$

$$S - 1 < 2(\sqrt{100}-1) = 18$$

$$\therefore S < 19 \quad \cdots\cdots④ \text{ となる。}$$

以上 (i)(ii) の③，④より，$18 < S < 19$

$\therefore S$ の整数部分は **18** である。……(答)

実力アップ問題 136　難易度 ★★　CHECK 1　CHECK 2　CHECK 3

a を正の定数とし，関数 $f(x) = \dfrac{2x}{a+x^2}$ を考える。

(1) 関数 $f(x)$ の極値と曲線 $y = f(x)$ のグラフの概形を描け。

(2) 2直線 $y = 0$，$x = \sqrt{a}$ と曲線 $y = f(x)$ とで囲まれた部分の面積を求めよ。

(愛知教育大)

ヒント！ (1) 奇関数 $y = f(x)$ は，原点に関して対称なグラフになる。

(2) $0 \leqq x \leqq \sqrt{a}$ の範囲で $f(x) \geqq 0$ より，そのまま積分して面積が求まるね。

参考

(ⅰ) $f(-x) = -f(x)$
より，$y = f(x)$
は奇関数。
（原点対称）

(ⅱ) $a + x^2 > 0$ より，
$y = f(x)$ と $y = 2x$ の符号が一致。
∴ $x > 0$ のとき，$f(x) > 0$

(ⅲ) $\displaystyle\lim_{x \to \infty} f(x) = \lim_{x \to \infty} \dfrac{2x}{x^2 + a} = 0$

（1次の∞／2次の∞）

以上より，$y = f(x)$ のグラフのイメージがつかめる。

(1) $f(x) = \dfrac{2x}{x^2 + a}$ $(a > 0)$ について，

$f(-x) = \dfrac{2(-x)}{(-x)^2 + a} = -\dfrac{2x}{x^2 + a} = -f(x)$

よって，$y = f(x)$ は奇関数より，原点に関して対称なグラフになる。したがって，まず，$x \geqq 0$ について調べる。

$f'(x) = 2 \cdot \dfrac{1 \cdot (x^2 + a) - x \cdot 2x}{(x^2 + a)^2}$ $(x \geqq 0)$

$\widetilde{f'(x)} = \begin{cases} \oplus \\ \circleddash \\ \ominus \end{cases}$

$= \dfrac{2(\sqrt{a} + x)(\sqrt{a} - x)}{(x^2 + a)^2}$

$f'(x) = 0$ のとき，$\sqrt{a} - x = 0$

∴ $x = \sqrt{a}$

増減表　$(0 \leqq x)$

x	0		$\sqrt{a}$	
$f'(x)$		$+$	0	$-$
$f(x)$	0	↗		↘

$\widetilde{f'(x)} = -x + \sqrt{a}$

極大値 $f(\sqrt{a})$

$= \dfrac{2\sqrt{a}}{a + a} = \dfrac{1}{\sqrt{a}}$ …(答)

対称性より，

極小値 $f(-\sqrt{a}) = -\dfrac{1}{\sqrt{a}}$ …………(答)

$\displaystyle\lim_{x \to \infty} f(x) = 0$

以上と，$y = f(x)$ が原点に関して対称なグラフであることから，$y = f(x)$ のグラフの概形は右上図のようになる。

…………(答)

(2) x 軸，直線 $x = \sqrt{a}$ と曲線 $y = f(x)$ で囲まれる図形の面積 S は，

$S = \displaystyle\int_0^{\sqrt{a}} \dfrac{2x}{x^2 + a} dx = \Big[\log(x^2 + a) \Big]_0^{\sqrt{a}}$

$= \log(a + a) - \log a$

$= \log \dfrac{2a}{a} = \log 2$ …………(答)

正の実数 a, b に対して，2 つの曲線

$$\begin{cases} C_1 : ay^2 = x^3 & (x \geqq 0, \ y \geqq 0) \\ C_2 : bx^2 = y^3 & (x \geqq 0, \ y \geqq 0) \end{cases}$$

の原点以外の交点を P とする。点 P の x 座標を求めて，2 曲線 C_1 と C_2 で囲まれる図形の面積を求めよ。　　　　　　　　　　　　　　　（神戸大＊）

> ヒント！　曲線 C_1 は下に凸，曲線 C_2 は上に凸な増加関数なので，
> $0 \leqq x \leqq (\text{P の } x \text{ 座標})$ における C_1 と C_2 の上下関係がわかるはずだ。

基本事項

$y = x^\alpha \ (x \geqq 0)$ のグラフ

$y = x^\alpha \ (x \geqq 0)$ のグラフについて，

(i) $\alpha > 1$ のとき

　　下に凸

(ii) $0 < \alpha < 1$

　　のとき

　　上に凸

の曲線になる。

$C_1 : y = (a^{-1} \cdot x^3)^{\frac{1}{2}} = a^{-\frac{1}{2}} \cdot x^{\frac{3}{2}} \cdots ① \leftarrow$ 下に凸（1 より大）

$C_2 : y = (bx^2)^{\frac{1}{3}} = b^{\frac{1}{3}} \cdot x^{\frac{2}{3}} \cdots ② \leftarrow$ 上に凸（1 より小）

$\qquad\qquad (x \geqq 0, y \geqq 0)$

①，②より y を消去して，

$\quad (a^{-1}x^3)^{\frac{1}{2}} = (bx^2)^{\frac{1}{3}}$

両辺を 6 乗して，

$\quad (a^{-1}x^3)^3 = (bx^2)^2 \qquad a^{-3}x^9 = b^2x^4$

$\quad x^5 = a^3b^2$

よって，求める交点 P の x 座標は，

$\quad x = (a^3b^2)^{\frac{1}{5}} = a^{\frac{3}{5}} \cdot b^{\frac{2}{5}}$ ……………(答)

ここで，$\alpha = (a^3b^2)^{\frac{1}{5}}$ とおく。C_1 は下に凸，C_2 は上に凸の曲線より，2 曲線 C_1, C_2 で囲まれる図形の面積 S は，

$$S = \int_0^\alpha \left(b^{\frac{1}{3}}x^{\frac{2}{3}} - a^{-\frac{1}{2}}x^{\frac{3}{2}} \right) dx$$

$$= \left[\frac{3}{5}b^{\frac{1}{3}}x^{\frac{5}{3}} - \frac{2}{5}a^{-\frac{1}{2}}x^{\frac{5}{2}} \right]_0^\alpha$$

$$= \frac{3}{5}b^{\frac{1}{3}}\alpha^{\frac{5}{3}} - \frac{2}{5}a^{-\frac{1}{2}}\alpha^{\frac{5}{2}}$$

$$= \frac{3}{5}b^{\frac{1}{3}}(a^3b^2)^{\frac{1}{3}} - \frac{2}{5}a^{-\frac{1}{2}}(a^3b^2)^{\frac{1}{2}}$$

$$= \frac{3}{5}b^{\frac{1}{3}} \cdot a \cdot b^{\frac{2}{3}} - \frac{2}{5}a^{-\frac{1}{2}}a^{\frac{3}{2}}b$$

$$= \frac{3}{5}ab - \frac{2}{5}ab$$

$$= \frac{1}{5}ab \qquad \cdots\cdots\cdots\cdots\cdots\cdots (答)$$

実力アップ問題 138　　難易度　　　　CHECK 1　　CHECK 2　　CHECK 3

2 曲線 $C_1 : y = \log(x + a)$, $C_2 : y = \dfrac{1}{2}x^2 + 2x + b$ がともに同じ点で直線

$y = x + c$ に接するとき,

(1) a, b, c の値を求めよ。

(2) 曲線 C_1, C_2 と y 軸とで囲まれる図形の面積を求めよ。　　　（群馬大）

ヒント！　(1) 2 曲線の共接条件から, a, b, c の値を求める。(2) 2 曲線の上下
関係を押さえて, 面積を求めればいいね。

(1) $C_1 : y = f(x) = \log(x + a)$

$C_2 : y = g(x) = \dfrac{1}{2}x^2 + 2x + b$

とおくと,

$f'(x) = \dfrac{1}{x + a}$, $g'(x) = x + 2$

この 2 曲線が, $x = t$ で共通接線

$y = x + c$ をもつものとすると,

$\log(t + a) = \dfrac{1}{2}t^2 + 2t + b = t + c$ …①

$\dfrac{1}{t + a} = t + 2 = 1$ ……………②

2 曲線の共接条件：
$f(t) = g(t)$ かつ $f'(t) = g'(t)$

②より, $t = -1$

$\dfrac{1}{-1 + a} = 1$ より, $a = 2$

このとき①は,

$\underset{0}{\boxed{\log 1}} = \dfrac{1}{2} - 2 + b = -1 + c$

$\therefore b = \dfrac{3}{2}$, $c = 1$

$\therefore a = 2$, $b = \dfrac{3}{2}$, $c = 1$　………(答)

(2)(1) の結果より,

$y = f(x) = \log(x + 2)$

$y = g(x) = \dfrac{1}{2}x^2 + 2x + \dfrac{3}{2}$

$= \dfrac{1}{2}(x + 2)^2 - \dfrac{1}{2}$

よって, 2 曲線
C_1, C_2 と y 軸と
で囲まれる図
形の面積 S は,

$S = \displaystyle\int_{-1}^{0} \{ \overset{\text{⑦}}{g(x)} - \overset{\text{④}}{f(x)} \} dx$ ……③

上側　　下側

⑦ $\displaystyle\int_{-1}^{0} g(x)\,dx = \int_{-1}^{0} \left(\dfrac{1}{2}x^2 + 2x + \dfrac{3}{2} \right) dx$

$= \left[\dfrac{1}{6}x^3 + x^2 + \dfrac{3}{2}x \right]_{-1}^{0}$

$= -\left(-\dfrac{1}{6} + 1 - \dfrac{3}{2} \right) = \dfrac{2}{3}$

④ $\displaystyle\int_{-1}^{0} f(x)\,dx = \int_{-1}^{0} (x + 2)' \cdot \log(x + 2)\,dx$

$= \left[(x + 2)\log(x + 2) \right]_{-1}^{0}$

$- \displaystyle\int_{-1}^{0} (x + 2) \cdot \dfrac{1}{x + 2}\,dx$

部分積分法

$= 2 \cdot \log 2 - \left[x \right]_{-1}^{0} = 2\log 2 - 1$

以上 ⑦④ より, ③は,

$S = \dfrac{2}{3} - (2\log 2 - 1) = \dfrac{5}{3} - 2\log 2$

…………(答)

$0 < a < 1$ とする。y 軸と 2 つの曲線

$$y = \frac{a}{\cos x} \left(0 \leq x < \frac{\pi}{2}\right), \quad y = \cos x \left(0 \leq x < \frac{\pi}{2}\right)$$

で囲まれた領域の面積を a で表せ。　　　　　　　　（お茶の水女子大）

ヒント！　2 曲線の交点の x 座標を t とおき，その三角関数 $\sin t$ を a の式で表せば，うまく t が消去できて，面積は a の式で表せる。

$$\begin{cases} y = f(x) = \dfrac{a}{\cos x} & \cdots\cdots① \quad (0 < a < 1) \\ y = g(x) = \cos x & \cdots\cdots② \quad \left(0 \leq x < \dfrac{\pi}{2}\right) \end{cases}$$

$\begin{cases} x : 0 \to \dfrac{\pi}{2} \\ \cos x : 1 \to 0 \\ f(x) : a \to \infty \end{cases}$
より，$y = f(x)$ のグラフの概形がわかる！

①，②より y を消去して，

$$\frac{a}{\cos x} = \cos x, \quad \cos^2 x = a$$

これをみたす x で，$0 < x < \dfrac{\pi}{2}$ をみたすものを t とおくと，

$$\cos^2 t = a$$
$$\cos t = \sqrt{a}$$
よって，
$$\sin t = \sqrt{1-a} \quad\cdots\cdots③$$

交点の x 座標 t は，a の値によって変化するので，その三角関数を a の式で表わす。

以上より，求める図形の面積 S は，

$$S = \int_0^t \left(\underbrace{\cos x}_{\text{上側 } g(x)} - \underbrace{\frac{a}{\cos x}}_{\text{下側 } f(x)}\right) dx$$

$$S = \underbrace{\int_0^t \cos x\, dx}_{\text{㋐}} - \underbrace{a\int_0^t \frac{1}{\cos x} dx}_{\text{㋑}} \quad\cdots\cdots④$$

ここで，

㋐ $\displaystyle\int_0^t \cos x\, dx = \Big[\sin x\Big]_0^t$
$$= \sin t = \sqrt{1-a} \quad (\because ③)$$

㋑ $\displaystyle\int_0^t \frac{1}{\cos^2 x}\cos x\, dx = \int_0^t \overset{f(\sin x)}{\boxed{\frac{1}{1 - \sin^2 x}}}\cos x\, dx$

ここで $\sin x = u$ とおくと，

$x : 0 \to t$ のとき
$u : 0 \to \sin t$
$\cos x\, dx = du$ より，㋑ は，

$$\int_0^{\sin t} \frac{1}{1 - u^2} du = \frac{1}{2}\int_0^{\sin t}\left(\frac{1}{1+u} - \frac{-1}{1-u}\right) du$$

$$= \frac{1}{2}\Big[\log|1+u| - \log|1-u|\Big]_0^{\sin t}$$

$$= \frac{1}{2}\{\log(1 + \sin t) - \log(1 - \sin t)\}$$

$$= \frac{1}{2}\log\frac{1 + \sin t}{1 - \sin t}$$

$$= \frac{1}{2}\log\boxed{\frac{1 + \sqrt{1-a}}{1 - \sqrt{1-a}}}$$

$\boxed{\dfrac{(1+\sqrt{1-a})^2}{1^2 - (1-a)} = \left(\dfrac{1+\sqrt{1-a}}{\sqrt{a}}\right)^2}$

$$= \log\frac{1 + \sqrt{1-a}}{\sqrt{a}}$$

以上 ㋐ ㋑ を ④ に代入して，求める面積は，

$$S = \sqrt{1-a} - a\cdot\log\frac{1 + \sqrt{1-a}}{\sqrt{a}} \quad\cdots\cdots（答）$$

実力アップ問題140　難易度 ★★☆　CHECK 1　CHECK 2　CHECK 3

曲線 $y = f(x) = e^{-\frac{x}{2}}$ 上の点 $(x_0,\ f(x_0)) = (0,\ 1)$ における接線と x 軸との交点を $(x_1,\ 0)$ とし，曲線 $y = f(x)$ 上の点 $(x_1,\ f(x_1))$ における接線と x 軸との交点を $(x_2,\ 0)$ とする。以下同様に，点 $(x_n,\ f(x_n))$ における接線と x 軸との交点を $(x_{n+1},\ 0)$ とする。このような操作を無限に続けるとき，次の問いに答えよ。

(1) $x_n\ (n = 0,\ 1,\ \cdots)$ を n の式で表わせ。

(2) 曲線 $y = f(x)$ と，点 $(x_n,\ f(x_n))$ における $y = f(x)$ の接線および直線 $x = x_{n+1}$ とで囲まれた部分の面積を $S_n\ (n = 0,\ 1,\ \cdots)$ とするとき，S_n の総和 $\displaystyle\sum_{n=0}^{\infty} S_n$ を求めよ。

(福岡大)

ヒント！　(1) 漸化式から，数列 $\{x_n\}$ は等差数列であることがわかる。(2) この無限級数は，無限等比級数になるので公式通り解けばいい。

参考

イメージは次の通り。

(1) $y = f(x) = e^{-\frac{x}{2}}$

$f'(x) = -\dfrac{1}{2} e^{-\frac{x}{2}}$

より，$y = f(x)$ 上の点 $(x_n,\ f(x_n))$ における接線の方程式は，

$\underline{y} = -\dfrac{1}{2} e^{-\frac{x_n}{2}} (x - x_n) + e^{-\frac{x_n}{2}}$

これが，点 $(x_{n+1},\ \underline{0})$ を通るので，

$0 = -\dfrac{1}{2} e^{\frac{x_n}{2}}(x_{n+1} - x_n) + e^{\frac{x_n}{2}}$

$0 = -x_{n+1} + x_n + 2$

∴ $x_{n+1} = x_n + \boxed{2}$ ← 公差 $d = 2$ の等差数列

$(n = 0,\ 1,\ 2,\ \cdots)$

∴ $x_n = \overset{0}{(\underline{x_0})} + n \cdot \overset{d}{\boxed{2}}$

$\boxed{x_n = x_1 + (n-1) \cdot d}$ ← $n = 1$ スタート
$\boxed{= x_0 + n \cdot d}$ ← $n = 0$ スタート

よって，$x_n = 2n$ …(答)

$(n = \underline{0},\ 1,\ 2,\ \cdots)$

(2) 求める図形の面積 S_n は，左下図より，

$$S_n = \int_{x_n}^{\overset{2n+2}{x_{n+1}}} f(x)\,dx - \frac{1}{2}(\underbrace{\boxed{x_{n+1} - x_n}}_{2})\underbrace{\boxed{f(x_n)}}_{e^{-\frac{x_n}{2}} = e^{-n}}$$

$$= \int_{2n}^{2n+2} e^{-\frac{x}{2}}\,dx - e^{-n}$$

$$= -2 \cdot \left[e^{-\frac{x}{2}} \right]_{2n}^{2n+2} - e^{-n}$$

$$= -2(e^{-n-1} - e^{-n}) - e^{-n}$$

$$= \underbrace{(\boxed{1 - 2e^{-1}})}_{S_0}\underbrace{(\boxed{e^{-1}})^n}_{r}$$

$\boxed{S_n = S_1 \cdot r^{n-1}}$ ← $n = 1$ スタート
$\boxed{= S_0 \cdot r^n}$ ← $n = 0$ スタート

$(n = \underline{0},\ 1,\ 2,\ \cdots)$

∴ 数列 $\{S_n\}$ は，初項 $S_0 = 1 - 2e^{-1}$，公比 $r = e^{-1}$ の等比数列で，r は収束条件 $-1 < r < 1$ をみたす。

よって，求める無限級数の和は，

$$\sum_{n=0}^{\infty} S_n = \frac{S_0}{1-r} = \frac{1 - 2e^{-1}}{1 - e^{-1}} = \frac{e-2}{e-1} \quad \cdots(答)$$

$(n-1)\pi \leqq x \leqq n\pi$ の範囲で，曲線 $y=e^{-x}\sin x$ と x 軸とで囲まれる図形の面積を $S_n (n=1, 2, \cdots)$ とおく。

(1) S_n を n の式で表せ。　　(2) $\displaystyle\sum_{n=1}^{\infty} S_n$ を求めよ。

ヒント！ (1) S_n を積分計算により求めると，$\{S_n\}$ は等比数列になる。
(2) この公比は収束条件をみたすので，無限等比級数の公式が使える。

参考

イメージは次の通り。

(1) $(n-1)\pi \leqq x \leqq n\pi$ の範囲で，$y=e^{-x}\sin x$ と x 軸とで囲まれる図形の面積 S_n は，

$$S_n = \left| \int_{(n-1)\pi}^{n\pi} e^{-x} \cdot \sin x\, dx \right| \quad \cdots\cdots\cdots\cdots①$$

これは⊖になることもある。

ここで，

$$(e^{-x}\sin x)' = -e^{-x}\sin x + e^{-x}\cos x \cdots②$$
$$(e^{-x}\cos x)' = -e^{-x}\cos x - e^{-x}\sin x \cdots③$$

②＋③より，

$$(e^{-x}\sin x)' + (e^{-x}\cos x)' = -2 \cdot e^{-x}\sin x$$
$$\left(e^{-x}\sin x + e^{-x}\cos x \right)' = \{e^{-x}(\sin x + \cos x)\}'$$

$$\therefore \int_{(n-1)\pi}^{n\pi} e^{-x}\sin x\, dx$$

$$= -\frac{1}{2}\left[e^{-x} \cdot (\sin x + \cos x) \right]_{(n-1)\pi}^{n\pi}$$

$$= -\frac{1}{2}\left\{ e^{-n\pi} \underbrace{\cos n\pi}_{(-1)^n} - e^{-(n-1)\pi} \underbrace{\cos(n-1)\pi}_{(-1)^{n-1}} \right\}$$

$$= -\frac{1}{2}\left\{ -(-1)^{n-1} e^{-(n-1)\pi} \cdot e^{-\pi} -(-1)^{n-1} \cdot e^{-(n-1)\pi} \right\}$$

$$= \frac{(-1)^{n-1}}{2} \cdot e^{-(n-1)\pi}(e^{-\pi} + 1)$$

$$= \frac{(-1)^{n-1}}{2} \cdot (1 + e^{-\pi}) \cdot (e^{-\pi})^{n-1} \quad \cdots\cdots④$$

④を①に代入して，

$$S_n = \left| \frac{(-1)^{n-1}}{2} \cdot \underbrace{(1 + e^{-\pi})}_{\oplus} \underbrace{(e^{-\pi})^{n-1}}_{\oplus} \right|$$

絶対値内の±1は，不要！

$$= \underbrace{\frac{1}{2}(1 + e^{-\pi})}_{S_1} \cdot (\underbrace{e^{-\pi}}_{r})^{n-1} \quad \cdots\cdots(答)$$

(2) 数列 $\{S_n\}$ は，初項 $S_1 = \dfrac{1+e^{-\pi}}{2}$，公比 $r=e^{-\pi}$ の等比数列で，r は収束条件：$-1<r<1$ をみたす。よって，求める無限等比級数の和は，

$$\sum_{n=1}^{\infty} S_n = \frac{S_1}{1-r} = \frac{\dfrac{1}{2}(1+e^{-\pi})}{1-e^{-\pi}}$$

$$= \frac{1+e^{-\pi}}{2(1-e^{-\pi})}$$

$$= \frac{e^{\pi}+1}{2(e^{\pi}-1)} \quad \cdots\cdots\cdots(答)$$

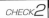

実力アップ問題 142 　難易度 ★★★★☆ 　CHECK *1* 　CHECK *2* 　CHECK *3*

曲線 $y = xe^{-x}$ を C とする。C と C 上の点 $P(t,\ te^{-t})\ (0 \leqq t \leqq 1)$ における接線，および 2 直線 $x = 0$，$x = 1$ で囲まれる部分の面積を $S(t)$ とする。ただし，e は自然対数の底である。

(1) 曲線 C の概形を描き，$S(t)$ を求めよ。

(2) $S(t)$ を最小にする t の値を求めよ。 　　　　　　　　　(広島大)

ヒント！ 　**(2)** 面積は t の関数となるので，t で微分することができるね。

(1) $y = f(x) = x \cdot e^{-x}$ とおく。

$$f'(x) = 1 \cdot e^{-x} - x \cdot e^{-x}$$
$$= (1-x) \cdot e^{-x}$$

$f'(x) = 0$ のとき，

$$1 - x = 0 \quad \therefore x = 1$$

右の増減表より，極大値は，

$$f(1) = 1 \cdot e^{-1} = \frac{1}{e}$$

x		1	
$f'(x)$	+	0	−
$f(x)$	↗	極大	↘

増減表

$$\lim_{x \to -\infty} f(x) = \lim_{x \to -\infty} \underbrace{x}_{-\infty} \cdot \underbrace{e^{-x}}_{\infty} = -\infty$$

$$\lim_{x \to \infty} f(x) = \lim_{x \to \infty} \frac{x}{e^x} = 0$$

中位の∞

強い∞

特に，証明の導入がないときは，これを知識として使っていいと思う。

以上より，曲線 $C : y = f(x)$ のグラフの概形を右に示す。………(答)

$y = f(x)$ 上の点 $P(t,\ f(t))\ (0 \leqq t \leqq 1)$ における接線を $y = g(x)$ とおくと，

$$y = g(x) = (1-t)e^{-t}(x-t) + t \cdot e^{-t}$$

$y = f'(t)(x-t) + f(t)$

$$\begin{cases} g(0) = -t(1-t)e^{-t} + te^{-t} = t^2 \cdot e^{-t} \\ g(1) = (1-t)^2 e^{-t} + te^{-t} = (t^2 - t + 1)e^{-t} \end{cases}$$

以上より，求める図形の面積 $S(t)$ は，

$$S(t) = \frac{1}{2}\{g(0) + g(1)\} \cdot 1 - \int_0^1 f(x)dx$$

上底 　下底 　高さ

$$= \frac{1}{2}(2t^2 - t + 1) \cdot e^{-t} - (1 - 2 \cdot e^{-1})$$
$$(0 \leqq t \leqq 1) \quad \cdots\cdots\cdots(答)$$

$$\int_0^1 x \cdot (-e^{-x})' dx = [-x \cdot e^{-x}]_0^1 + \int_0^1 e^{-x} dx$$
$$= -1 \cdot e^{-1} - [e^{-x}]_0^1 = -2 \cdot e^{-1} + 1$$

部分積分法

(2) $S'(t) = \frac{1}{2}(4t-1) \cdot e^{-t} - \frac{1}{2}(2t^2 - t + 1)e^{-t}$

$$= -\frac{1}{2}(2t^2 - 5t + 2)e^{-t}$$

$$= \frac{1}{2}(2-t) \cdot e^{-t} \cdot (2t-1)$$

$\therefore S'(t) = 0$ のとき $t = \frac{1}{2}$

この値の前後で，$S'(t)$ は負から正に転ずる。よって，$S(t)$ は $t = \frac{1}{2}$ で最小となるので，$S(t)$ を最小にする t の値は，$t = \frac{1}{2}$ 　……(答)

e を自然対数の底とし，座標平面上を運動する点 P の時刻 t における座標 (x, y) が $x = e^{-2t}\cos t$，$y = e^{-2t}\sin t$ であるとする。

(1) 点 P の時刻 t における速度と速さを求めよ。

(2) $k\pi \leqq t \leqq (k+1)\pi$ の範囲で点 P が描く曲線と x 軸とで囲まれた図形の面積を S_k $(k = 0, 1, 2, \cdots)$ とおく。このとき $\displaystyle\sum_{k=0}^{\infty} S_k$ を求めよ。

(大分大 *)

ヒント！　**(1)** 速度ベクトル $\vec{v} = \left(\dfrac{dx}{dt}, \dfrac{dy}{dt}\right)$ と速さ $|\vec{v}|$ を区別しよう。**(2)** 極方程式の面積公式を使って，$S_k = \dfrac{1}{2} \displaystyle\int_{k\pi}^{(k+1)\pi} r^2 dt$ により，S_k を求めよう。

動点 $P(x, y)$ は，次式に従って動く。

$$\begin{cases} x = e^{-2t}\cos t \\ y = e^{-2t}\sin t \quad (t：媒介変数) \end{cases} \cdots\cdots ①$$

(1) $\dfrac{dx}{dt} = -2e^{-2t}\cos t - e^{-2t}\sin t$

$\qquad = -e^{-2t}(2\cos t + \sin t)$

$\dfrac{dy}{dt} = -2e^{-2t}\sin t + e^{-2t}\cos t$

$\qquad = -e^{-2t}(2\sin t - \cos t)$

よって，求める時刻 t における P の速度ベクトル $\vec{v}$ は，

$$\vec{v} = (-e^{-2t}(2\cos t + \sin t),$$
$$-e^{-2t}(2\sin t - \cos t))$$

$\boxed{\vec{v} = \left(\dfrac{dx}{dt}, \dfrac{dy}{dt}\right) を使った！}$ $\cdots\cdots\cdots$(答)

次に，この速さを v とおくと，

$v^2 = |\vec{v}|^2 = \left(\dfrac{dx}{dt}\right)^2 + \left(\dfrac{dy}{dt}\right)^2$

$\quad = e^{-4t}(4\cos^2 t + \underline{4\sin t\cos t} + \sin^2 t)$

$\qquad + e^{-4t}(4\sin^2 t - \underline{4\sin t\cos t} + \cos^2 t)$

$\quad = e^{-4t} \cdot 5(\overset{1}{(\cos^2 t + \sin^2 t)})$

$\quad = 5e^{-4t}$

$\therefore v = \sqrt{5e^{-4t}} = \sqrt{5}\,e^{-2t}$ $\cdots\cdots\cdots$(答)

基本事項

極方程式の面積公式

極方程式 $r = f(\theta)$ で表される曲線と，2 直線 $\theta = \alpha$，$\theta = \beta$ で囲まれる図形の面積 S は，

$$S = \dfrac{1}{2} \int_{\alpha}^{\beta} r^2 d\theta \quad となる。$$

(2) ①式より，点 P の描く曲線は極方程式 $r = e^{-2t}$ $\cdots ②$ $(t \geqq 0)$ で表される。

> 今回は，偏角 θ の代わりに時刻 t が使われている。
> 一般に，媒介変数 t により，
> $\begin{cases} x = r(t) \cdot \cos t \\ y = r(t) \cdot \sin t \end{cases}$ で表される曲線は，極方程式 $r = r(t)$ で表すことができる。 $\boxed{e^{-2t}} \leftarrow 今回は$

右図に示すように、$k\pi \leqq t \leqq (k+1)\pi$ の範囲で動点 P が描く曲線と x 軸とで囲まれる図形の面積 S_k は、②の曲線と、2 直線 $t = k\pi$、$t = (k+1)\pi$ とで囲まれる図形の面積に等しい。この S_k の微小面積 dS_k は、第 1 次近似的に、

$t = (k+1)\pi$　微小面積 dS_k

$t = k\pi$

この程度の説明を入れよう。

$dS_k = \dfrac{1}{2}r^2 dt$ と表される。

以上より、求める面積 S_k ($k = 0, 1, 2, \cdots$) は、

$S_k = \dfrac{1}{2}\displaystyle\int_{k\pi}^{(k+1)\pi} r^2 dt$　　公式通り

$(e^{-2t})^2 = e^{-4t}$

$= \dfrac{1}{2}\displaystyle\int_{k\pi}^{(k+1)\pi} e^{-4t} dt$

$= \dfrac{1}{2}\left[-\dfrac{1}{4}e^{-4t} \right]_{k\pi}^{(k+1)\pi}$

$= -\dfrac{1}{8}\left(e^{-4(k+1)\pi} - e^{-4k\pi} \right)$

$= -\dfrac{1}{8}\left(e^{-4k\pi} \cdot e^{-4\pi} - e^{-4k\pi} \right)$

$= \dfrac{1}{8}e^{-4k\pi}\left(1 - e^{-4\pi} \right)$

$\therefore S_k = \underbrace{\boxed{\dfrac{1 - e^{-4\pi}}{8}}}_{S_0} \cdot \underbrace{(\boxed{e^{-4\pi}})^k}_{r}$

$(k = 0, 1, 2, \cdots)$

$k = 0$ スタート

以上より、数列 $\{S_k\}$ は、

初項 $S_0 = \dfrac{1 - e^{-4\pi}}{8}$、公比 $r = e^{-4\pi}$ の等

0 に近い正の値

比数列で、$-1 < r < 1$ をみたす。

無限等比級数の収束条件

よって、求める無限等比級数の和は、

$\displaystyle\sum_{k=0}^{\infty} S_k = \sum_{k=0}^{\infty} S_0 \cdot r^k$

$= \dfrac{S_0}{1 - r}$

$= \dfrac{\dfrac{1 - e^{-4\pi}}{8}}{1 - e^{-4\pi}}$

$= \dfrac{1 - e^{-4\pi}}{8(1 - e^{-4\pi})}$

$= \dfrac{1}{8}$ ………………(答)

座標平面上の円 $C : x^2 + y^2 = 9$ の内側を半径 1 の円 D が滑らずに転がる。時刻 t において D は点 $(3\cos t,\ 3\sin t)$ で C に接しているとする。以下の問いに答えよ。

(1) 時刻 $t = 0$ において点 $(3,\ 0)$ にあった D 上の点 P の時刻 t における座標 $(x(t),\ y(t))$ を求めよ。ただし，$0 \leqq t \leqq \dfrac{2}{3}\pi$ とする。

(2) $0 \leqq t \leqq \dfrac{2}{3}\pi$ の範囲で点 P の描く曲線，および x 軸と直線 $x = -\dfrac{3}{2}$ とで囲まれる図形の面積を求めよ。

（早稲田大 ＊）

ヒント！　**(1)** 円 D の中心を Q とおいて，$\overrightarrow{\mathrm{OP}} = \overrightarrow{\mathrm{OQ}} + \overrightarrow{\mathrm{QP}}$ として，$\overrightarrow{\mathrm{OQ}}$ と $\overrightarrow{\mathrm{QP}}$ を求めればいいんだね。**(2)** 媒介変数表示された曲線と直線とで囲まれる図形の面積を求める場合，まず，この曲線が $y = f(x)$ の形で表されているものとして積分の式を立て，その後 t での積分に切り替えることがポイントだ。頑張ろう！

(1) 円 D の中心を Q，2 円の接点を T，また，$\mathrm{P_0}(3, 0)$ とおく。$\mathrm{P}(x,\ y)$ とおくと，

$$\overrightarrow{\mathrm{OP}} = (x,\ y) = \overrightarrow{\mathrm{OQ}} + \overrightarrow{\mathrm{QP}} \quad \cdots\cdots ①$$

（ⅰ）点 Q は，半径 2 の円周上を角度 t だけ回転した位置にあるので，

$$\overrightarrow{\mathrm{OQ}} = (2\cos t,\ 2\sin t) \quad \cdots\cdots ②$$

（ⅱ）$\overparen{\mathrm{TP_0}} = \overparen{\mathrm{TP}}$ より，

$\angle \mathrm{TQP} = 3t$

点 Q を原点とみて，右図のように x' 軸を引くと，

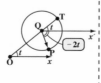

$\angle \mathrm{TQ}x' = \angle \mathrm{TO}x = t$（同位角）

以上より，点 P は，点 Q を中心とする半径 1 の円周上を，$-2t$ だけ回転した位置にあるので，

$$\overrightarrow{\mathrm{QP}} = (1 \cdot \cos(-2t),\ 1 \cdot \sin(-2t))$$
$$= (\cos 2t,\ -\sin 2t) \quad \cdots\cdots ③$$

②，③を①に代入して，

$$\overrightarrow{\mathrm{OP}} = (2\cos t + \cos 2t,\ 2\sin t - \sin 2t)$$

$$\therefore \begin{cases} x(t) = 2\cos t + \cos 2t \\ y(t) = 2\sin t - \sin 2t \end{cases} \quad \cdots\cdots（答）$$

$$\left(0 \leqq t \leqq \dfrac{2}{3}\pi\right)$$

(2) $t = \dfrac{2}{3}\pi$ のとき，

$$x\left(\dfrac{2}{3}\pi\right) = 2 \cdot \cos\dfrac{2}{3}\pi + \cos\dfrac{4}{3}\pi$$

$$= 2 \cdot \left(-\dfrac{1}{2}\right) + \left(-\dfrac{1}{2}\right) = -\dfrac{3}{2}$$

よって $0 \leqq t \leqq \dfrac{2}{3}\pi$ の範囲で点 P が描く

曲線と x 軸と直線 $x = -\dfrac{3}{2}$ と
で囲まれる図形
は，右図の網目
部になる。よっ
て，この図形の
面積を S とお
くと，

> この曲線が
> $y = f(x)$ と
> 表されたも
> のとする。

$t = \dfrac{2}{3}\pi$　　$x = -\dfrac{3}{2}$

$t = 0$

$$S = \int_{-\frac{3}{2}}^{3} y\,dx = \int_{\frac{2}{3}\pi}^{0} y \cdot \frac{dx}{dt}\,dt$$

> この曲線が $y = f(x)$ の形で表されているもの
> として，まず，$\displaystyle\int_{-\frac{3}{2}}^{3} y\,dx$ とし，次にこれを t
> での積分に切り替えて，$\displaystyle\int_{\frac{2}{3}\pi}^{0} y \cdot \frac{dx}{dt}\,dt$ として
> 計算するんだね。このとき，$x : -\dfrac{3}{2} \to 3$ の
> とき $t : \dfrac{2}{3}\pi \to 0$ となることにも注意しよう！

$$= \int_{\frac{2}{3}\pi}^{0} (2\sin t - \sin 2t)(-2\sin t - 2\sin 2t)\,dt$$
$$\underset{y}{} \qquad \underset{\frac{dx}{dt}}{}$$

$$= \int_{0}^{\frac{2}{3}\pi} (2\sin t - \sin 2t)(2\sin t + 2\sin 2t)\,dt$$

$$= \int_{0}^{\frac{2}{3}\pi} (4\underbrace{\sin^2 t}_{\frac{1-\cos 2t}{2}} + 2\sin 2t \sin t$$
$$\underbrace{-\frac{1}{2}(\cos 3t - \cos t)}$$
$$- 2 \cdot \underbrace{\sin^2 2t}_{\frac{1-\cos 4t}{2}})\,dt$$

$$= \int_{0}^{\frac{2}{3}\pi} \{2(1 - \cos 2t) - (\cos 3t - \cos t)$$
$$- (1 - \cos 4t)\}\,dt$$

$$= \int_{0}^{\frac{2}{3}\pi} (1 + \cos t - 2\cos 2t - \cos 3t$$
$$+ \cos 4t)\,dt$$

$$= \left[t + \sin t - \sin 2t - \frac{1}{3}\sin 3t \right.$$
$$\left. + \frac{1}{4}\sin 4t \right]_{0}^{\frac{2}{3}\pi}$$

$$= \frac{2}{3}\pi + \underbrace{\sin \frac{2}{3}\pi}_{\frac{\sqrt{3}}{2}} - \underbrace{\sin \frac{4}{3}\pi}_{\left(-\frac{\sqrt{3}}{2}\right)} + \frac{1}{4}\underbrace{\sin \frac{8}{3}\pi}_{\frac{\sqrt{3}}{2}}$$

$$= \frac{2}{3}\pi + \frac{\sqrt{3}}{2} + \frac{\sqrt{3}}{2} + \frac{\sqrt{3}}{8}$$

以上より，求める図形の面積 S は，

$$S = \frac{2}{3}\pi + \frac{9\sqrt{3}}{8} \quad \cdots\cdots\cdots\cdots\cdots\text{(答)}$$

曲線 $C : x = a(\theta - \sin\theta)$, $y = a(1 - \cos\theta)$ $(0 < \theta < \pi$, a：正の定数$)$ の接線の内，傾きが 1 のものを l とおく。曲線 C と接線 l と x 軸とで囲まれる図形の面積 S を求めよ。　　　　　　　　　　　　（愛媛大＊）

ヒント！　サイクロイド曲線とその接線と x 軸とで囲まれた図形の面積を求める問題だ。図を描いて計算するのがコツだね。

曲線 $C : \begin{cases} x = a(\theta - \sin\theta) \\ y = a(1 - \cos\theta) \ (0 < \theta < \pi) \end{cases}$

$\dfrac{dx}{d\theta} = a(1 - \cos\theta)$, $\dfrac{dy}{d\theta} = a\sin\theta$ より

接線の傾きが 1 となる θ を求めると，

$\dfrac{dy}{dx} = \dfrac{\dfrac{dy}{d\theta}}{\dfrac{dx}{d\theta}} = \dfrac{a\sin\theta}{a(1 - \cos\theta)} = 1$ より

$\sin\theta = 1 - \cos\theta$, $\quad 1 \cdot \sin\theta + 1 \cdot \cos\theta = 1$

三角関数の合成
$\sqrt{2}\left(\sin\theta \cdot \cos\dfrac{\pi}{4} + \cos\theta \cdot \sin\dfrac{\pi}{4}\right)$
$= \sqrt{2}\sin\left(\theta + \dfrac{\pi}{4}\right)$

$\sin\left(\theta + \dfrac{\pi}{4}\right) = \dfrac{1}{\sqrt{2}}$ $\left(\dfrac{\pi}{4} < \theta + \dfrac{\pi}{4} < \dfrac{5}{4}\pi\right)$ より

$\theta + \dfrac{\pi}{4} = \dfrac{3}{4}\pi$ $\quad \therefore \theta = \dfrac{\pi}{2}$

よって，曲線 C と接線 l との接点を P

とおくと，$P\left(a\left(\dfrac{\pi}{2} - 1\right),\ a\right)$ となる。

$a\left(\dfrac{\pi}{2} - \sin\dfrac{\pi}{2}\right)$　　$a\left(1 - \cos\dfrac{\pi}{2}\right)$

よって，求める図形
（右図の網目部）の
面積を S とおくと，

$S = \dfrac{1}{2}a^2 - \displaystyle\int_0^{a\left(\frac{\pi}{2} - 1\right)} y\, dx$

$\left[\ \triangle \quad - \quad \triangle\ \right]$

$= \dfrac{1}{2}a^2 - \displaystyle\int_0^{\frac{\pi}{2}} y \cdot \dfrac{dx}{d\theta}\, d\theta$

$a(1 - \cos\theta)$　　$a(1 - \cos\theta)$

↑ θ での積分に置き換える

$= \dfrac{1}{2}a^2 - a^2 \displaystyle\int_0^{\frac{\pi}{2}} (1 - \cos\theta)^2\, d\theta$

$1 - 2\cos\theta + \cos^2\theta = 1 - 2\cos\theta + \dfrac{1 + \cos 2\theta}{2}$

$= \dfrac{1}{2}a^2 - a^2 \displaystyle\int_0^{\frac{\pi}{2}}\left(\dfrac{3}{2} - 2\cos\theta + \dfrac{1}{2}\cos 2\theta\right)d\theta$

$\left[\dfrac{3}{2}\theta - 2\sin\theta + \dfrac{1}{4}\sin 2\theta\right]_0^{\frac{\pi}{2}} = \dfrac{3}{4}\pi - 2$

$= \dfrac{1}{2}a^2 - a^2\left(\dfrac{3}{4}\pi - 2\right)$

$= \left(\dfrac{5}{2} - \dfrac{3}{4}\pi\right)a^2$ ‥‥‥‥‥‥‥‥‥（答）

実力アップ問題 146　　難易度 ★★★　　CHECK 1　　CHECK 2　　CHECK 3

曲線 C が xy 平面上で媒介変数 θ によって $x = \sin\theta$, $y = \sin 2\theta$ $(0 \leq \theta \leq \pi)$
と表されている。C で囲まれる図形の面積を求めよ。　　　　　　　（鳥取大）

ヒント！　x と θ, y と θ のグラフから，特徴的な点（始点，終点，極大点，極小点）を押さえれば，xy 座標平面上に，曲線 C の概形を描くことができる。

曲線 C $\begin{cases} x = \sin\theta \\ y = \sin 2\theta \end{cases}$ $(0 \leq \theta \leq \pi)$

について，x と θ，y と θ のグラフを描く。

図1　$x = \sin\theta$

図2　$y = \sin 2\theta$

以上のグラフから，特徴的な点を調べて

$\theta : 0 \longrightarrow \dfrac{\pi}{4} \longrightarrow \dfrac{\pi}{2} \longrightarrow \dfrac{3}{4}\pi \longrightarrow \pi$

$x : 0 \longrightarrow \dfrac{1}{\sqrt{2}} \longrightarrow 1 \longrightarrow \dfrac{1}{\sqrt{2}} \longrightarrow 0$

$y : 0 \longrightarrow 1 \longrightarrow 0 \longrightarrow -1 \longrightarrow 0$

以上より，求める曲線 C は，4点 $(0, 0)$，$\left(\dfrac{1}{\sqrt{2}}, 1\right)$，$(1, 0)$，$\left(\dfrac{1}{\sqrt{2}}, -1\right)$ を通る右図のような曲線となる。

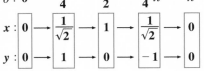

曲線 C は，明らかに x 軸に関して線対称なグラフとなる。よって，求める図形の面積を S とおくと，

$y = f(x)$ とする

$\theta = 0$　　$\theta = \dfrac{\pi}{2}$

$$S = 2 \cdot \int_0^1 y\,dx = 2\int_0^{\frac{\pi}{2}} y \cdot \dfrac{dx}{d\theta}\,d\theta$$

$\left[2 \times \bigcap \right]$

この曲線が $y = f(x)$ の形で表されているものとして，まず，$\displaystyle\int_0^1 y\,dx$ とし，次にこれを θ での積分に切り替えて，$\displaystyle\int_0^{\frac{\pi}{2}} y\dfrac{dx}{d\theta}\,d\theta$ として計算する。
このとき，$x : 0 \to 1$ から $\theta : 0 \to \dfrac{\pi}{2}$ となる。

$$= 2\int_0^{\frac{\pi}{2}} \underset{2\sin\theta \cdot \cos\theta}{(\sin 2\theta)} \cdot \overset{\frac{dx}{d\theta}}{(\cos\theta)}\,d\theta$$

$$= -4\int_0^{\frac{\pi}{2}} \overset{g^2}{(\cos^2\theta)} \cdot \overset{g'}{(-\sin\theta)}\,d\theta$$

$$= -4 \cdot \left[\dfrac{1}{3} \cdot \cos^3\theta \right]_0^{\frac{\pi}{2}} = -\dfrac{4}{3} \cdot (-1)$$

$$= \dfrac{4}{3} \quad\text{……………（答）}$$

媒介変数 θ により，曲線 C が $x = \sin 2\theta$，$y = \sin 3\theta$ $\left(0 \leqq \theta \leqq \dfrac{\pi}{3}\right)$ で表されている。この曲線 C と x 軸とで囲まれる図形の面積を求めよ。

ヒント！ リサージュ曲線 C と x 軸とで囲まれる図形の面積を求める問題だ。この曲線 C の概形を描くには，x と θ，y と θ それぞれの曲線の特徴的な点(始点，極大点，極小点，0 となる点，終点)を押さえればいいんだね。

曲線 C $\begin{cases} x = \sin 2\theta \\ y = \sin 3\theta \end{cases}$ $\left(0 \leqq \theta \leqq \dfrac{\pi}{3}\right)$

について，x と θ，y と θ のグラフを描く。

図1 $x = \sin 2\theta$　図2 $y = \sin 3\theta$

以上図1，図2より，曲線の特徴的な点を調べて，

$\theta : 0 \longrightarrow \dfrac{\pi}{6} \longrightarrow \dfrac{\pi}{4} \longrightarrow \dfrac{\pi}{3}$

$x : 0 \longrightarrow \dfrac{\sqrt{3}}{2} \longrightarrow 1 \longrightarrow \dfrac{\sqrt{3}}{2}$

$y : 0 \longrightarrow 1 \longrightarrow \dfrac{\sqrt{2}}{2} \longrightarrow 0$

以上より，曲線 C の概形は，4つの点 $(0, 0)$，$\left(\dfrac{\sqrt{3}}{2}, 1\right)$，$\left(1, \dfrac{\sqrt{2}}{2}\right)$，$\left(\dfrac{\sqrt{3}}{2}, 0\right)$ を滑らかな曲線で結ぶことによって，次のようになる。

よって，この曲線 C と x 軸とで囲まれる図形(網目部)の面積を S とおいて，これを求める。

ここで，問題は $\dfrac{\sqrt{3}}{2} \leqq x \leqq 1$ の範囲では，x に対応する y が 2 つあることなんだ

ね。したがって，図のように，上側の曲線の y 座標を y_1，下側の曲線の y 座標を y_2 とおいて，求める面積 S は，次のように計算する。

$$S = \int_0^1 y_1 \, dx - \int_{\frac{\sqrt{3}}{2}}^{1} y_2 \, dx$$

しかし，これを θ での積分に置き換えると，y_1 の方は $\theta : 0 \to \dfrac{\pi}{4}$，$y_2$ の方は

$\theta : \dfrac{\pi}{3} \to \dfrac{\pi}{4}$ と，積分区間が明確に異なるので，y_1 と y_2 の区別は必要なくなる。したがって，答案には，初めから，y_1 と y_2 を区別せずに，

$$S = \int_0^1 y\,dx - \int_{\frac{\sqrt{3}}{2}}^1 y\,dx$$

$$= \int_0^{\frac{\pi}{4}} y \cdot \dfrac{dx}{d\theta}\,d\theta - \int_{\frac{\pi}{3}}^{\frac{\pi}{4}} y \cdot \dfrac{dx}{d\theta}\,d\theta$$

と書いて，解いていけばいいんだね。

$$S = \int_0^1 y\,dx - \int_{\frac{\sqrt{3}}{2}}^1 y\,dx$$

$$\left[\ \raisebox{-0.5em}{\text{(図)}}\ \raisebox{0.2em}{0\quad 1}\ \right] - \left[\ \raisebox{-0.5em}{\text{(図)}}\ \raisebox{0.2em}{$\frac{\sqrt{3}}{2}$ 1}\ \right]$$

まず，$y_1 = f_1(x)$，$y_2 = f_2(x)$ と表されているようにして，面積計算の式を書いて，θ での積分に切り替えるんだね。この際 y_1 と y_2 の区別は不要だよ。

$$= \int_0^{\frac{\pi}{4}} y \cdot \dfrac{dx}{d\theta}\,d\theta - \int_{\frac{\pi}{3}}^{\frac{\pi}{4}} y \cdot \dfrac{dx}{d\theta}\,d\theta$$

$$= \int_0^{\frac{\pi}{4}} y \cdot \dfrac{dx}{d\theta}\,d\theta + \int_{\frac{\pi}{4}}^{\frac{\pi}{3}} y \cdot \dfrac{dx}{d\theta}\,d\theta$$

$$= \int_0^{\frac{\pi}{3}} \underbrace{y}_{\sin 3\theta} \cdot \underbrace{\dfrac{dx}{d\theta}}_{(\sin 2\theta)' = 2\cos 2\theta}\,d\theta \quad \leftarrow \boxed{\text{アラ！1つの積分の式にまとまった！}}$$

$$= 2\int_0^{\frac{\pi}{3}} \underbrace{\sin 3\theta \cdot \cos 2\theta}_{\frac{1}{2}(\sin 5\theta + \sin\theta)}\,d\theta$$

$$\underbrace{}_{(3\theta + 2\theta)}\ \underbrace{}_{(3\theta - 2\theta)}$$

積 → 和の公式

$$\sin\alpha\cos\beta = \dfrac{1}{2}\{\sin(\alpha + \beta) + \sin(\alpha - \beta)\}$$

よって，

$$S = \int_0^{\frac{\pi}{3}} (\sin 5\theta + \sin\theta)\,d\theta$$

$$= \left[-\dfrac{1}{5}\cos 5\theta - \cos\theta \right]_0^{\frac{\pi}{3}}$$

$$= -\dfrac{1}{5}\underbrace{\cos\dfrac{5}{3}\pi}_{\frac{1}{2}} - \underbrace{\cos\dfrac{\pi}{3}}_{\frac{1}{2}} + \dfrac{1}{5}\underbrace{\cos 0}_{1} + \underbrace{\cos 0}_{1}$$

$$= -\dfrac{1}{10} - \dfrac{1}{2} + \dfrac{1}{5} + 1$$

$$= \dfrac{-1 - 5 + 2 + 10}{10} = \dfrac{6}{10} = \dfrac{3}{5} \quad \cdots\cdots \text{(答)}$$

不等式 $0 \leqq x < \dfrac{\pi}{2}$, $\tan x \leqq y \leqq \dfrac{4x}{\pi}$ の表わす領域を x 軸のまわりに 1 回転してできる回転体の体積を求めよ。

(東京女子大)

ヒント！　積分の際に，公式 $1+\tan^2 x = \dfrac{1}{\cos^2 x}$ を利用するのが，コツだよ。

基本事項

回転体の体積 (I)

x 軸のまわりの
回転体の体積 V

$V = \pi \displaystyle\int_a^b y^2\, dx = \pi \displaystyle\int_a^b \{f(x)\}^2\, dx$

$\begin{cases} y \leqq \dfrac{4}{\pi}x \\ y \geqq \tan x \end{cases}$

$\left(0 \leqq x < \dfrac{\pi}{2}\right)$

で表わされる領域
を，右図に網目部
で示す。

これを，x 軸のま
わりに回転してで
きる回転体の体積
を V とおくと，

$V = \dfrac{1}{3}\cdot\pi\cdot 1^2\cdot\dfrac{\pi}{4} - \pi\displaystyle\int_0^{\frac{\pi}{4}}\underbrace{\tan^2 x}_{y^2}dx$

（底面積）（高さ）

円すいから，中の不要部分をくり抜く！

$= \dfrac{\pi^2}{12} - \pi\displaystyle\int_0^{\frac{\pi}{4}}\tan^2 x\, dx$ ……①

ここで，

⑦ $\displaystyle\int_0^{\frac{\pi}{4}}\tan^2 x\, dx = \int_0^{\frac{\pi}{4}}\left(\dfrac{1}{\cos^2 x}-1\right)dx$

公式：$1+\tan^2 x = \dfrac{1}{\cos^2 x}$ を使った！

$= \left[\tan x - x\right]_0^{\frac{\pi}{4}}$

$= 1 - \dfrac{\pi}{4} - (0-0) = 1 - \dfrac{\pi}{4}$

⑦を①に代入して，

$V = \dfrac{\pi^2}{12} - \pi\left(1-\dfrac{\pi}{4}\right)$

$= \dfrac{\pi^2}{3} - \pi = \pi\left(\dfrac{\pi}{3}-1\right)$ ……………(答)

実力アップ問題149　難易度 ★☆　CHECK1　CHECK2　CHECK3

(1) $y = e^x$ のグラフ上の点 (a, e^a) (ただし, $0 \leqq a \leqq 1$) における接線を l とする。x 軸と 3 直線 l, $x = 0$, $x = 1$ とで囲まれた図形を, x 軸のまわりに 1 回転させてできる回転体の体積 $V(a)$ を求めよ。

(2) $0 \leqq a \leqq 1$ において, $V(a)$ を最大にする a の値を求めよ。　(津田塾大*)

ヒント！　(1) x 軸のまわりの回転体の体積の公式を使う。(2) 体積 $V(a)$ は a の関数より, a で微分して, 最大となる a の値を求める。

(1) $y = f(x) = e^x$ とおくと,

$f'(x) = e^x$

$y = f(x)$ 上の点 $(a, f(a))$ $(0 \leqq a \leqq 1)$ における接線 l の方程式は,

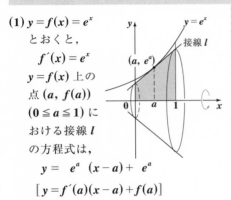

$y = e^a(x - a) + e^a$

$[\, y = f'(a)(x - a) + f(a) \,]$

$\therefore l : y = e^a(x - a + 1)$

x 軸, l, $x = 0$, $x = 1$ で囲まれる網目部の図形を x 軸のまわりに回転してできる回転体の体積 $V(a)$ は,

$V(a) = \pi \displaystyle\int_0^1 y^2 \, dx$ ← 公式通り

$= \pi \displaystyle\int_0^1 \{e^a(x - a + 1)\}^2 \, dx$

$= \pi e^{2a} \displaystyle\int_0^1 (x - a + 1)^2 \, dx$

$= \pi e^{2a} \left[\dfrac{1}{3}(x - a + 1)^3 \right]_0^1$

$= \dfrac{\pi}{3} e^{2a} \{(2 - a)^3 - (1 - a)^3\}$

$\underbrace{(8 - 12a + 6a^2 - a^3)}\quad\underbrace{(1 - 3a + 3a^2 - a^3)}$

$\therefore V(a) = \dfrac{\pi}{3} e^{2a}(3a^2 - 9a + 7)$　…(答)

$(0 \leqq a \leqq 1)$

(2) $V(a)$ を a で微分して,

$V'(a) = \dfrac{\pi}{3} \{ 2 \cdot e^{2a}(3a^2 - 9a + 7)$
$\qquad\qquad + e^{2a}(6a - 9) \}$

$= \boxed{\dfrac{\pi}{3} e^{2a}} \boxed{(6a^2 - 12a + 5)}$

$V'(a) = 0$ のとき,

$6a^2 - 12a + 5 = 0$

$a = \dfrac{6 - \sqrt{6}}{6}$

$(\because 0 \leqq a \leqq 1)$

増減表 $(0 \leqq a \leqq 1)$

a	0		$\dfrac{6 - \sqrt{6}}{6}$		1
$V'(a)$		+	0	−	
$V(a)$		↗	極大	↘	

$\therefore V(a)$ を最大にする a の値は,

$\dfrac{6 - \sqrt{6}}{6}$　………………(答)

右図に示すように，xy 座標平面上の原点を中心とする半径 2 の円：

$x^2 + y^2 \leqq 4$ を底面とし，高さ 3 の直円柱 C がある。xy 平面上の直線 $y = -1$ を含み，xy 平面と $45°$ の角をなす平面 α で，この円柱 C を切ったときにできる小さい方の立体を T とおく。

(1) 立体 T を，$y = t$ $(-1 \leqq t \leqq 2)$ のときの y 軸と垂直な平面で切ってできる切り口の断面積 $S(t)$ を求めよ。

(2) $S(t)$ を用いて，立体 T の体積 V を求めよ。

ヒント！ 立体 T を $y = t$ のときの y 軸に垂直な平面で切ってできる切り口は，長方形となるので，この横とたての長さが分かれば，断面積 $S(t)$ は求まる。そして，この $S(t)$ を用いて，立体 T の体積 V は，$V = \displaystyle\int_{-1}^{2} S(t)dt$ で計算できるんだね。

---

(1) 図 1 に示すように，$y = t$ $(-1 \leqq t \leqq 2)$ のときの y 軸と垂直な平面で，立体 T を切ってできる切り口 (網目部) の長方形を A とおく。また，この A の面積 (断面積) を $S(t)$ とおく。

図 1

ここで，原点 O を通り，xy 平面と垂直な z 軸を設ける。

(i) 平面 α が直線に見えるように，図 1 を真横から見たものを図 2 に示す。このとき，平面 α は，yz 平面における直線：

図 2

$z = y + 1$ ……① で表せるので，①の y に t を代入すると，長方形 A の高さ h が，次のように求まる。

$h = t + 1$ ………①´

(ii) 次に，円柱 C が
円に見えるよう
に，図 **1** を真上
から見たものを
図 **3** に示す。こ
のとき，円柱 C
の外形は，xy
平面上の円：

図3

$x^2+y^2=4$ ……②で表されるので，

②の y に t を代入して，x 座標
を求めると，

$$x^2+t^2=4 \qquad x^2=4-t^2$$

$x=\pm\sqrt{4-t^2}$ となるので，長方

形 A の横の長さ l は，次のように
なる。

$$l=2\sqrt{4-t^2} \quad\cdots\cdots\cdots②'$$

以上（ i ）(ii) の①´，
②´より図 **4** に示す
ように，求める立体
T の切り口（長方形
A）の断面積 $S(t)$ は，

図4 断面 A

断面積
$S(t)=2(t+1)\sqrt{4-t^2}$

$$S(t)=h\cdot l$$
$$=2(t+1)\sqrt{4-t^2} \cdots③ \;(-1\leqq t\leqq 2)$$

となる。………………………………(答)

(2)(1) の結果より，求める立体 T の体積 V は，

$$V=\int_{-1}^{2} S(t)dt$$

$$\boxed{2(t+1)\sqrt{4-t^2}\;(③より)}$$

$$=2\int_{-1}^{2}(t+1)\sqrt{4-t^2}\,dt$$

$$=2\Big(\underbrace{\int_{-1}^{2}t\sqrt{4-t^2}\,dt}_{(\text{i})}+\underbrace{\int_{-1}^{2}\sqrt{4-t^2}\,dt}_{(\text{ii})}\Big)\cdots④$$

となる。ここで，

（ i ）$\displaystyle\int_{-1}^{2}t\sqrt{4-t^2}\,dt=-\frac{1}{3}\Big[(4-t^2)^{\frac{3}{2}}\Big]_{-1}^{2}$

$$\Big\{(4-t^2)^{\frac{3}{2}}\Big\}'=\frac{3}{2}\cdot(4-t^2)^{\frac{1}{2}}\cdot(-2t)$$
$$=-3t(4-t^2)^{\frac{1}{2}}$$
$$\therefore \int t(4-t^2)^{\frac{1}{2}}dt=-\frac{1}{3}(4-t^2)^{\frac{3}{2}}+C$$

$$=-\frac{1}{3}\Big[(4-2^2)^{\frac{3}{2}}-\{4-(-1)^2\}^{\frac{3}{2}}\Big]$$

$$\boxed{3^{\frac{3}{2}}=3\sqrt{3}}$$

$$=-\frac{1}{3}\cdot(-3\sqrt{3})=\sqrt{3} \quad\cdots\cdots\cdots⑤$$

(ii)$\displaystyle\int_{-1}^{2}\sqrt{4-t^2}\,dt$ は，半円 $u=\sqrt{4-t^2}$

の図で考えると，扇形と直角

三角形の和となる。

半円
$u=\sqrt{4-t^2}$

$$\therefore \int_{-1}^{2}\sqrt{4-t^2}\,dt=\frac{1}{2}\cdot 2^2\cdot\frac{2}{3}\pi+\frac{1}{2}\cdot 1\cdot\sqrt{3}$$

$$=\frac{4}{3}\pi+\frac{\sqrt{3}}{2} \quad\cdots\cdots\cdots⑥$$

以上（ i ）(ii) の⑤，⑥を④に代入して，

$$V=2\Big(\sqrt{3}+\frac{4}{3}\pi+\frac{\sqrt{3}}{2}\Big)$$

$$=2\Big(\frac{3}{2}\sqrt{3}+\frac{4}{3}\pi\Big)$$

$$=3\sqrt{3}+\frac{8}{3}\pi \text{ となる。} \cdots\cdots\cdots(答)$$

関数 $y=f(x)$ が $f''(x)=-\cos x$, $f(0)=2$, $f(\pi)=0$ を満足するとき，

(1) $f(x)$ を求めよ。ただし，$0 \leqq x \leqq \pi$ とする。

(2) (1)の曲線と x 軸，y 軸で囲まれる図形を x 軸，y 軸のまわりに1回転してできる立体の体積をそれぞれ V_1, V_2 とするとき，V_1 および V_2 を求めよ。

(北海道工大＊)

ヒント！ **(1)** 2回積分して，条件 $f(0)=2$, $f(\pi)=0$ を用いる。**(2)** の V_2 は，バウムクーヘン型積分を使うと，$y=f(x)$ のままで計算できるので便利だ。

基本事項

バウムクーヘン型積分

y 軸のまわりの
回転体の体積 V

$$V=2\pi\int_a^b xf(x)\,dx$$

$y=f(x)$ のままで
計算できる。

(1) $f''(x)=-\cos x$ ……………①

①の両辺を x で積分して，

$$f'(x)=-\int\cos x\,dx=-\sin x+C_1$$

さらに，x で積分して，

$$f(x)=\int(-\sin x+C_1)\,dx$$
$$=\cos x+C_1x+C_2 \quad……②$$

条件より，

$$f(0)=\boxed{1+C_2=2}$$
$$f(\pi)=\boxed{-1+\pi C_1+C_2=0}$$

$\therefore C_1=0$, $C_2=1$ より，②から，

$$f(x)=\cos x+1 \quad…………(答)$$
$$(0 \leqq x \leqq \pi)$$

(2)(ⅰ) x 軸のまわりの回転体の体積 V_1 は，

$$V_1=\pi\int_0^\pi y^2\,dx$$
$$=\pi\int_0^\pi(\cos x+1)^2\,dx$$

$$=\pi\int_0^\pi\big(\underline{\cos^2 x}+2\cos x+1\big)\,dx$$
$$\underline{\tfrac{1}{2}(1+\cos 2x)}$$

$$=\pi\int_0^\pi\Big(\frac{1}{2}\cos 2x+2\cos x+\frac{3}{2}\Big)\,dx$$

$$=\pi\Big[\frac{1}{4}\sin 2x+2\sin x+\frac{3}{2}x\Big]_0^\pi$$

$$=\frac{3}{2}\pi^2 \quad…………(答)$$

(ⅱ) y 軸のまわりの回転体の体積 V_2 は，

バウムクーヘン

$$V_2=2\pi\int_0^\pi x\cdot f(x)\,dx$$
$$=2\pi\int_0^\pi x(\cos x+1)\,dx$$
$$=2\pi\int_0^\pi x(\sin x+x)'\,dx \quad\text{部分積分}$$
$$=2\pi\Big\{\big[x(\sin x+x)\big]_0^\pi-\int_0^\pi(\sin x+x)\,dx\Big\}$$
$$=2\pi\Big\{\pi^2-\Big[-\cos x+\frac{1}{2}x^2\Big]_0^\pi\Big\}$$
$$=2\pi\Big\{\pi^2-\Big(1+\frac{1}{2}\pi^2+1\Big)\Big\}$$
$$=\pi^3-4\pi$$
$$=\pi(\pi^2-4) \quad…………(答)$$

実力アップ問題 152　難易度　　　CHECK 1　　CHECK 2　　CHECK 3

$x = \sin t$, $y = \sin 2t$ $\left(0 \leq t \leq \dfrac{\pi}{2}\right)$ で表される曲線を C とおく。x 軸と C とで囲まれる図形を y 軸のまわりに 1 回転させてできる回転体の体積を求めよ。

（神戸大＊）

ヒント！　曲線 C の概形については，実力アップ問題 **146**（**P207**）で既に練習した。ここでは，曲線 C と x 軸とで囲まれる図形の y 軸のまわりの回転体の体積をバウムクーヘン型積分により求めてみよう。

曲線 C $\begin{cases} x = \sin t & \cdots ① \\ y = \sin 2t & \cdots ② \end{cases}$ $\left(0 \leq t \leq \dfrac{\pi}{2}\right)$

について，x と t，y と t のグラフから

$t : 0 \longrightarrow \dfrac{\pi}{4} \longrightarrow \dfrac{\pi}{2}$

$x : 0 \longrightarrow \dfrac{1}{\sqrt{2}} \longrightarrow 1$

$y : 0 \longrightarrow 1 \longrightarrow 0$ となる。

よって，曲線 C と x 軸とで囲まれる図形を右図の網目部で示す。

曲線 C

この図形を y 軸のまわりに回転してできる回転体の微小体積 dV は，近似的に

$dV = 2\pi x \cdot y \cdot dx$ ……③ と表せる。

よって，③より，$2\pi xy$ を区間 $[0, 1]$ で x により積分すれば，求める回転体の体積 V が計算できる。

$V = 2\pi \displaystyle\int_0^1 x \cdot y \, dx$ ← これを t での積分に変換する。

$\underbrace{\sin t}_{（①より）}$ $\underbrace{\sin 2t}_{（②より）}$ $\dfrac{dx}{dt} dt = \cos t \, dt$

$= 2\pi \displaystyle\int_0^{\frac{\pi}{2}} \sin t \cdot \underbrace{\sin 2t \cdot \cos t}_{\sin 2t} \, dt$

$\left(x : 0 \to 1 \text{ のとき}, \ t : 0 \to \dfrac{\pi}{2}\right)$

$= \pi \displaystyle\int_0^{\frac{\pi}{2}} \sin^2 2t \, dt$

$= \dfrac{\pi}{2} \displaystyle\int_0^{\frac{\pi}{2}} (1 - \cos 4t) \, dt$

$= \dfrac{\pi}{2} \left[t - \dfrac{1}{4} \sin 4t \right]_0^{\frac{\pi}{2}}$

$= \dfrac{\pi^2}{4}$ ……………………………(答)

放物線 $y = \dfrac{1}{4}x^2 \ (0 \leqq x \leqq 4)$ を y 軸のまわりに回転してできる容器に水を満たしておく。

(1) 容器に満たした水の体積を求めよ。

(2) 容器に半径 **3** の鉄球を入れたとき，あふれ出る水の体積を求めよ。

(三重大)

ヒント！　**(1)** y 軸のまわりの回転体の体積の公式に従って求める。**(2)** 放物線と円が **2** 点で接する条件を求める。y の **2** 次方程式にもち込むのがコツだよ。

基本事項

回転体の体積（Ⅱ）

y 軸のまわりの
回転体の体積 V

$$V = \pi \int_a^b x^2 \, dy = \pi \int_a^b \{f(y)\}^2 \, dy$$

(1) 容器の水の体積は，曲線 $y = \dfrac{1}{4}x^2$，直線 $y = 4$，および，y 軸とで囲まれる

$x^2 = 4y$　$y = \dfrac{1}{4}x^2$

図形を，y 軸のまわりに回転してできる回転体の体積 V に等しい。

$$\therefore V = \pi \int_0^4 \underbrace{x^2}_{4y} \, dy = \pi \int_0^4 4y \, dy$$

$$= 2\pi \left[y^2 \right]_0^4 = 2\pi \cdot 16$$

$$= 32\pi \quad \cdots\cdots\cdots\cdots (答)$$

(2) 容器に半径 **3** の鉄球を入れたときの様子を図**1**に示す。この xy 平面による断面を図**2**に示す。

図1

図2

$x^2 + (y-a)^2 = 9$　$y = \dfrac{1}{4}x^2$

放物線

$$y = \dfrac{1}{4}x^2 \ \cdots ①$$

と，y 軸上に中心をもつ円

$$x^2 + (y-a)^2 = 9 \quad \cdots\cdots ② \quad (a > 0)$$

（中心 $(0, a)$，半径 $r = 3$ の円 ）

が，**2** 点で接するときの a の値を求める。

重解

注意！

①，②から y を消去して，

$x^2 + \left(\dfrac{1}{4}x^2 - a \right)^2 = 9$ とするのは，得策ではない。これだと，x の **4** 次方程式が **2** つの重解をもつ条件を調べることになるからだ。ここでは，x^2 を消去して，y の **2** 次方程式にもち込み，これが重解 y_1 をもつ条件を求める。

①より，$x^2 = 4y$ ……①´

①´ を②に代入して，

$4y + (y-a)^2 = 9$

$y^2 - 2(a-2)y + a^2 - 9 = 0$

$\underbrace{}_{y \text{の2次方程式}}$

これを y の2次方程式とみて，判別式を D とおくと，この2次方程式が重解をもつための条件は，

$\dfrac{D}{4} = \boxed{(a-2)^2 - (a^2-9) = 0}$

$-4a + 13 = 0$ $\quad \therefore a = \boxed{\dfrac{13}{4}}^{3.25}$

注意！

鉄球を入れることによって，あふれ出す水の量 V_1 は，図2の網目部を y 軸のまわりに回転した回転体の体積に等しいので，

$V_1 = \pi \displaystyle\int_{\frac{1}{4}}^{4} \boxed{x^2} dy \quad \overset{9-\left(y-\frac{13}{4}\right)^2}{}$

として，計算してもよいが，原点を中心とする円の一部を x 軸のまわりに回転してできる立体の体積を求める方が，スッキリ計算できる。

以上より，あふれ出る水の量 V_1 は，

円弧：$x^2 + y^2 = 9 \left(-\dfrac{3}{4} \le x \le 3\right)$ と直線

$x = -\dfrac{3}{4}$ で囲まれた部分を x 軸のまわりに回転した回転体の体積に等しい。

$\therefore V_1 = \pi \displaystyle\int_{-\frac{3}{4}}^{3} \boxed{y^2}\,dx \quad \overset{(9-x^2)}{}$

$= \pi \displaystyle\int_{-\frac{3}{4}}^{3} (9 - x^2)\,dx$

$= \pi \left[9x - \dfrac{1}{3}x^3 \right]_{-\frac{3}{4}}^{3}$

$= \pi \left\{ 27 - 9 - \left(-\dfrac{27}{4} + \dfrac{9}{64} \right) \right\}$

$= \pi \left(18 + \dfrac{48 \times 9 - 9}{64} \right)$

$= \pi \dfrac{18 \times 64 + 47 \times 9}{64}$

$= \dfrac{1575}{64}\pi$ ……………………(答)

(1) $J_n = \displaystyle\int_0^{\frac{\pi}{2}} \cos^n x\, dx$ $(n = 0,\ 1,\ 2,\ \cdots)$ のとき,

$J_n = \dfrac{n-1}{n} J_{n-2}$ $(n = 2,\ 3,\ 4,\ \cdots)$ が成り立つことを示せ。

(2) 曲線 $C: x = \cos^3\theta$, $y = \sin^3\theta$ $\left(0 \le \theta \le \dfrac{\pi}{2}\right)$ と x 軸, y 軸とで囲まれた図形を, y 軸のまわりに 1 回転してできる回転体の体積を求めよ。

ヒント！ **(1)** 部分積分を使って, $J_n = (J_{n-2}$ の式$)$ の形の式を作る。**(2)** は, アステロイド曲線 C がまず $x = f(y)$ の形で表されたものとして, y 軸のまわりの回転体の体積計算の式を作り, それを θ での積分に置換して求めよう。

(1) $J_n = \displaystyle\int_0^{\frac{\pi}{2}} \cos^n x\, dx$ $(n = 2, 3, 4, \cdots)$

$= \displaystyle\int_0^{\frac{\pi}{2}} \cos^{n-1} x \cdot \underbrace{\cos x}_{(\sin x)'}\, dx$

$= \displaystyle\int_0^{\frac{\pi}{2}} \cos^{n-1} x (\sin x)'\, dx \rightarrow$ 部分積分

$= \left[\cos^{n-1} x \cdot \sin x\right]_0^{\frac{\pi}{2}}$

$\quad - \displaystyle\int_0^{\frac{\pi}{2}} \underbrace{(\cos^{n-1} x)'}_{(n-1)\cdot\cos^{n-2}x\cdot(-\sin x)} \sin x\, dx$

$= (n-1) \displaystyle\int_0^{\frac{\pi}{2}} \cos^{n-2} x \underwave{\sin^2 x}\, dx$

$= (n-1) \displaystyle\int_0^{\frac{\pi}{2}} \cos^{n-2} x \underwave{(1 - \cos^2 x)}\, dx$

$= (n-1)\left(\underbrace{\displaystyle\int_0^{\frac{\pi}{2}} \cos^{n-2} x\, dx}_{J_{n-2}} - \underbrace{\displaystyle\int_0^{\frac{\pi}{2}} \cos^n x\, dx}_{J_n}\right)$

自分自身が導けた

以上より,

$J_n = (n-1)(J_{n-2} - J_n)$

$J_n = (n-1)J_{n-2} - (n-1)J_n$

よって, $nJ_n = (n-1)J_{n-2}$

$\therefore J_n = \dfrac{n-1}{n} J_{n-2}$ $(n = 2, 3, 4, \cdots)$ ……(終)

基本事項

$\displaystyle\int_0^{\frac{\pi}{2}} \sin^n x\, dx$, $\displaystyle\int_0^{\frac{\pi}{2}} \cos^n x\, dx$ の公式

（ I ）$I_n = \displaystyle\int_0^{\frac{\pi}{2}} \sin^n x\, dx$ $(n = 0, 1, 2, \cdots)$

のとき,

$I_n = \dfrac{n-1}{n} I_{n-2}$ $(n = 2, 3, 4, \cdots)$

が成り立つ。

（ II ）$J_n = \displaystyle\int_0^{\frac{\pi}{2}} \cos^n x\, dx$ $(n = 0, 1, 2, \cdots)$

のとき,

$J_n = \dfrac{n-1}{n} J_{n-2}$ $(n = 2, 3, 4, \cdots)$

が成り立つ。

（ I ）の公式も同様に導けるので自分でチャレンジしてみるといいよ。

基本事項

媒介変数表示された曲線と体積

媒介変数表示された曲線
$$\begin{cases} x = x(\theta) \\ y = y(\theta) \end{cases} (\theta：媒介変数)\,について,$$
これに関する図形の y 軸のまわりの
回転体の体積 V は,

(ⅰ)まず, $x = f(y)$ の形で表されて
いるものとして,
$$V = \pi \int_c^d x^2 \, dy \quad とし,$$

(ⅱ)次に, これを媒介変数 θ での
積分に切り替える。
$$V = \pi \int_\gamma^\delta x^2 \frac{dy}{d\theta}\, d\theta$$
$$(\,y:c \to d\,のとき,\ \theta:\gamma \to \delta \,とする\,)$$

(2) アステロイ
ド曲線 C $\begin{cases} x = \cos^3\theta \\ y = \sin^3\theta \end{cases} \left(0 \leqq \theta \leqq \dfrac{\pi}{2}\right)$

について, 右図
に示すように, C
と x 軸, y 軸と
で囲まれる図形
を y 軸のまわり
に回転してでき
る回転体の体積
を V とおくと,

$$V = \pi \int_0^1 x^2 dy \quad \cdots\cdots\cdots ① \quad となる。$$

(ⅰ)まず, $x = f(y)$ と表されたものとして,
y 軸のまわりの回転体の体積計算の式を書く。

ここで, $\dfrac{dy}{d\theta} = (\sin^3\theta)' = 3\sin^2\theta \cdot \cos\theta$

また, $y:0 \to 1$ のとき, $\theta:0 \to \dfrac{\pi}{2}$ より

①を θ での積分に置き換えると, V は,

$$V = \pi \int_0^{\frac{\pi}{2}} \underbrace{x^2}_{(\cos^3\theta)^2} \cdot \underbrace{\frac{dy}{d\theta}}_{3\sin^2\theta\cdot\cos\theta}\, d\theta$$

$$= 3\pi \int_0^{\frac{\pi}{2}} \cos^7\theta \underbrace{\sin^2\theta}_{(1-\cos^2\theta)}\, d\theta$$

$$= 3\pi \int_0^{\frac{\pi}{2}} \cos^7\theta\,(1 - \cos^2\theta)\, d\theta$$

$$= 3\pi \left(\underbrace{\int_0^{\frac{\pi}{2}} \cos^7\theta\, d\theta}_{J_7} - \underbrace{\int_0^{\frac{\pi}{2}} \cos^9\theta\, d\theta}_{J_9} \right)$$

$$= 3\pi (J_7 - J_9)$$

$$= 3\pi \left(\underbrace{\frac{6}{7}\cdot\frac{4}{5}\cdot\frac{2}{3}\cdot J_1}_{} - \underbrace{\frac{8}{9}\cdot\frac{6}{7}\cdot\frac{4}{5}\cdot\frac{2}{3}\cdot J_1}_{} \right)$$

$$\boxed{J_1 = \int_0^{\frac{\pi}{2}} \cos\theta\, d\theta = [\sin\theta]_0^{\frac{\pi}{2}} = 1}$$

$$= 3\pi \cdot \frac{6}{7}\cdot\frac{4}{5}\cdot\frac{2}{3}\cdot\left(1 - \frac{8}{9}\right)$$

$$= \frac{\overset{2}{6}\times 4 \times 2}{7\times 5\times \underset{3}{9}}\pi$$

$$= \frac{16}{105}\pi \quad となる。\ \cdots\cdots\cdots\cdots(答)$$

長さ **4** の線分が第 **1** 象限内にあり，その両端はそれぞれ x 軸と y 軸上にあるものとする。この線分を含む直線を回転軸として，原点に中心をもつ半径 **1** の円を **1** 回転させた立体の体積を V とする。V の最大値を求めよ。

(上智大*)

ヒント！ パップスギュルダンの定理の問題。頻出テーマの **1** つなんだ。

基本事項

パップスギュルダンの定理

円の回転体
(ドーナッツ)
の体積 V は，

円の面積 πr^2
半径 r　中心 $(0, R)$

$$V = \pi r^2 \cdot 2\pi R$$

円の面積　円の中心が
　　　描く円の周長

で表わされる。

$(R > r)$

円の中心が描く
円周の長さ $2\pi R$

試験では，この式
を証明する！

中心 $(0, R)$，半径 **1**
$(R > 1)$ の円：

$$x^2 + (y - R)^2 = 1$$
　　　　　$\cdots\cdots\cdots$①

を x 軸のまわりに回
転してできる回転体
の体積 V を求める。

上半円
$y = R + \sqrt{1 - x^2}$

下半円
$y = R - \sqrt{1 - x^2}$

①より，$(y - R)^2 = 1 - x^2$

$y = R \pm \sqrt{1 - x^2}$　よって，

偶関数

$$V = \pi\int_{-1}^{1}\left(R + \sqrt{1 - x^2}\right)^2 dx - \pi\int_{-1}^{1}\left(R - \sqrt{1 - x^2}\right)^2 dx$$

$$= 2\pi\int_{0}^{1}\left\{\left(R + \sqrt{1 - x^2}\right)^2 - \left(R - \sqrt{1 - x^2}\right)^2\right\} dx$$
　　　　　　　　　　　　　$4R\sqrt{1 - x^2}$

$$= 2\pi \cdot 4R\int_{0}^{1}\sqrt{1 - x^2}\, dx$$

$y = \sqrt{1 - x^2}$

$$= 2\pi \cdot 4R \cdot \frac{1}{4}\pi \cdot 1^2$$

$$= \pi 1^2 \cdot 2\pi R \quad\cdots\cdots② \leftarrow パップスギュルダン$$

・長さ **4** の線分
の x 軸，y 軸上
の端点を **A**, **B**
とおき，

$\angle \text{OAB} = \theta$

とおく。また，線分 **AB** と中心 **O** と
の距離を R とおくと，

$4\cos\theta \cdot \sin\theta$

$$R = 4\cos\theta \cdot \sin\theta$$

$$= 2\sin 2\theta$$

$$\left(0 < \theta < \frac{\pi}{2}\right)$$

定数

体積 $V = \boxed{2\pi^2} \cdot R$ ($\because$②) より，

R が最大のとき，V は最大となる。

$\therefore 2\theta = \dfrac{\pi}{2}$，すなわち $\theta = \dfrac{\pi}{4}$ のとき

最大値 $R = 2$ より，

最大値 $V = 2\pi^2 \cdot 2 = 4\pi^2$　$\cdots\cdots$(答)

注意！

V の最大値を求めるので，ドーナッツの
穴のあかない状態は，考えなくてよい。

実力アップ問題 156　難易度 ★★★　CHECK 1　CHECK 2　CHECK 3

媒介変数 θ で表された次の曲線の長さを求めよ。

(1) $x = \theta - \sin\theta$, $y = 1 - \cos\theta$ $(0 \leqq \theta \leqq 2\pi)$

(2) $x = e^{-\theta}\cos\theta$, $y = e^{-\theta}\sin\theta$ $(0 \leqq \theta \leqq 2\pi)$

ヒント！ (1) は，サイクロイド曲線，(2) はらせんで，曲線の長さの公式：

$l = \int_\alpha^\beta \sqrt{\left(\dfrac{dx}{d\theta}\right)^2 + \left(\dfrac{dy}{d\theta}\right)^2}\, d\theta$ を用いて，計算すればいいんだね。

(1) サイクロイド $\begin{cases} x = \theta - \sin\theta \\ y = 1 - \cos\theta \end{cases}$ $(0 \leqq \theta \leqq 2\pi)$

の曲線の長さ l を求める。

$\dfrac{dx}{d\theta} = 1 - \cos\theta$, $\dfrac{dy}{d\theta} = \sin\theta$ より，

$\left(\dfrac{dx}{d\theta}\right)^2 + \left(\dfrac{dy}{d\theta}\right)^2 = (1 - \cos\theta)^2 + \sin^2\theta$

$\qquad = 1 - 2\cos\theta + \underline{\cos^2\theta + \sin^2\theta}$

$\qquad\qquad\qquad\qquad\qquad \boxed{1}$

$\qquad = 2(1 - \cos\theta)$

$\qquad\qquad \boxed{2\sin^2\dfrac{\theta}{2}}$

半角の公式
$\sin^2\dfrac{\theta}{2} = \dfrac{1 - \cos\theta}{2}$

$\qquad = 4\sin^2\dfrac{\theta}{2}$

∴求める曲線の長さ l は，

$l = \int_0^{2\pi} \underline{\sqrt{\left(\dfrac{dx}{d\theta}\right)^2 + \left(\dfrac{dy}{d\theta}\right)^2}}\, d\theta$

∵ $0 \leqq \dfrac{\theta}{2} \leqq \pi$
より, $\sin\dfrac{\theta}{2} \geqq 0$

$\boxed{\sqrt{4\sin^2\dfrac{\theta}{2}} = 2\left|\sin\dfrac{\theta}{2}\right| = 2\sin\dfrac{\theta}{2}}$

$\qquad = 2\int_0^{2\pi} \sin\dfrac{\theta}{2}\, d\theta = -4\left[\cos\dfrac{\theta}{2}\right]_0^{2\pi}$

$\qquad = -4(\underbrace{\cos\pi}_{-1} - \underbrace{\cos 0}_{1})$

$\qquad = -4 \times (-2)$

$\qquad = 8$ …………(答)

サイクロイド
曲線の長さ l

(2) らせん $\begin{cases} x = e^{-\theta}\cos\theta \\ y = e^{-\theta}\sin\theta \end{cases}$ $(0 \leqq \theta \leqq 2\pi)$

の曲線の長さ l を求める。

$\dfrac{dx}{d\theta} = -e^{-\theta}\cos\theta - e^{-\theta}\sin\theta$

$\qquad = -e^{-\theta}(\cos\theta + \sin\theta)$

$\dfrac{dy}{d\theta} = -e^{-\theta}\sin\theta + e^{-\theta}\cos\theta$

$\qquad = e^{-\theta}(\cos\theta - \sin\theta)$

$\left(\dfrac{dx}{d\theta}\right)^2 + \left(\dfrac{dy}{d\theta}\right)^2$

$\qquad = e^{-2\theta}(\cos\theta + \sin\theta)^2 + e^{-2\theta}(\cos\theta - \sin\theta)^2$

$\boxed{\begin{array}{l} e^{-2\theta}(\cos^2\theta + 2\cos\theta\sin\theta + \sin^2\theta \\ \qquad\quad + \cos^2\theta - 2\cos\theta\sin\theta + \sin^2\theta) \\ = 2e^{-2\theta}(\cos^2\theta + \sin^2\theta) = 2e^{-2\theta} \end{array}}$

$\qquad = 2e^{-2\theta}$

∴求める曲線の長さ l は，

$l = \int_0^{2\pi} \sqrt{\left(\dfrac{dx}{d\theta}\right)^2 + \left(\dfrac{dy}{d\theta}\right)^2}\, d\theta = \int_0^{2\pi} \sqrt{2e^{-2\theta}}\, d\theta$

$\qquad = \sqrt{2}\int_0^{2\pi} e^{-\theta}\, d\theta$

らせん
曲線の
長さ l

$\qquad = \sqrt{2}\left[-e^{-\theta}\right]_0^{2\pi}$

$\qquad = \sqrt{2}\left(-e^{-2\pi} + e^0\right)$

$\qquad = \sqrt{2}\left(1 - e^{-2\pi}\right)$ ……………(答)

次の方程式で表される曲線を C とおく。

$$\begin{cases} x = a(3\cos\theta - \cos3\theta) \\ y = a(3\sin\theta - \sin3\theta) \end{cases} \quad (\theta: 媒介変数, \ a: 正の定数)$$

$0 \le \theta \le \pi$ における曲線 C の長さ L を求めよ。

ヒント！　媒介変数表示された曲線の長さ L を求める公式：

$L = \displaystyle\int_\alpha^\beta \sqrt{\left(\dfrac{dx}{d\theta}\right)^2 + \left(\dfrac{dy}{d\theta}\right)^2}\, d\theta$ を使って計算すればいいんだね。頑張ろう！

曲線 C $\begin{cases} x = a(3\cos\theta - \cos3\theta) \\ y = a(3\sin\theta - \sin3\theta) \end{cases}$

の $0 \le \theta \le \pi$ における曲線の長さ L を求める。

$\dfrac{dx}{d\theta} = a(-3\sin\theta + 3\sin3\theta)$

$\dfrac{dy}{d\theta} = a(3\cos\theta - 3\cos3\theta)$ より，

$\left(\dfrac{dx}{d\theta}\right)^2 + \left(\dfrac{dy}{d\theta}\right)^2$

$= a^2(-3\sin\theta + 3\sin3\theta)^2$
$\quad + a^2(3\cos\theta - 3\cos3\theta)^2$

$= a^2(9\sin^2\theta - 18\sin3\theta\sin\theta$
$\quad + 9\sin^23\theta + 9\cos^2\theta$
$\quad - 18\cos3\theta\cos\theta + 9\cos^23\theta)$

$= a^2\{9(\underline{\sin^2\theta + \cos^2\theta})$
$\quad + 9(\underline{\sin^23\theta + \cos^23\theta})$
$\quad - 18(\underline{\cos3\theta\cos\theta + \sin3\theta\sin\theta})\}$

$\boxed{\cos(3\theta - \theta) = \cos2\theta}$

公式
$\boxed{\cos(\alpha - \beta) = \cos\alpha\cos\beta + \sin\alpha\sin\beta}$

$= a^2(18 - 18\cos2\theta)$

$= 18a^2(1 - \cos2\theta)$

$\therefore \left(\dfrac{dx}{d\theta}\right)^2 + \left(\dfrac{dy}{d\theta}\right)^2 = 18a^2 \cdot \underline{2\sin^2\theta}$

$\boxed{公式 : \sin^2\alpha = \dfrac{1 - \cos2\alpha}{2}}$

$= 36a^2\sin^2\theta$ ……………①

以上より，求める曲線の長さ L は，

$L = \displaystyle\int_0^\pi \sqrt{\left(\dfrac{dx}{d\theta}\right)^2 + \left(\dfrac{dy}{d\theta}\right)^2}\, d\theta$

$= \displaystyle\int_0^\pi \sqrt{36a^2\sin^2\theta}\, d\theta$ （①より）

$= 6a\displaystyle\int_0^\pi \sin\theta\, d\theta$

（$\because a > 0, 0 \le \theta \le \pi$ より，$\sin\theta \ge 0$）

$= 6a[-\cos\theta]_0^\pi$

$= 6a(\underline{-\cos\pi} + \underline{\cos0})$

$\boxed{(-1)} \quad \boxed{1}$

$= 6a(1 + 1)$

$= 12a$ ……………………（答）

実力アップ問題 158 　難易度 ★★★ 　CHECK 1 　CHECK 2 　CHECK 3

曲線 $y = \log(\cos x)$ $\left(-\dfrac{\pi}{4} \leqq x \leqq \dfrac{\pi}{4} \right)$ の長さ L を求めよ。

ヒント！ 曲線 $y = f(x)$ $(a \leqq x \leqq b)$ の長さ L は，公式 $L = \displaystyle\int_a^b \sqrt{1 + \{f'(x)\}^2}\, dx$

を使って求めればいいんだね。計算が少しメンドウだけれど，頑張ろう！

曲線 $y = f(x) = \log(\cos x)$ ………①

$\left(-\dfrac{\pi}{4} \leqq x \leqq \dfrac{\pi}{4} \right)$ とおく。

①の両辺を x で微分して，

$$f'(x) = \{\log(\cos x)\}' = \dfrac{-\sin x}{\cos x} \quad \cdots\cdots②$$

よって，

$$1 + \{f'(x)\}^2 = 1 + \left(\dfrac{-\sin x}{\cos x} \right)^2 \quad (②より)$$

$$= \dfrac{\overset{1}{\overbrace{\cos^2 x + \sin^2 x}}}{\cos^2 x} = \dfrac{1}{\cos^2 x}$$

よって，求める曲線の長さ L は，

$$L = \int_{-\frac{\pi}{4}}^{\frac{\pi}{4}} \sqrt{1 + \{f'(x)\}^2}\, dx$$

$$= \int_{-\frac{\pi}{4}}^{\frac{\pi}{4}} \sqrt{\dfrac{1}{\cos^2 x}}\, dx$$

$$\boxed{\dfrac{1}{\cos x} \left(\because -\dfrac{\pi}{4} \leqq x \leqq \dfrac{\pi}{4}\ \text{の} \atop \text{とき}\ \cos x > 0 \right)}$$

$$= \int_{-\frac{\pi}{4}}^{\frac{\pi}{4}} \dfrac{1}{\cos x}\, dx$$

$$\boxed{\text{偶関数}}$$

$$= 2 \int_0^{\frac{\pi}{4}} \dfrac{1}{\cos x}\, dx$$

$$= 2 \int_0^{\frac{\pi}{4}} \dfrac{1}{\underset{1-\sin^2\theta}{\boxed{\cos^2 x}}} \cdot \cos x\, dx$$

よって，

$$L = 2 \int_0^{\frac{\pi}{4}} \overset{g(\sin x)}{\overbrace{\dfrac{1}{1 - \sin^2 x}}} \cos x\, dx$$

ここで，$\sin x = t$ とおくと

$x : 0 \to \dfrac{\pi}{4}$ のとき，$t : 0 \to \dfrac{1}{\sqrt{2}}$

$\cos x\, dx = dt$ より，

$$\boxed{\int g(\sin x)\cos x\, dx\ \text{のとき，}\ \sin x = t \atop \text{と置換すればウマクいく！}}$$

$$L = 2 \int_0^{\frac{1}{\sqrt{2}}} \underset{}{\underbrace{\dfrac{1}{1 - t^2}}}\, dt$$

$$\boxed{\dfrac{1}{2} \left(\dfrac{1}{1+t} + \dfrac{1}{1-t} \right)} \quad \boxed{\text{部分分数} \atop \text{に分解}}$$

$$= \int_0^{\frac{1}{\sqrt{2}}} \left(\dfrac{1}{1+t} - \dfrac{-1}{1-t} \right) dt$$

$$= \left[\log(1+t) - \log(1-t) \right]_0^{\frac{1}{\sqrt{2}}}$$

$$= \log\left(1 + \dfrac{1}{\sqrt{2}} \right) - \log\left(1 - \dfrac{1}{\sqrt{2}} \right)$$

$$= \log \dfrac{1 + \dfrac{1}{\sqrt{2}}}{1 - \dfrac{1}{\sqrt{2}}} = \log \dfrac{\sqrt{2}+1}{\sqrt{2}-1}$$

$$= \log \dfrac{(\sqrt{2}+1)^2}{\underset{1}{\underbrace{(\sqrt{2}-1)(\sqrt{2}+1)}}} \quad \boxed{\text{分子・分母} \atop \text{に}\sqrt{2}+1 \atop \text{をかけた。}}$$

$$= 2\log(\sqrt{2}+1) \quad \cdots\cdots\cdots\cdots (答)$$

(1) $y = \log|x + \sqrt{1+x^2}|$ を x で微分せよ。これから，

不定積分 $\displaystyle\int \frac{1}{\sqrt{1+x^2}} \, dx$ を求めよ。

(2)(1) の結果を用いて，不定積分 $I = \displaystyle\int \sqrt{1+x^2} \, dx$ を求めよ。

(3) 曲線 $y = \dfrac{1}{2}x^2 \ (0 \le x \le 1)$ の長さ L を求めよ。

ヒント！ **(3)** の放物線の長さを求めるための導入として **(1),(2)** の不定積分を
求めさせている。レベルは高いけれど，流れに従って解いていけばいいんだよ。
頑張ろう！

---

(1) $y = \log|x + \sqrt{1+x^2}|$ ……① とおく。

①の両辺を x で微分すると

$$y' = \frac{\{x + (1+x^2)^{\frac{1}{2}}\}'}{x + \sqrt{1+x^2}} \qquad \boxed{(\log|f|)' = \frac{f'}{f}}$$

$$= \frac{1 + \frac{1}{2}(1+x^2)^{-\frac{1}{2}} \cdot 2x}{x + \sqrt{1+x^2}}$$

$$= \frac{\sqrt{1+x^2} + x}{(x + \sqrt{1+x^2}) \cdot \sqrt{1+x^2}} \qquad \boxed{\begin{array}{l}\text{分子・分母}\\ \text{に}\sqrt{1+x^2}\\ \text{をかけた。}\end{array}}$$

$$= \frac{1}{\sqrt{1+x^2}} \ \text{となる。} \quad\text{……(答)}$$

よって，

$$\{\log|x + \sqrt{1+x^2}|\}' = \frac{1}{\sqrt{1+x^2}} \ \text{より}$$

$\dfrac{1}{\sqrt{1+x^2}}$ の不定積分は，

$$\int \frac{1}{\sqrt{1+x^2}} \, dx = \log|x + \sqrt{1+x^2}| + C$$

……②となる。……(答)

$$\boxed{\begin{array}{l} F'(x) = f(x) \ \text{ならば，}\\ \displaystyle\int f(x)dx = F(x) + C \ \text{となる}\\ \text{からね。}\end{array}}$$

---

(2) 不定積分 $I = \displaystyle\int \sqrt{1+x^2}dx$ ……③

を部分積分法を使って求める。

$$I = \int \underset{\boxed{x'}}{1} \cdot \sqrt{1+x^2}\,dx$$

$$= \int x' \cdot (1+x^2)^{\frac{1}{2}}dx \quad\longrightarrow \boxed{\begin{array}{l}\text{部分積分}\\ \text{を使った！}\end{array}}$$

$$= x\sqrt{1+x^2} - \int x \cdot \frac{1}{2}(1+x^2)^{-\frac{1}{2}} \cdot 2x\,dx$$

$$= x\sqrt{1+x^2} - \int \frac{x^2}{\sqrt{1+x^2}}\,dx$$

$$\boxed{\frac{1+x^2-1}{\sqrt{1+x^2}} = \sqrt{1+x^2} - \frac{1}{\sqrt{1+x^2}}}$$

$$= x\sqrt{1+x^2} - \int \left(\sqrt{1+x^2} - \frac{1}{\sqrt{1+x^2}}\right)dx$$

$$= x\sqrt{1+x^2} - \underbrace{\int \sqrt{1+x^2}dx}_{\boxed{I\,(\text{③より})}} + \underbrace{\int \frac{1}{\sqrt{1+x^2}}dx}_{\boxed{\log|x+\sqrt{1+x^2}|\,(\text{②より})}}$$

よって，②，③より

$$I = x\sqrt{1+x^2} - I + \log|x + \sqrt{1+x^2}| \quad \cdots\cdots④$$

> $I = (I \text{ の式})$ の形が導けたので，
> $I = (x \text{ の式})$ にすればいい。不定積分
> の積分定数 C は最後に加えることに
> しよう。

④より，

$$2I = x\sqrt{1+x^2} + \log|x + \sqrt{1+x^2}|$$

$$\therefore I = \int \sqrt{1+x^2}\,dx$$

$$= \frac{1}{2}\left(x\sqrt{1+x^2} + \log|x + \sqrt{1+x^2}|\right) + C$$

$$\cdots\cdots⑤ となる。\cdots\cdots(答)$$

(3) 放物線 $y = f(x) = \dfrac{1}{2}x^2 \quad \cdots\cdots⑥$

$$(0 \leqq x \leqq 1) とおく。$$

この曲線の長さ L を求める。

⑥の両辺を x で微分して，

$$f'(x) = x$$

よって，

$$1 + \{f'(x)\}^2 = 1 + x^2$$

$$\cdots\cdots⑦$$

> 関数 $y = f(x)$
> $(0 \leqq x \leqq 1)$ の
> 長さ L

となる。よって，求める曲線の長さ L は，

$$L = \int_0^1 \sqrt{1 + \{f'(x)\}^2}\,dx$$

$$= \int_0^1 \sqrt{1 + x^2}\,dx \quad (⑦より)$$

$\sqrt{1+x^2}$ の不定積分は **(2)** の⑤で求めているので，

$$L = \frac{1}{2}\left[x\sqrt{1+x^2} + \log|x + \sqrt{1+x^2}|\right]_0^1$$

$$= \frac{1}{2}\{1\cdot\sqrt{2} + \log(1+\sqrt{2}) - 0 - \underset{\boxed{0}}{\log 1}\}$$

$$= \frac{\sqrt{2} + \log(1+\sqrt{2})}{2} \quad \cdots\cdots(答)$$

> 放物線という単純な曲線の長さを求
> める問題だったんだけれど，その積
> 分は意外と難しかったんだね。この
> ような場合，必ず導入が付くので，
> その流れに乗って解いていくことが
> 大切なんだね。面白かった？

微分方程式 $\dfrac{dy}{dx} = \dfrac{y(y-3)}{x}$ ……① $(y \neq 0,\ 3)$ がある。

①の微分方程式を解いて，一般解を求めよ。　　　　　　　（東京理科大＊）

ヒント！　大学受験で問われる微分方程式は，変数分離形 $f(y)dy = g(x)dx$ の形になるものが中心となるはずだ。この両辺を不定積分して，$y = (x$ の式$)$ の形にまとめればいいんだね。

基本事項

微分方程式 $y' = \dfrac{g(x)}{f(y)}$ は，

$\dfrac{dy}{dx} = \dfrac{g(x)}{f(y)}$ より，

$f(y)dy = g(x)dx$ ……㋐となる。

$(y \text{の式})dy = (x \text{の式})dx \text{の変数分離形}$

㋐の両辺を積分して，

$\displaystyle \int f(y)dy = \int g(x)dx$ として解き，

できれば，$y = h(x)$ の形にまとめる。

$\dfrac{dy}{dx} = \dfrac{y(y-3)}{x}$ ……① より，

$\dfrac{1}{y(y-3)}dy = \dfrac{1}{x}dx$ ← 変数分離形

この両辺を積分して，

$\displaystyle \int \dfrac{1}{y(y-3)}dy = \int \dfrac{1}{x}dx$

$\dfrac{1}{3}\left(\dfrac{1}{y-3} - \dfrac{1}{y}\right)$ ← 部分分数に分解

$\dfrac{1}{3}\displaystyle \int \left(\dfrac{1}{y-3} - \dfrac{1}{y}\right)dy = \int \dfrac{1}{x}dx$

$\dfrac{1}{3}(\log|y-3| - \log|y|) = \log|x| + C_1$

← 積分定数は 1 つにまとめる

$\log\left|\dfrac{y-3}{y}\right| = 3\log|x| + C_2$　　$(C_2 = 3C_1)$

$\log C_3\ (C_3 = e^{C_2})$

$\log\left|\dfrac{y-3}{y}\right| = \log C_3|x|^3$　　$(C_3 = e^{C_2})$

真数同士を見比べて，

$\left|\dfrac{y-3}{y}\right| = C_3|x|^3$ より

⊕，⊖ も含めて，これを 1 つの定数 C とおく。

$\dfrac{y-3}{y} = (\pm C_3)x^3$

$\dfrac{y-3}{y} = Cx^3$　　$(C = \pm C_3)$ より

$y - 3 = Cx^3 y$ ，$(1 - Cx^3)y = 3$

∴求める①の微分方程式の解は，

$y = \dfrac{3}{1 - Cx^3}$ となる。……………(答)

このように，積分定数 C を含む解を，微分方程式の一般解というんだね。

実力アップ問題 161　難易度 ★★☆　　CHECK*1*　　CHECK*2*　　CHECK*3*

微分方程式 $(y + y')\sin x = y\cos x$ ……① $(y \neq 0)$ について
$x = \dfrac{\pi}{2}$ のとき，$y = e^{-\frac{\pi}{2}}$ となる解を求めよ。　　（東京医科歯科大＊）

ヒント！ ①の微分方程式も，変数分離形にして解いて，積分定数*C*を含む一般解をまず求める。今回は $x = \dfrac{\pi}{2}$ のとき，$y = e^{-\frac{\pi}{2}}$ となる条件が付いているので，この積分定数は，ある値に決定できる。これを，特殊解というんだよ。

$\overparen{(y + y')}\sin x = y\cos x$ ……①を

変形して，

$y\sin x + y'\sin x = y\cos x$

$y' \cdot \sin x = (\cos x - \sin x)y$

両辺を $\sin x$ で割って，

$\dfrac{dy}{dx} = \left(\dfrac{\cos x}{\sin x} - 1\right)y$

よって，これを変数分離形にして，積分すると，

$\displaystyle\int \dfrac{1}{y}\,dy = \int \left(\dfrac{\cos x}{\sin x} - 1\right)dx$

積分定数

$\log|y| = \log|\sin x| \underbrace{- x}_{\substack{-x\cdot\log e\\=\log e^{-x}}} + \underbrace{C_1}_{\substack{\log C_2\\(C_2=e^{C_1})}}$

$\log|y| = \log|\sin x| + \log e^{-x} + \log C_2$

$\log|y| = \log C_2 e^{-x}|\sin x|$　$(C_2 = e^{C_1})$

両辺の真数同士を比較して，

$|y| = C_2 e^{-x}|\sin x|$

よって，$y = \pm C_2 e^{-x}\sin x$

⊕,⊖まで含めて，この $\pm C_2$ を C とおく。

以上より，微分方程式①の一般解は

$y = Ce^{-x}\sin x$ ……②　$(C = \pm C_2)$

である。

このように，微分方程式の解法では，積分定数 C の取り扱い方に慣れることが重要なんだ。今回は $x = \dfrac{\pi}{2}$ のとき $y = e^{-\frac{\pi}{2}}$ の条件があるため，この C の値が決定できる。

ここで，条件：$x = \dfrac{\pi}{2}$ のとき $y = e^{-\frac{\pi}{2}}$ より

これらを②に代入すると，

$\cancel{e^{-\frac{\pi}{2}}} = C\cancel{e^{-\frac{\pi}{2}}}\underbrace{\sin \dfrac{\pi}{2}}_{1}$ より，

$C = 1$ となる。← C の値が決定された

これを②に代入して，求める特殊解は，

$y = e^{-x}\sin x$ である。……………(答)

227

スバラシクよく解けると評判の
合格！数学Ⅲ・C
実力UP!問題集 新課程

マセマ

著　者　馬場 敬之
発行者　馬場 敬之
発行所　マセマ出版社
〒 332-0023 埼玉県川口市飯塚 3-7-21-502
TEL 048-253-1734　　FAX 048-253-1729
Email：info@mathema.jp
https://www.mathema.jp

		令和 5 年 3 月 13 日　初版発行
編　集	清代 芳生	
校閲・校正	高杉 豊　秋野 麻里子　馬場 貴史	
制作協力	久池井 茂　印藤 妙香　満岡 咲枝	
	久池井 努　真下 久志　石神 和幸	
	小野 祐汰　間宮 栄二　町田 朱美	
カバー作品	馬場 冬之	
ロゴデザイン	馬場 利貞	
印刷所	中央精版印刷株式会社	